建筑施工企业主要负责人、项目负责人、专职安全生产管理人员安全生产培训教材

本书适用范围：A、B、C类人员

建设工程安全生产管理

建筑施工安全生产培训教材编写委员会　组织编写
住房和城乡建设部建筑施工安全标准化技术委员会　审　　定

中国建筑工业出版社

图书在版编目（CIP）数据

建设工程安全生产管理/建筑施工安全生产培训教材编写委员会组织编写. —北京：中国建筑工业出版社，2017.6
建筑施工企业主要负责人、项目负责人、专职安全生产管理人员安全生产培训教材
ISBN 978-7-112-20502-8

Ⅰ. ①建… Ⅱ. ①建… Ⅲ. ①建筑工程-安全生产-生产管理-技术培训-教材 Ⅳ. ①TU714

中国版本图书馆 CIP 数据核字（2017）第 040682 号

责任编辑：朱首明 李 明 李 阳
责任设计：王国羽
责任校对：李欣慰 党 蕾

建筑施工企业主要负责人、项目负责人、专职安全生产管理人员安全生产培训教材
建设工程安全生产管理
建筑施工安全生产培训教材编写委员会 组织编写
住房和城乡建设部建筑施工安全标准化技术委员会 审 定

*

中国建筑工业出版社出版、发行(北京海淀三里河路9号)
各地新华书店、建筑书店经销
北京红光制版公司制版
北京建筑工业印刷厂印刷

*

开本：787×1092 毫米 1/16 印张：13 字数：324 千字
2017 年 7 月第一版 2019 年 8 月第九次印刷
定价：38.00 元
ISBN 978-7-112-20502-8
(29981)

建筑施工安全生产培训教材编写委员会

主　编：阚咏梅

副主编：李　贺　艾伟杰

编　委：（按姓氏笔画为序）

田　斌　曲　斌　刘传卿　刘善安　李雪飞　张囡囡　张庆丰

张晓艳　苗云森　徐　静　曹安民　潘志强

审 定 委 员 会

主　任：李守林

副主任：王　平

委　员：（按姓氏笔画为序）

于卫东　于洪友　于海祥　马奉公　王长海　王凯晖　王俊川

牛福增　尹如法　朱　军　刘承桓　孙洪涛　杨　杰　吴晓广

宋　煜　陈　红　罗文龙　赵安全　胡兆文　姚圣龙　秦兆文

康　宸　阎　琪　扈其强　葛兴杰　舒世平　曾　勃　管小军

魏吉祥

前　言

　　为贯彻"安全第一、预防为主、综合治理"的安全生产方针，依据《中华人民共和国安全生产法》和《建设工程安全生产管理条例》等法律法规的规定，建筑施工企业主要负责人、项目负责人和专职安全生产管理人员必须经考核合格。为了加强安全管理意识、提升安全管理能力，根据《住房城乡建设部关于印发〈建筑施工企业主要负责人、项目负责人和专职安全生产管理人员安全生产管理规定实施意见〉的通知》（建质〔2015〕206号）的规定，在总结建筑施工经验，收集整理读者、专家意见和建议的基础上，编写本书。

　　本书编写依据建设行业特点，紧密结合国家现行规范、标准和规程，主要内容包括：建筑施工安全生产管理基础，建筑施工安全生产管理制度，安全专项施工方案，危险源的辨识与风险评价，安全事故防范、救援与处理，施工现场管理与文明施工。

　　本书的编写体现了方便实用的原则，具有很强的规范性、针对性、实用性和先进性，内容通俗易懂。适合建筑施工企业安全三类人员培训使用，也适合相关专业人员自学使用，并可作为大专院校师生的参考用书。

　　本书由阚咏梅、徐静、田斌编写，在编写过程中参考了大量资料，对这些资料的作者，一并表示感谢！本书内容虽经推敲核证，仍难免有疏漏或不妥之处，恳请各位同行提出宝贵意见，在此表示感谢！

目　录

1 建筑施工安全生产管理基础

　　本章要点：重点介绍了安全生产管理的任务、体制、机构、目标、原则、要点、外施队伍的安全管理以及安全技术管理、安全生产检查与评价、安全教育与培训和安全生产资料管理、安全标志等内容。

1.1　建筑施工安全生产管理主要内容

安全生产管理是企业管理的一个重要组成部分，是指经营管理者对安全生产工作进行的策划、组织、指挥、协调、控制和改进的一系列活动，目的是保证在生产经营活动中的人身安全、财产安全，促进生产的发展，保持社会的稳定。

完善安全生产管理体制，建立健全安全管理制度、安全管理机构和安全生产责任制是安全管理的重要内容，也是实现安全生产目标管理的组织保证。

1.1.1　安全生产管理的主要任务

从广义上讲，安全生产管理的任务一是预测人类活动中各个领域里存在的危险，进一步采取措施，使人类在生产活动中不致受到伤害和职业病的危害；二是制定各种规程、规定和采取消除危害因素的办法、措施；三是告诉人们去认识危险和防止灾害。

具体地讲，有以下几个方面：

（1）贯彻落实国家安全生产法律法规，落实"安全第一、预防为主、综合治理"的安全生产方针。

（2）制定安全生产的各种规程、规定和制度，并认真贯彻实施。

（3）制定并落实各级安全生产责任制。

（4）积极采取各项安全生产技术措施，保障职工有一个安全可靠的作业条件，减少和杜绝各类事故。

（5）采取各种劳动卫生措施，不断改善劳动条件和环境，定期检测，防止和消除职业病及职业危害，做好女工的特殊保护，保障劳动者的身心健康。

（6）定期对企业各级领导、特种作业人员和所有职工进行安全教育，强化安全意识，提高安全素质。

（7）及时完成各类事故的调查、处理和上报工作。

（8）推动安全生产目标管理，推广和应用现代化安全管理技术与方法，深化企业安全管理。

1.1.2　安全生产管理体制

为适应社会主义市场经济的需要，1993年国务院将原来的"国家监察、行政管理、群众监督"的安全生产管理体制，发展和完善成为"企业负责、行业管理、国家监察、群众监督、劳动者遵章守纪"的安全生产管理体制。实践证明，这样的安全生产管理体制更符合社会主义市场经济条件下安全生产工作的要求。

1. 企业负责

企业负责这条原则，最先通过国务院（1993）50号文正式发布。这条原则的确立，进一步完善了"国家监察、行政管理、群众监督"的管理体制，明确了企业作为市场经济的主体，必须承担的安全生产责任，即必须认真贯彻执行国家安全生产、劳动保护方面的法律法规及规章制度，要对本企业的安全生产、劳动保护工作负责。在这个文件中还特别强调了"企业法定代表人是安全生产的第一责任者，要对本企业的安全生产全面负责"。

这条原则从根本上改变了以往安全生产工作由国家包办代替、企业责任不明确的情况，健全了社会主义市场经济条件下的安全生产管理体制。

2. 行业管理

各行业的管理部门（包括政府主管部门、受政府委托的管理机构以及行业协会等），根据"管生产必须管安全"的原则，在各自的工作职责范围内，行使行业管理的职能，贯彻执行国家安全生产方针、政策、法律法规及规范规章等，制定行业的规章制度和规范标准，负责对本行业安全生产管理工作进行策划、组织实施、监督检查及考核等。从行政管理到行业管理，体现出从计划经济向市场经济过渡的特点，说明了在安全生产工作中行业管理力度的增强。

3. 国家监察

安全生产行政主管部门按照国务院要求实施国家劳动安全监察。国家监察是一种执法监察，主要是监察国家安全生产法律、法规的执行情况，预防和纠正违反法规、政策的偏差。它不干预企事业具体事务，也不能替代行业管理部门日常管理和安全检查。

4. 群众监督

群众监督有两层含义，一是由工会对安全生产实施监督。工会组织作为代表广大职工根本利益的群众团体，对危害职工安全健康的现象有抵制、纠正以至控告的权力，这是一种自下而上的群众监督。二是《中华人民共和国劳动法》赋予劳动者监督权，规定"劳动者对用人单位管理人员违章指挥、强令冒险作业，有权拒绝执行；对危害生命安全和身体健康的行为，有权提出批评、检举和控告"。

5. 劳动者遵章守纪

劳动者的遵章守纪与安全生产有着直接的关系，遵章守纪是实现安全生产的前提和重要保证。劳动者应当在生产过程中自觉遵守安全生产规章制度和劳动纪律，严格执行安全技术操作规程，做到不违章操作并制止他人的违章操作，从而实现全员的安全生产。

1.1.3　安全生产管理机构

建筑施工企业安全生产管理机构是指企业及其在建项目中设置的负责安全生产管理工作的独立职能部门，它是建筑施工企业安全生产的重要组织保证。

安全生产管理机构的职责主要包括：

（1）宣传和贯彻国家有关安全生产法律法规和标准。

（2）编制并适时更新安全生产管理制度并监督实施。

（3）组织或参与企业生产安全事故应急救援预案的编制及演练。

（4）组织开展安全教育培训与交流。

（5）协调配备项目专职安全生产管理人员。

（6）制定企业安全生产检查计划并组织实施。

（7）监督在建项目安全生产费用的使用。

（8）参与危险性较大工程安全专项施工方案专家论证会。

（9）通报在建项目违规、违章查处情况。

（10）组织开展安全生产评优、评先表彰工作。

（11）建立企业在建项目安全生产管理档案。

（12）考核评价分包企业安全生产业绩及项目安全生产管理情况。

（13）参加生产安全事故的调查和处理工作。

（14）企业明确的其他安全生产管理职责。

每一个建筑施工企业，都应当建立健全以企业法人为第一责任人的安全生产保证系统，都必须建立完善的安全生产管理机构。

1. 公司一级安全生产管理机构

公司应设立以法人为第一责任者并分工负责的安全管理机构，根据本单位的施工规模、设备管理及职工人数设置专职安全生产管理部门并配备专职安全生产管理人员。根据规定，建筑施工总承包特级资质企业不少于6人，一级资质企业不少于4人，二级和二级以下资质企业不少于3人。建筑施工专业承包一级资质企业不少于3人，二级和二级以下资质企业不少于2人。建筑施工劳务分包企业不少于2人。建筑施工企业的分公司、区域公司等较大的分支机构应依据实际生产情况配备不少于2人的专职安全生产管理人员。

建立各部门、各分公司组成的安全生产领导小组，实行领导小组成员轮流值班的安全生产值班制度，随时解决和处理生产中的安全问题。

2. 工程项目经理部安全生产管理机构

工程项目经理部是施工第一线的管理机构，必须依据工程特点，建立以项目经理为首的安全生产领导小组。小组成员包括项目经理、项目技术负责人、专职安全员、施工员及各工种班组的组长。工程项目经理部应根据工程规模大小配备专职安全员。建立安全生产领导小组成员轮流安全生产值日制度，解决和处理施工生产中的安全问题并进行巡回检查，建立每周一次的安全生产例会制度和每日班前安全讲话制度。项目经理应亲自主持定期的安全生产例会，协调安全与生产之间的矛盾，督促检查落实班前安全讲话活动精神。

项目施工现场必须建立安全生产值班制度。24小时分班作业时，每班都必须要有领导值班并有安全管理人员在场。做到只要有人作业，就有领导值班。值班领导应认真做好安全生产值班记录。

建设工程实行施工总承包的，安全生产领导小组由总承包企业、专业承包企业项目经理、技术负责人和专职安全生产管理人员、劳务企业施工队长和专职安全生产管理人员组成。

施工现场安全管理机构示意如图1-1所示。

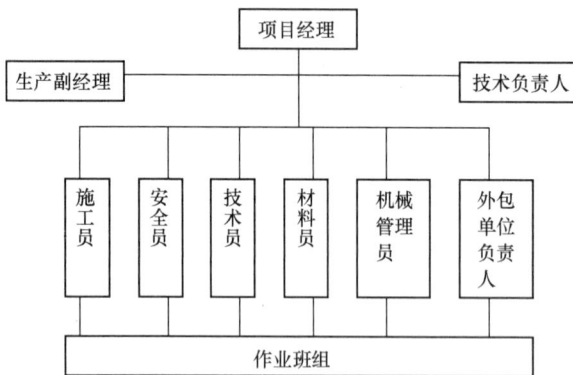

图1-1 施工现场安全管理机构示意

3. 生产班组安全生产管理

加强班组安全建设是安全生产管理的基础，也是关键所在。因为班组成员既是完成安全生产各项目标的实现者，也是生产安全事故和职业危害的受害者。每个生产班组都要设置不脱产的兼职安全巡查员，协助班组长做好班组的安全生产管理。班组要坚持班前班后岗位安全检查、安全值日和安全日活动制度，同时要做好班组的安全记录。

加强班组安全管理是减少安全事故最切实、最有效的方法。

1.1.4 安全生产管理目标

通常，企业发展所设定的目标主要分两类，一类是企业发展、效益提高、市场占有、企业竞争力提升的目标；另一类就是安全生产目标，它包括安全目标方针、工伤事故的指标、尘毒、噪声等。可见，企业安全生产方面的目标是企业整个发展目标体系的重要组成部分。

安全生产目标是生产经营单位确定的，在一定时期内应该达到的安全生产总目标。安全生产目标通常以千人负伤率、万吨产品死亡率、尘毒作业点合格率、噪声作业点合格率及设备完好率等指标表示。为了保证生产经营活动的正常进行，生产经营单位必须加强目标管理，制定自上而下、切实可行的安全生产目标，形成以总目标为中心、全体人员参与、完整的安全生产目标体系。

安全目标体系就是安全目标的网络化、细分化。安全目标展开要做到横向到边，纵向到底，纵横连锁形成网络。横向到边就是把生产经营单位的总目标分解到各个部门；纵向到底就是把单位的总目标由上而下一层一层分解，明确落实到人，体现"安全生产、人人有责"。安全生产目标的有效展开是确保安全生产目标体系建立的重要环节。

安全生产目标管理是指项目根据企业的整体目标，在分析外部环境和内部条件的基础上，确定安全生产所要达到的目标，并采取一系列措施去努力实现这些目标的活动过程。推行安全生产目标管理不仅能进一步优化企业安全生产责任制，强化安全生产管理，体现"安全生产人人有责"的原则，使安全生产工作实现全员管理，而且有利于提高企业全体员工的安全素质。

安全生产目标管理的任务是确定奋斗目标，明确责任，落实措施，实行严格的考核与奖惩，以激励企业员工积极参与，是全员、全方位、全过程的安全生产管理，严格按照安全生产的奋斗目标和安全生产责任制的要求，落实安全措施，消除人的不安全行为和物的不安全状态。

企业（项目）要制定安全生产目标管理计划，经主管部门（企业分管领导）审查同意，由主管部门与企业（企业分管领导与项目经理）签订责任书，将安全生产目标管理纳入各企业（项目）的目标管理计划，企业法人代表（项目经理）应对安全生产目标管理计划的制定与实施负第一责任。

安全生产目标管理的特点是：强调安全生产管理的结果，一切决策以实现目标为准绳，依据相互衔接、相互制约的目标体系，有组织地开展安全生产管理活动，并随生产经营活动而持久地进行下去，以此激发各级目标责任者为实现安全生产目标而自觉、自愿地采取措施。

1. 安全生产目标管理的基本内容

安全生产目标管理的基本内容包括目标体系的确立、目标的实施、目标成果的检查与考核。

（1）确定切实可行的目标值。要在生产经营单位中实行安全生产目标管理，首先要将安全生产任务转化为目标，确定目标值。可采用科学的目标预测法，根据需要和可能，采取系统分析的方法，确定合适的目标值，并研究为达到目标应采取的措施和手段。

建筑施工企业安全生产目标管理主要目标值有：

1）工伤事故的次数和伤亡程度指标；

2）安全投入指标；

3）日常安全管理的工作指标。

（2）根据安全目标的要求，制定实施办法，要有具体的保证措施，力求量化，以便于实施和考核，包括组织技术措施，明确完成程序和时间、具体负责人，并签订承诺书。

（3）规定具体的考核标准和奖惩办法。要认真贯彻执行《安全生产目标管理考核标准》。考核标准不仅应规定目标值，而且要把目标值分解为若干个具体要求以便考核。

（4）安全生产目标管理必须与安全生产责任制挂钩。层层分解，逐级负责，充分调动各级组织和全体员工的积极性，保证安全生产管理目标的实现。

（5）安全生产目标管理必须与企业考核挂钩。作为整个企业目标管理的一个重要组成部分，实行经营管理者任期目标责任制、租赁制和各种经营承包责任制的单位负责人，应把安全生产目标管理与他们的经济收入和荣誉挂起钩来，严格考核、兑现奖罚。

2. 安全生产目标的设定

安全生产目标的设定是安全生产目标管理的核心。设定的目标是否得当，关系着安全管理的成效，影响着职工参加管理的积极性。

（1）安全生产目标设定的依据

1）国家的有关法律、法规、规范性文件、政策、法令等；

2）安全生产监督管理部门的要求；

3）上级管理部门的劳动保护工作方针、政策和要求；

4）行业及本企业的中长期劳动保护规划；

5）行业及本企业工伤事故和职业病统计资料与数据；

6）本企业的安全工作和施工现场劳动条件的现状与问题；

7）本企业的技术条件和经济条件。

（2）安全生产目标设定的原则

1）可行性原则。所谓"可行"，是指目标必须切合实际，要结合本企业的技术条件和经济条件，参照本企业历年来的安全生产统计资料，通过分析论证，确定经过努力可以达到的目标。但应注意，有些目标是法律或政府硬性规定，是必须达到的。

2）突出重点原则。安全目标计划应突出安全管理工作的重点，要分清主次，对次要目标及分项目标要少而精，以免影响对关键问题的控制。关键问题一般是发生频率高、后果严重的事故类型和职业病。

3）综合性原则。企业制定的安全生产目标，既要保证上级有关部门的安全控制指标的完成，也要兼顾企业各个管理环节、部门及每个员工的实际情况，并能为其所能接受和实现。

4）先进性原则。所谓"先进"，一是指标要高于本企业前一阶段的指标，二是指标要尽可能高于国内同行业的平均水平。

5）可量化原则。目标要尽可能做到具体、量化。这既有利于检查、评比和控制，又有利于调动职工实现目标的积极性。对于有些难于量化的目标，也应尽量规定具体要求。

6）激励先进原则。在制定目标时，特别要注意激励先进人物，使之能突破所制定的目标，为下一年度制定新目标提供实践经验。

7）目标与措施的对应性。目标必须有措施作保证，目标与措施必须相对应，否则，就失去了安全目标管理的科学性。

（3）安全生产目标设定的内容和范围

1）伤亡事故控制目标，如企业千人重伤率、千人死亡率、伤害频率和火灾事故的控制指标等。

2）安全教育培训目标，如全员安全教育率、全员安全教育次数和教育时间、特种作业人员持证上岗率、特种作业人员教育复审率、安全管理人员上岗教育、新员工"三级"安全教育、班组长教育、变换工种教育和复岗教育等。

3）尘毒有害作业场所达标率目标，主要指作业场所的尘毒检测合格率等。

4）重大危险源和事故监控管理目标，如对事故隐患整改的目标等。

5）安全检查的目标，如安全检查的次数、特种设备检查率等。

6）科学管理方法应用的目标，如安全检查表的运用范围、电化教育运用、事故树分析方法等。

7）安全标准化班组达标率目标。

（4）常用安全生产管理目标

1）安全生产控制目标，"六无"、"三消灭"。

"六无"即无施工人员伤亡，无重大工程结构事故、无重大机械设备事故、无重大火灾事故、无重大管线事故、无危爆物品爆炸事故。"三消灭"即消灭违章指挥、消灭违章操作、消灭"惯性事故"。

2）伤亡控制目标，"一杜绝"、"二控制"。

"一杜绝"即杜绝重伤及死亡事故（包括自有职工和外协队伍）。"二控制"即控制年负伤率、控制年安全事故率。如工伤事故月度频率控制在1‰以内，年度频率控制在12‰以内。

3）安全生产标准化管理达标目标，如合格率、优良率。

4）文明施工目标，如"一创建"，创建安全文明示范工地文明施工检查合格率。

5）安全管理目标，持证上岗率、设备完好率、安全检查合格率。

1.1.5 安全生产管理原则

1. "管生产必须管安全"原则

"管生产必须管安全"原则是指项目各级领导和全体员工在生产过程中必须坚持在抓生产的同时抓好安全工作。

"管生产必须管安全"原则是施工项目必须坚持的基本原则，体现了安全和生产的统一，应将安全寓于生产之中，生产组织者在生产技术实施过程中，应当承担安全生产的责任，把"管生产必须管安全"原则落实到每个员工的岗位责任制上去，从组织上、制度上固定下来，以保证这一原则的实施。

2. "五同时"原则

"五同时"原则是指企业的领导和主管部门在策划、布置、检查、总结、评价生产经营的时候，应同时策划、布置、检查、总结、评价安全工作。把安全工作落实到每一个生产组织管理环节中去，促使企业在生产工作中把对生产的管理与对安全的管理结合起来，使得企业在管理生产的同时贯彻执行我国的安全生产方针及法律法规，建立健全企业的各种安全生产规章制度，根据企业自身特点和工作需要设置安全管理专门机构，配备专职人员。

3."三同时"原则

"三同时"原则指凡是我国境内新建、改建、扩建的基本建设工程项目、技术改造项目和引进的建设项目，其劳动安全卫生设施必须符合国家规定的标准，必须与主体工程同时设计、同时施工、同时投入生产和使用，以确保项目投产后符合劳动安全卫生要求，保障劳动者在生产过程中的安全与健康。

4."三个同步"原则

"三个同步"是指安全生产与经济建设、企业深化改革、技术改造同步策划、同步发展、同步实施的原则。"三个同步"要求把安全生产内容融入生产经营活动的各个方面，以保证安全与生产的一体化，克服安全与生产"两张皮"的弊病。

5."四不放过"原则

"四不放过"是指在调查处理工伤事故时，必须坚持事故原因分析不清不放过，事故责任者和群众没受到教育不放过，事故隐患不整改不放过，事故的责任者没有受到处理不放过。

6."五定"原则

"五定"即定整改责任人、定整改措施、定整改完成时间、定整改完成人、定整改验收人。

7."六个坚持"原则

"六个坚持"即坚持管生产同时管安全，坚持目标管理，坚持预防为主，坚持全员管理，坚持过程控制，坚持持续改进。

1.1.6　安全生产管理要点

1.基本要求

（1）取得安全行政主管部门颁发的《安全生产许可证》后，方可施工。

（2）必须建立健全安全管理保障制度。

（3）各类人员必须具备相应的安全生产资格方可上岗。

（4）所有施工人员必须经过三级安全教育。

（5）特殊工种作业人员，必须持有《特种作业操作证》。

（6）对查出的安全隐患要做到"定整改责任人、定整改措施、定整改完成时间、定整改完成人、定整改验收人"。

（7）必须把好安全生产措施关、交底关、教育关、防护关、检查关、改进关。

（8）必须建立安全生产值班制度，必须有领导带班。

2.安全管理网络

（1）施工现场安全防护管理网络见图1-2。

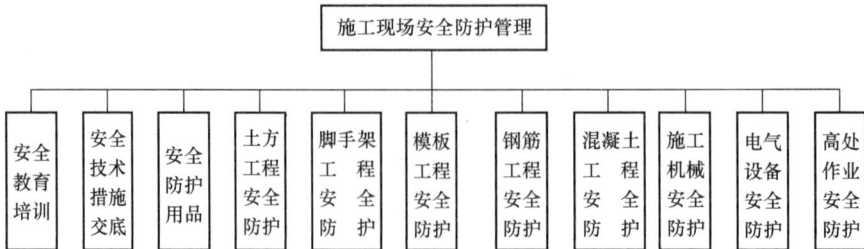

图1-2　施工现场安全防护管理网络

（2）施工现场临时用电管理网络见图 1-3。

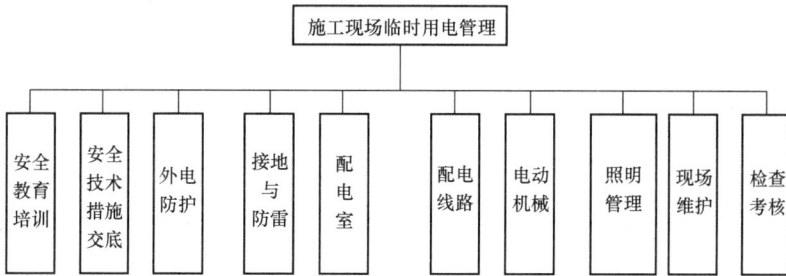

图 1-3　施工现场临时用电管理网络

（3）施工现场机械安全管理网络见图 1-4。

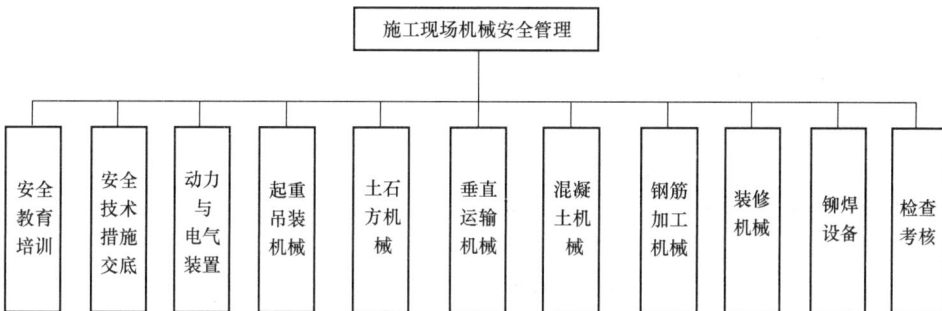

图 1-4　施工现场机械安全管理网络

（4）施工现场消防保卫管理网络见图 1-5。

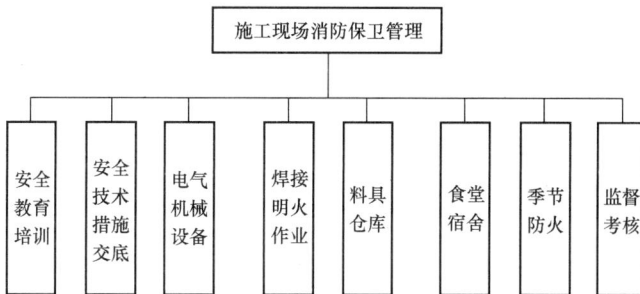

图 1-5　施工现场消防保卫管理网络

（5）施工现场管理网络见图 1-6。

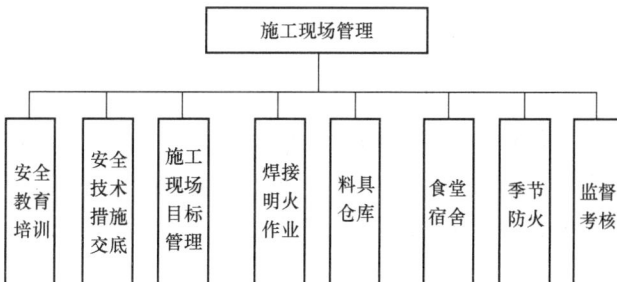

图 1-6　施工现场管理网络

3. 各施工阶段安全生产管理要点

（1）基础施工阶段

1）挖土机械作业安全；

2）边坡防护安全；

3）降水设备与临时用电安全；

4）防水施工时的防火、防毒；

5）人工挖扩孔桩安全。

（2）结构施工阶段

1）临时用电安全；

2）内外架及洞口防护；

3）作业面交叉施工及临边防护；

4）大模板和现场堆料防倒塌；

5）机械设备的使用安全。

（3）装修阶段

1）室内多工种、多工序的立体交叉防护；

2）外墙面装饰防坠落；

3）做防水和油漆的防火、防毒；

4）临电、照明及电动工具的使用安全。

（4）季节性施工

1）雨期防触电、防雷击、防尘、防沉陷坍塌、防大风、临时用电安全；

2）高温季节防中暑、中毒、防疲劳作业；

3）冬期施工防冻、防滑、防火、防煤气中毒、防大风雪、防大雾、用电安全。

1.1.7 外施队安全生产管理

（1）不得使用未经劳动部门审核的外施队。

（2）对外施队人员要严格进行安全生产管理，保障外施队人员在生产过程中的安全和健康。

（3）外施队必须申请办理《施工企业安全资格审查认可证》。各用工单位应监督、协助外施队办理"认可证"，否则视同无安全资质处理。

（4）依照"管生产必须管安全"的原则，外施队必须明确一名领导作为本队安全生产负责人，主管本队日常的安全生产管理工作。50 人以下的外施队，应设一名兼职安全员，50 人以上的外施队应设一名专职安全员。用工单位要负责对外施队专（兼）职安全员进行安全生产业务培训考核，对合格者签发《安全生产检查员》证书。外施队专（兼）职安全员应持证上岗，纠正本队违章行为。

（5）外施队要保证人员相对稳定，确需增加或调换人员时，外施队领导必须事先提出计划，报请有关领导和部门审核。增加或调换的人员按新入场人员进行三级安全教育。凡未经同意擅自增加或调换人员，未经安全教育考试上岗作业者，一经发现，追究有关部门和外施队领导责任。

（6）外施队领导必须对本队人员进行经常性的安全生产和法制教育，必须服从用工单位各级安全管理人员的监督指导。用工单位各级安全管理人员有权按照规章制度，对违章冒险作业人员进行经济处罚，停工整顿，直到建议清退出场。用工单位应认真研究安全管理人员的建议，对决定清退出场的外施队，用工单位必须及时上报集团总公司安全施工管理处和劳动力调剂服务中心，劳务部门当年不得再与该队签订用工协议，也不得转移到其他单位，若发现外施队应被清退出场而未清退或转移到集团其他单位的，则追究有关人员责任。

（7）外施队自身必须加强安全生产教育，提高技术素质和安全生产的自我保护意识，认真执行班前安全讲话制度，建立每周一次安全生产活动日制度。讲评一周安全生产情况，学习有关安全生产规章制度，研究解决安全隐患，表彰好人好事，批评违章行为，组织观看安全生产录像等，并作好活动记录。

（8）外施队领导和专（兼）职安全员在每日上班前必须对本队的作业环境、设施设备的安全状态进行检查，对发现的隐患，凡是自己能解决的，不应推给上级领导，立即解决。凡是重大隐患，必须立即报告项目经理部的安全管理员。

（9）外施队领导和专（兼）职安全员应在本队人员作业过程中巡视检查，随时纠正违章行为，解决作业中人为形成的隐患。下班前对作业中使用的设施设备进行检查，确认机电是否拉闸断电，用火是否熄灭，活完料净场地清，确认无误后方准离开现场。

（10）凡违反有关规定，使用未办理《施工企业安全资格审查认可证》、未经注册登记、无用工手续的外施队或对外施队没有进行三级安全教育的，安全部门有权对用工单位和直接责任者进行经济处罚。造成严重后果，触犯刑法的，提交司法部门处理。

1.2 安 全 技 术 管 理

安全技术是指为控制或消除生产过程中的危险因素，防止发生各种伤害，以及火灾、爆炸等事故，为职工提供安全、良好劳动条件而研究与应用的技术。简而言之，安全技术就是劳动安全方面所采取的各种技术措施的总称。

安全技术的基本任务有，分析生产过程中引起伤亡事故的原因，采取各种技术措施，消除隐患，预防事故发生；掌握与积累各种资料，以便作为制定有关安全法令、标准及企业安全技术操作规程、各项安全制度的依据；编写安全生产宣传教育材料；研究并制定分析伤亡事故应对办法。各种安全技术措施，都是根据变危险作业为安全作业、变笨重劳动为轻便劳动、变手工操作为机械操作的原则，通过改进安全设备、作业环境或操作方法，达到安全生产的目的。

安全技术措施是指为改善劳动条件、防止工伤事故和职业病的危害，从技术上采取的措施，是"预防为主"方针的具体体现。在施工过程中，针对工程特点、施工现场环境、施工方法、劳动组织、作业方法、使用的机械、动力设备、变配电设施、架设工具以及各项安全防护设施等制定措施，称为施工安全技术措施。施工安全技术措施包括安全防护设施和安全预防设施，是施工组织设计的重要组成部分，它是具体安排和指导工程安全施工的安全管理与技术文件之一。

企业必须安排适当的资金，用于改善安全设施，更新安全技术装备以及其他安全生产投入，以保证企业达到法律、法规、标准规定的安全生产条件，并对安全生产资金投入不足导致的后果承担责任。为了保证有效投入安全资金，企业应编制安全技术措施计划。所谓安全技术措施计划（即劳动保护措施计划），是指企业为了保护职工在生产过程中的安全和健康，而制定的本年度或一定时期的安全技术工作规划，是企业综合计划即生产、经营、财务计划的组成部分，也是企业安全工作的重要内容。

1.2.1 安全技术管理的基本要求

（1）所有建筑工程的施工组织设计（施工方案）都必须含有安全技术措施。爆破、吊装、水下、深基坑、支模、拆除等大型特殊工程，都要编制专项安全技术方案，否则不得开工。

（2）施工现场道路、上下水及采暖管道、电气线路、材料堆放、临时和附属设施等的平面布置，都要符合安全、卫生、防水要求，并要加强管理，做到安全生产和文明生产。

（3）各种机电设备的安全装置和起重设备的限位装置，都应齐全有效，没有的不能使用。要建立定期维修保养制度，检修机械设备要同时检修防护装置。

（4）脚手架、井字架（龙门架）和安全网，搭设完必须经工长验收合格，方能使用。使用期间要指定专人维护保养，发现有变形、倾斜、摇晃等情况，要及时加固。

（5）施工现场、坑井、沟和各种孔洞、易燃易爆场所、变压器周围，都要指定专人设置围栏或盖板和安全标志，夜间要设红灯示警。各种防护设施、警告标志，未经施工负责人批准，不得移动和拆除。

（6）实行逐级安全技术交底制度。开工前，技术负责人要将工程概况、施工方法、安全技术措施等情况向全体职工进行详细交底，两个以上施工队或工种配合施工时，施工队长、工长要按工程进度定期或不定期地向有关班组长进行交叉作业的安全交底。班组每天对工人进行施工要求、作业环境的安全交底。

（7）混凝土搅拌站、木工车间、沥青加工点及喷漆作业场所等，都要采取措施，限期使尘毒浓度达到国家标准。

（8）采用安全技术和工业卫生的新成果前，都要经过试验、鉴定合格并制定相应安全技术措施，才能使用。

（9）加强季节性劳动保护工作。夏季要防暑降温；冬季要防寒防冻，防止煤气中毒；雨季和台风到来之前，应对临时设施和电气设备进行检修；沿河流域的工地要做好防洪抢险准备；雨雪过后要采取防滑措施。

（10）施工现场、木工加工厂（车间）和贮存易燃易爆器材的仓库，要建立防火管理制度，备足防火设施和灭火器材，要经常检查，保持状态良好。

（11）凡新建、改建和扩建的工厂和车间，都应采用有利于劳动者的安全和健康的先进工艺和技术。劳动安全卫生设施与主体工程应同时设计、同时施工、同时投产。

1.2.2 安全技术措施

《建筑法》规定："建筑施工企业在编制施工组织设计时，应当根据建筑工程的特点制定相应的安全技术措施"。根据不同工程的结构特点，提出有针对性的具体安全技术措施，不仅可以指导施工，也是进行安全技术交底、安全检查和验收的可靠依据，同样也是职工生命安全的根本保证。因此，安全技术措施在安全施工中占有相当重要的位置。

安全技术措施范围，包括改善劳动条件（指影响人身安全和健康及设备安全的条件），预防各类伤亡事故，保障机械设备使用中的安全，预防职业病和职业中毒，确保行车安全等各项措施。

编制安全技术措施计划应以"安全第一、预防为主、综合治理"的安全生产方针为指导思想，以《安全生产法》等法律法规、国家或行业标准为依据。

项目部在编制施工组织设计，编制安全技术措施计划时，应根据国家公布的劳动保护立法和各项安全技术标准为依据，根据公司年度施工生产的任务，工程施工特点确定安全技术措施项目，制定相应的安全技术措施。针对安全生产检查中发现的隐患，未能及时解决的问题以及对新工艺、新技术、新设备等所应采取的措施，做到不断改善劳动条件，防止工伤事故的发生。应当对专业性较强的工程项目编制专项安全施工组织设计，并采取安全技术措施。

项目部应当在施工现场采取维护安全、防范危险、预防火灾等措施，有条件的，应当对施工现场实行封闭管理。

施工现场对毗邻的建筑物、构筑物和特殊作业环境可能造成损害的，建筑施工企业应当采取安全防护措施。

1. 施工安全技术措施的编制要求

编制安全技术措施不是只摘录标准、规范条文，而是必须根据工程施工的特点，充分考虑各种危险因素，遵照有关规程规定，结合以往的施工经验与教训，按照以下要求编制：

（1）要在工程开工前编制，并经过审批。

（2）施工安全技术措施的编制要有超前性。施工安全技术措施必须在项目开工前编制好，在工程图纸会审时，就要开始考虑施工安全问题。因为开工前经过编审后正式下达施工单位指导施工的安全技术措施，对于该工程各种安全设施的落实就有较充分的准备时间。设计和施工发生变更时，安全技术措施必须及时变更或相应补充完善。

（3）施工安全技术措施的编制要有针对性。施工安全技术措施是针对每项工程特点而制定的，编制安全技术措施的技术人员必须掌握工程概况、施工方法、施工环境条件等资料，并熟悉安全法规、标准等。编制时应主要考虑以下几个方面：

1）针对不同工程的特点可能造成的施工危害，从技术上采取措施，消除危险，保证施工安全。

2）针对不同的施工方法制定相应的安全技术措施。井巷作业、水下作业、立体交叉作业、滑模、网架整体提升吊装，大模板施工等，可能给施工带来不安全因素，从技术上采取措施，保证安全施工。

3）针对不同分部分项工程的施工工艺可能给施工带来的不安全因素，从技术上采取措施保证其安全实施。如土方工程、地基与基础工程、脚手架工程、支模、拆模等都必须编制单项工程的安全技术措施。

4）针对使用的各种机械设备、变配电设施给施工人员可能带来的危险因素，从安全保险装置等方面采取技术措施。

5）针对施工中有毒、有害、易燃、易爆等作业可能给施工人员造成的危害，从技术上采取措施，防止伤害事故。

6）针对施工现场及周围环境，可能给施工人员及周围居民带来的危害，以及材料、设备运输带来的困难和不安全因素，制定相应的安全技术措施。

7）针对季节性施工的特点，制定相应的安全技术措施。夏季要制定防暑降温措施；雨期施工要制定防触电、防雷、防坍塌措施；冬期施工要制定防风、防火、防滑、防煤气中毒、防亚硝酸钠中毒措施。

（4）施工安全技术措施的编制必须可靠。安全技术措施均应贯彻于每个施工工序之中，力求细致全面、具体可靠。如施工平面布置不当，临时工程多次迁移，建筑材料多次转运，不仅影响施工进度，造成很大浪费，有的还留下安全隐患。再如易爆易燃临时仓库及明火作业区、工地宿舍、厨房等定位及间距不当，可能酿成事故。只有把多种因素和各种不利条件全面考虑才能真正做到预防事故。但是，全面具体不等于罗列常规的操作工艺、施工方法以及日常安全工作制度、安全纪律等。这些制度性规定，安全技术措施中虽不需再作抄录，但必须严格执行。

（5）编制施工安全技术的措施要有可操作性。对大中型项目工程，结构复杂的重点工程除必须在施工组织总体设计中编制施工安全技术措施外，还应编制单位工程或分部分项工程安全技术措施，详细制定出有关安全方面的防护要求和措施，并易于操作、实现，确保单位工程或分部分项工程的安全施工。

（6）在使用新技术、新工艺、新设备、新材料的同时，必须研究应用相应的安全技术措施。

（7）安全技术措施中必须有施工总平面图，在图中必须对危险的油库、易燃材料库、变电设备以及材料、构件的堆放位置及塔式起重机、井字架或龙门架、搅拌台的位置等按照施工需要和安全规程的要求明确定位，并提出具体要求。

（8）特殊和危险性大的工程，施工前必须编制单独的安全技术措施方案。

（9）施工作业中因任务变更或原安全技术措施不当，对继续施工有影响的，应重新进行安全技术措施交底或补充编制安全技术措施，经批准后向施工人员交底方可继续施工。

2. 施工安全技术措施编制的主要内容

工程大致分为两类：结构共性较多的称为一般工程；结构比较复杂、技术含量高的称为特殊工程。由于施工条件、环境等不同，同类结构工程既有共性，也有不同之处。不同之处在共性措施中就无法解决。因此应根据工程不同危险因素，按照有关规程的规定，结合以往的施工经验与教训，编制安全技术措施。

安全技术措施包括安全防护设施和安全预防设施，主要有防火、防毒、防爆、防洪、防尘、防雷击、防触电、防坍塌、防物体打击、防机械伤害、防起重设备滑落，防高空坠落、防交通事故、防寒、防暑、防疫、防环境污染等。

（1）一般工程安全技术措施

1）根据基坑、基槽、地下室等开挖深度、土质类别，选择开挖方法，确定边坡的坡度或采取何种基坑支护方式，以防塌方。

2）脚手架选型及设计搭设方案和安全防护措施。

3）高处作业的上下安全通道。

4）安全网（平网、立网）的架设要求、范围（保护区域）、架设层次、段落。

5）对施工电梯、龙门架（井字架）等垂直运输设备、搭设位置要求、稳定性、安全装置等的要求，防倾覆、防漏电措施。

　　6）施工洞口的防护方法和主体交叉施工作业区的隔离措施。

　　7）场内运输道路及人行通道的布置。

　　8）编制临时用电的施工组织设计和绘制临时用电图纸。在建工程（包括脚手架具）的外侧边缘与外电架空线路的间距达到最小安全距离。

　　9）防火、防毒、防爆、防雷等安全措施。

　　10）在建工程与周围人行通道及民房的防护隔离设置。

　　（2）危险性较大的特殊工程

　　对于结构复杂，危险性大的特殊工程，应编制单项的安全技术措施。如爆破、大型吊装、沉箱、沉井、烟囱、水塔、特殊架设作业，高层脚手架、井架和拆除工程必须编制单项的安全技术措施，并注明设计依据，做到有计算、有详图、有文字说明。

　　（3）季节性施工安全措施

　　季节性施工安全措施，就是考虑不同季节的气候，对施工生产带来的不安全因素，可能造成的各种突发性事故，从防护上、技术上、管理上采取的措施。一般建筑工程的施工组织设计或施工方案的安全技术措施中，应编制季节性施工安全措施。危险性大、高温期长的建筑工程，应单独编制季节性的施工安全措施。季节性主要指夏期、雨期和冬期。

3. 施工安全技术措施的实施要求

　　经批准的安全技术措施具有技术法规的作用，必须认真贯彻执行。遇到因条件变化或考虑不周需变更安全技术措施内容时，应经原编制、审批人员办理变更手续，不能擅自变更。

　　（1）工程开工前，应将工程概况、施工方法和安全技术措施向工地负责人、工长、班组长进行安全技术措施交底。每个单项工程开工前，应重复进行单项工程的安全技术交底工作。使执行者了解其要求，为落实安全技术措施打下基础，安全交底应有书面材料，双方签字并保存记录。

　　（2）安全技术措施中的各种安全设施的实施应列入施工任务计划单，责任落实到班组或个人，并实行验收制度。

　　（3）加强对安全技术措施实施情况的检查，技术负责人、安全技术人员应经常深入工地，检查安全技术措施的实施情况，及时纠正违反安全技术措施的行为，各级安全管理部门应以施工安全技术措施为依据，以安全法规和各项安全规章制度为准则，经常性地对工地实施情况进行检查，并监督各项安全措施的落实。

　　（4）对安全技术措施的执行情况，除认真监督检查外，还应建立起与经济挂钩的奖罚制度。

1.2.3　安全技术交底

1. 安全技术交底的目的

　　为确保实现安全生产管理目标、指标，规范安全技术交底工作，确保安全技术措施在工程施工过程中得到落实，按不同层次、不同要求和不同方式进行，使所有施工人员了解工程概况、施工计划，掌握所从事工作的内容、操作方法、技术要求和安全措施等，确保安全生产，避免发生生产安全事故。

2. 安全技术交底依据

（1）施工图纸、施工图说明文件，包括有关设计人员对施工安全重点部位和环节方面的说明，对防范生产安全事故提出的指导意见，以及当采用新结构、新材料、新工艺和特殊结构时，设计人员提出的保障施工作业人员安全和预防生产安全事故的措施建议。

（2）施工组织设计、安全技术措施、专项安全施工方案。

（3）相关工种的安全技术操作规程。

（4）国家、行业的标准、规范。

（5）地方法规及其他相关资料。

（6）建设单位或监理单位提出的特殊要求。

3. 安全技术交底的意义和特点

安全技术交底作为具体指导施工的依据，应具有针对性、完整性、可行性、预见性、告诫性、全员性等特点。

针对性：顾名思义要强调本工程的该项工作，以及针对该项工作的施工任务和特点进行交底。

完整性：要求工程技术人员全面掌握施工图纸及规范要求，交底应完整体现出技术部门对图纸的熟悉程度，真正掌握工程的重点、难点及细部的主要施工方法及应对措施。

可行性：编写的技术交底不应笼统，不应教条，确实能解决实际问题，具有可操作性。尤其是工程的重点、难点、细部做法，以及如何克服质量通病的措施，都要切实可行。

预见性：即提前性，不要工作完成了再交底，那就失去了交底的具体意义，同时应多琢磨，集思广益，将可发生的问题预先考虑好，并提出切实可行的解决方法，将问题消灭在萌芽状态。

告诫性：编制交底时，应将施工任务该怎么干，不该怎么干，达到的目标是什么，如若违反了或达不到该如何处理等内容写进去，使技术交底具有一定的约束性，保证它的严肃性。

全员性：交底要施工班组人员全部签字学习，不能代签。

4. 安全技术交底的作用

（1）细化、优化施工方案，从施工技术方案选择上保证施工安全，让施工管理、技术人员从施工方案编制、审核上就将安全放到第一的位置。

（2）让一线作业人员了解和掌握该作业项目的安全技术操作规程和注意事项，减少因违章操作而导致事故的可能。

（3）项目施工中的重要环节，必须先行组织交底后方可开工。

5. 安全技术交底职责分工

（1）工程项目开工前，由施工组织设计编制人、审批人向参加施工的施工管理人员（包括分包单位现场负责人、安全管理员）、班组长进行施工组织设计及安全技术措施交底。

（2）分部分项工程施工、专项安全施工方案实施前，由方案编制人会同施工员将安全技术措施、施工方法、施工工艺、施工中可能出现的危险因素、安全施工注意事项等向参加施工的全体管理人员（包括分包单位现场负责人、安全管理员）、作业人员进行交底。

（3）每道施工工序开始作业前，项目部生产副经理（或施工员）向班组及班组全体作业人员进行安全技术交底。

（4）新进场的工人参加施工作业前，由项目部安全员及项目部分项管理人员进行工种交底。

（5）每天上班作业前，班组长负责对本班组全体作业人员进行班前安全交底。

6. 安全技术交底文件编制原则

在编制施工组织设计时，应当根据工程特点制定相应的安全技术措施。安全技术措施要针对工程特点、施工工艺、作业条件以及队伍素质等，按施工部位列出施工的危险点，对照各危险点制定具体的防护措施和安全作业注意事项，并将各种防护设施的用料计划一并纳入施工组织设计，安全技术措施必须经上级主管领导审批，并经专业部门会签。在施工组织设计的基础上编制单独的安全专项施工技术方案，然后在此基础上再进行安全交底。

7. 安全技术交底的编制范围

（1）施工单位应根据建设工程项目的特点，依据建设工程安全生产的法律、法规和标准建立安全技术交底文件的编制、审查和批准制度。

（2）安全技术交底文件应有针对性，由专业技术人员编写，技术负责人审查，施工单位负责人批准；编写、审查、批准人员应当在安全技术交底文件上签字。

（3）工程项目施工前，必须进行安全技术交底，被交底人员应当在文件上签字，并在施工中接受安全管理人员的监督检查。

房屋建筑和市政基础设施工程，编制安全技术交底的分部分项工程见表1-1～表1-3。

建筑工程分部（分项）工程安全技术交底清单　　　　　　　表 1-1

工程名称	
序号	安全技术交底名称
1	土方开挖分部工程安全技术交底
2	基坑支护分部工程安全技术交底
3	桩基施工分部工程安全技术交底
4	降水工程分部工程安全技术交底
5	模板工程分部工程安全技术交底
6	脚手架工程分部工程安全技术交底
7	钢筋工程分部工程安全技术交底
8	混凝土工程分部工程安全技术交底
9	临时用电分部工程安全技术交底
10	建筑装饰装修工程分部工程安全技术交底
11	建筑屋面工程分部工程安全技术交底
12	建筑幕墙工程分部工程安全技术交底
13	临建设施分部工程安全技术交底
14	预应力工程分部工程安全技术交底
15	拆除工程分部工程安全技术交底
16	爆破工程分部工程安全技术交底
17	建筑起重机械分部工程安全技术交底（塔吊、施工升降机、物料提升机、施工电梯等）
18	机械设备分部工程安全技术交底
19	吊装分部工程安全技术交底
20	洞口与临边防护分部工程安全技术交底
21	其他分部工程安全技术交底

道路及排水工程安全技术交底清单 表1-2

工程名称	
项　　目	安全技术交底名称
路基施工	土石方开挖施工安全技术交底
	土方回填施工安全技术交底
基层施工	基层施工安全技术交底
面层施工	水泥混凝土面层施工安全技术交底
	沥青混凝土面层施工安全技术交底
附属构筑物施工	侧平石砌筑施工安全技术交底
	人行道铺设施工安全技术交底
	挡土墙施工安全技术交底
	护坡施工安全技术交底
	其他构筑物施工安全技术交底
基坑支护	基坑开挖、支护安装工程施工安全技术交底
	基坑支护拆除工程施工安全技术交底
降水施工	井点降水工程施工安全技术交底
	其他降水工程施工安全技术交底
钢筋工程	钢筋加工制作安全技术交底
	钢筋绑扎安全技术交底
	动火作业安全技术交底
模板施工	模板安装工程施工安全技术交底
	模板拆除工程施工安全技术交底
管道、井施工	管材安装施工安全技术交底
	检查井、雨水口施工安全技术交底
	顶管施工安全技术交底
临时用电	配电线路敷设安全技术交底
	配电箱和开关箱安装安全技术交底
洞口、临边	洞口作业安全技术交底
	临边作业安全技术交底
	其他作业安全技术交底
道路、排水工程施工机械	土石方机械使用安全技术交底
	钢板桩机械使用安全技术交底
	基层、路面机械使用安全技术交底
	吊装机械使用安全技术交底
	其他施工机械使用安全技术交底

工程名称	
项　　目	安全技术交底名称
道路、排水工程施工机具	混凝土泵送设备使用安全技术交底
	木工机械使用安全技术交底
	钢筋机械使用安全技术交底
	小型夯实机械使用安全技术交底
	焊接设备使用安全技术交底
	搅拌机使用安全技术交底
	顶管设备使用安全技术交底
	降水设备使用安全技术交底
	其他设备使用安全技术交底
消防	动火作业安全技术交底
其他	

桥涵工程安全技术交底清单 　　　表 1-3

工程名称	
项　　目	安全技术交底名称
土方工程	土石方开挖施工安全技术交底
	土方回填施工安全技术交底
围堰工程	围堰施工安全技术交底
	围堰拆除安全技术交底
降水工程	井点降水工程施工安全技术交底
	其他降水施工安全技术交底
基坑支护	基坑支护安装工程施工安全技术交底
	基坑支护拆除工程施工安全技术交底
基础工程	灌注桩工程施工安全技术交底
	沉井基础施工安全技术交底
	扩大基础工程施工安全技术交底
	其他基础工程施工安全技术交底
钢筋工程	钢筋加工制作安全技术交底
	钢筋绑扎安全技术交底
	动火作业安全技术交底
模板工程	模板安装工程施工安全技术交底
	模板拆除工程施工安全技术交底
脚手架	脚手架搭设工程安全技术交底
	脚手架拆除工程安全技术交底
	操作平台安全技术交底
	其他脚手架工程安全技术交底

工程名称	
项　目	安全技术交底名称
桥梁下部、 上部结构	墩身、台身施工安全技术交底
	梁、板施工安全技术交底
	箱涵施工安全技术交底
	其他施工安全技术交底
预应力	预应力张拉施工安全技术交底
	孔道注浆施工安全技术交底
吊装工程	吊装施工安全技术交底
桥面系工程	侧平石砌筑施工安全技术交底
	水泥混凝土桥面铺装施工安全技术交底
	沥青混凝土桥面铺装施工安全技术交底
	人行道铺装施工安全技术交底
	变形装置施工安全技术交底
	栏杆安装施工安全技术交底
	其他施工安全技术交底
附属构筑物	挡土墙施工安全技术交底
	护坡施工安全技术交底
	护底施工安全技术交底
	其他施工安全技术交底
临时用电	配电线路敷设安全技术交底
	配电箱和开关箱安装安全技术交底
洞口、临边	洞口作业安全技术交底
	临边作业安全技术交底
	其他作业安全技术交底
桥涵工程机械	各种打桩机械使用安全技术交底
	土石方机械使用安全技术交底
	钢板桩机械使用安全技术交底
	基层、路面机械使用安全交底
	吊装机械使用安全交底
	其他机械使用安全交底
桥涵工程机具	混凝土泵送设备使用安全技术交底
	木工机械使用安全技术交底
	钢筋机械使用安全技术交底
	焊接设备使用安全技术交底
	搅拌机使用安全技术交底
	顶进设备使用安全技术交底
	降水设备使用安全技术交底
	张拉设备使用安全技术交底
	其他设备使用安全技术交底
消　防	动火作业安全技术交底
其　他	

8. 安全技术措施交底的基本要求

（1）工程项目安全技术交底必须实行三级交底制度。

由项目经理部技术负责人向施工员、安全员进行交底；施工员向施工班组长进行交底；施工班组长向作业人员交底，分别逐级进行。

工程实行总、分包的，由总包单位项目技术负责人向分包单位现场技术负责人，分包单位现场技术负责人向施工班组长，施工班组长向作业人员分别逐级进行交底。

（2）安全技术交底应具体、明确、针对性强。交底的内容必须针对分部分项工程施工时给作业人员带来的潜在危险因素和存在的问题而编写。

（3）安全技术交底应优先采用新的安全技术措施。

（4）工程开工前，应将工程概况、施工方法、安全技术措施等情况，向工地负责人、工长进行详细交底。必要时直至向参加施工的全体员工进行交底。

（5）两个以上施工队或工种配合施工时，应按工程进度定期或不定期地向有关施工单位和班组进行交叉作业的安全书面交底。

（6）工长安排班组长工作前，必须进行书面的安全技术交底，班组长要每天对作业人员进行施工要求、作业环境等书面安全交底。

（7）交底应采用口头详细说明（必要时应作图示详细解释）和书面交底确认相结合的形式。各级书面安全技术交底应有交底时间、内容及交底人和接受交底人的签字，并保存交底记录。交底书要按单位工程归放在一起，以备查验。

（8）交底应涉及与安全技术措施相关的所有员工（包括外来务工人员），对危险岗位应书面告知作业人员岗位的操作规程和违章操作的危害。

（9）安全技术交底时应对危险部位的安全警示标志的悬挂、拆除提出具体要求，包括施工现场入口处、洞、坑、沟、开降口、危险性气、液体及夜间警示牌、灯。

（10）高空及沟槽作业应对具体的技术细节及日常稳定状态的巡视、观察、支护的拆除等提出要求。

（11）涉及特殊持证作业及女工作业时，技术交底内容还应充分参考相关法律、法规的内容。

（12）出现下列情况时，项目经理、项目总工程师或安全员应及时对班组进行安全技术交底：

1）因故改变安全操作规程；

2）实施重大和季节性安全技术措施；

3）推广使用新技术、新工艺、新材料、新设备；

4）发生因工伤亡事故、机械损坏事故及重大未遂事故；

5）出现其他不安全因素、安全生产环境发生较大变化。

9. 安全技术交底表样

安全技术交底见表1-4。

安全技术交底表样 　　　　　　　　　　　表 1-4

编号：

施工单位名称		工程名称	
分部分项工程名称			
交底内容：			
交底人		接受人		交底日期	
作业人员签名			

10. 安全技术交底的内容

安全技术交底的主要内容见表 1-5。

安 全 技 术 交 底 　　　　　　　　　　　表 1-5

施工单位名称		工程名称	
分部分项工程名称			

交底内容：
1. 分项工程概况
   施工部位、范围及其施工的主要内容。
2. 施工进度要求和相关施工项目的配合计划
   （1）对班组有工期要求的。提出工期要求。
   （2）其他专业或相关单位对工期的要求。
   （3）相关专业配合的要求。
3. 工艺与工序技术要求（重点）
   （1）施工工艺要求、项目统一要求、企业内部要求。
   （2）厂家产品说明书与要求。
   （3）图纸要求、规范要求、招标文件要求不统一，互相矛盾如何确定，要明确。
   （4）工序的安排合理，强调先后顺序。
   （5）新材料、新工艺交底要细，要培训。
   （6）重点、难点及细部的主要施工方法及应对措施。
4. 质量验收标准与质量通病控制措施（重点）
   （1）本分部分项工程应达到的质量标准，强制性标准要有。
   （2）施工过程中发现质量问题如何处理。
5. 物资供应计划
   包括材料、工机具的准备情况。
6. 检验和试验工作安排
   （1）对一些材料必须进行第三方检测后才能使用的，要说明是否检测。
   （2）本单位施工过程中以及施工结束后需进行哪些检测。
7. 应做好的记录内容及要求
   （1）施工完成后应填写的表格，如隐蔽验收等。
   （2）音像资料内容安排和其质量要求。有些施工过程必须做好音像资料记录，档案馆有要求。如：隐蔽验收、混凝土浇筑前、吊装过程等。
8. 其他注意事项
   上文中未提到的内容。

交底人		接受人		交底日期	
作业人员签名					

11. 安全技术交底的监督检查

工程在施工前，项目部应按批准的施工组织设计或专项安全技术措施方案，向有关人员进行安全技术交底。安全技术交底主要包括两方面的内容：一是在施工方案的基础上进行的，按照施工方案的要求，对施工方案进行的细化和补充；交底内容不能过于简单、千篇一律、口号化，应按分部（分项）工程和针对作业条件的变化具体进行。二是对操作者的安全注意事项的说明，保证作业人员的人身安全。

安全技术交底工作，项目部负责人在生产作业前对直接生产作业人员进行该作业的安全操作规程和注意事项的培训，并通过书面文件方式予以确认，是施工负责人向施工作业人员进行职责落实的法律要求，要严肃认真地进行，不能流于形式。

安全技术交底工作在正式作业前进行，不但要口头讲解，同时应有书面文字材料，所有参加交底的人员必须履行签字手续，交底人、班组、现场安全员三方各留一份。

（1）安全技术交底的规定

安全技术交底是安全技术措施实施的重要环节。施工企业必须制定安全技术分级交底职责管理要求、职责权限和工作程序，以及分解落实、监督检查的规定。

（2）方案交底、验收和检查

各层次技术负责人应会同方案编制人员对方案实施进行上级对下级的技术交底，并提出方案中所涉及的设施安装、验收方法和标准。项目技术负责人和方案编制人员必须参与方案实施的验收和检查。

（3）安全监控管理

专项安全技术方案实施过程中的危险性较大的作业行为必须列入危险作业管理范围，作业前，必须办理作业申请，明确安全监控人员实施监控，并有监控记录。

安全监控人员必须经过岗位安全培训。

（4）安全技术交底的有效落实

专项施工项目及企业内部规定的重点施工工程开工前，企业的技术负责人及安全管理机构，应向施工管理人员进行安全技术方案交底。

各分部分项工程、关键工序、专项方案实施前，项目技术负责人、安全员应会同项目施工员将安全技术措施向施工管理人员进行交底。

总承包单位向分包单位，分包单位工程项目的安全技术人员向作业班组进行安全技术措施交底。

安全员及相关管理员应对新进场的工人实施作业人员工种交底。

作业班组应对作业人员进行班前交底。

交底应细致全面、讲求实效，不能流于形式。

（5）安全技术交底的手续

所有安全技术交底除口头交底外，还必须有书面交底记录，交底双方应履行签名手续，交底双方各有一套书面交底。

书面交底记录应在交底方和接受交底方备案，交底应经技术、施工、安全等有关人员审核。

12. 安全技术交底记录

项目部安全员须参加并监督除班组安全交底以外的所有类型安全技术交底，并负责收集、保存交底记录；交底双方应履行签字手续，各保留一套交底文件，书面交底记录应在技术、施工、安全三方备案。

1.2.4 总包对分包的进场安全总交底

为了贯彻"安全第一、预防为主、综合治理"的方针，保护国家、企业的财产免遭损失，保障职工的生命安全和身体健康，保障施工生产的顺利进行，各施工单位必须认真执行以下要求：

(1) 贯彻执行国家、行业的安全生产、劳动保护和消防工作的各类法规、条例、规定；遵守企业的各项安全生产制度、规定及要求。

(2) 分包单位要服从总包单位的安全生产管理。分包单位的负责人必须对本单位职工进行安全生产教育，以增强法制观念和提高职工的安全意识及自我保护能力，自觉遵守安全生产纪律、安全生产制度。

(3) 分包单位应认真贯彻执行工地的分部分项、分工种及施工安全技术交底要求。分包单位的负责人必须检查具体施工人员的落实情况，并进行经常性的督促、指导，确保施工安全。

(4) 分包单位的负责人应对所属施工及生活区域的施工安全、文明施工等各方面工作全面负责。分包单位负责人离开现场，应指定专人负责，办理书面委托管理手续。分包单位负责人和被委托负责管理的人员，应经常检查督促本单位职工自觉做好各方面工作。

(5) 分包单位应按规定，认真开展班组安全活动。施工单位负责人应定期参加工地、班组的安全活动，以及安全、防火、生活卫生等检查，并做好检查活动的有关记录。

(6) 分包单位在施工期间必须接受总包方的检查、督促和指导。同时总包方应协助各施工单位做好安全生产、防火管理。对于查出的隐患及问题，各施工单位必须限期整改。

(7) 分包单位对各自所处的施工区域、作业环境、安全防护设施、操作设施设备、工具用具等必须认真检查，发现问题和隐患，立即停止施工，落实整改。如本单位无能力落实整改，应及时向总包单位汇报，由总包单位协调落实有关人员进行整改，分包单位确认安全后，方可施工。

(8) 由总包单位提供的机械设备、脚手架等设施，在搭设、安装完毕交付使用前，总包单位须会同有关分包单位共同按规定验收，并做好移交使用的书面手续，严禁在未经验收或验收不合格的情况下投入使用。

(9) 分包单位与总包单位如需相互借用或租赁各种设备以及工具，应由双方有关人员办理借用或租赁手续，制定有关安全使用及管理制度。借出单位应保证借出的设备和工具完好并符合要求，借入单位必须进行检查，并作好书面移交记录。

(10) 分包单位对于施工现场的脚手架、设施、设备的各种安全防护设施、保险装置、安全标志和警告牌等不得擅自拆除、变动，如确需拆除变动的，必须经总包施工负责人和安全管理人员的同意，并采取必要、可靠的安全措施后方能拆除。

(11) 特种作业及中、小型机械的操作人员，必须按规定经有关部门培训、考核合格后，持有效证件上岗作业。起重吊装人员必须遵守"十不吊"规定，严禁违章、无证操作，严禁不懂电气、机械设备的人员擅自操作使用电气、机械设备。

(12) 各施工单位必须严格执行防火防爆制度，易燃易爆场所严禁吸烟及动用明火，消防器材不准挪作他用。电焊、气割作业应按规定办理动火审批手续，严格遵守"十不烧"规定，严禁使用电炉。冬期施工如必须采用明火加热的防冻措施时，应取得总包防火主管人员同意，落实防火、防中毒措施，并指派专人值班看护。

（13）分包单位需用总包单位提供的电气设备时，在使用前应先进行检测，如不符合安全使用规定，应及时向总包提出，总包单位应积极落实整改，整改合格后方准使用，严禁擅自乱拖乱拉私接电气线路及电气设备。

（14）在施工过程中，分包单位应注意地下管线及高、低压架空线和通信设施、设备的保护。总包单位应将地下管线及障碍物情况向分包单位详细交底，分包单位应贯彻交底要求，如遇有问题或情况不明时要采取停止施工的保护措施，并及时向总包汇报。

（15）贯彻"谁施工谁负责安全、防火"的原则。分包单位在施工期间发生各类事故，应及时组织抢救伤员、保护现场，并立即向总包方和自己的上级单位以及有关部门报告。

（16）按工程特点进行有针对性的交底。

1.2.5　安全技术措施计划

安全技术措施计划是企业计划的重要组成部分，是有计划地改善劳动条件的重要手段，也是做好劳动保护工作、防止工伤事故和职业病的重要措施。是项目施工保障安全的指令性文件，具有安全法规的作用，必须认真编制和执行。

编制安全技术措施计划，对于保证安全生产、提高劳动生产率、加速国民经济的发展都是非常必要的。通过编制和实施安全技术措施计划，可以把改善劳动条件纳入国家和企业的生产建设计划中，有计划、有步骤地解决企业中一些重大安全技术问题，使企业劳动条件的改善逐步走向计划化和制度化；也可以更合理使用资金，使国家在改善劳动条件方面的投资发挥最大的作用。安全技术措施所需要的经费、设备器材以及设计、施工力量等纳入了计划，就可以统筹安排、合理使用。制定和实施安全技术措施计划是一项领导与群众相结合的工作。一方面，企业各级领导对编制与执行措施计划要负起总的责任；另一方面，要充分发动群众，依靠群众，群策群力，才能使改善劳动条件的计划很好实现。这样，在计划执行过程中，既可鼓舞职工群众的劳动热情，也可更好地吸引职工群众参加安全管理，发挥职工群众的监督作用。

1. 编制安全技术措施计划的依据

编制安全技术措施计划应以"安全第一、预防为主、综合治理"的安全生产方针为指导思想，以《安全生产法》等法律法规、国家或行业标准为依据，同时考虑本单位的实际情况。

归纳起来，编制安全技术措施计划的依据有五点：

（1）国务院各部委与各级地方政府发布的有关安全生产的方针政策、法律法规、标准规范、规章制度、政策、指示等。

（2）在安全生产检查中发现而尚未解决的问题。

（3）针对不安全因素易造成伤亡事故或职业病的主要原因采取的应对措施。

（4）针对新技术、新工艺、新设备等应采取的安全技术措施。

（5）安全技术革新项目和职工提出的合理化建议等。

2. 安全技术措施计划的项目范围

（1）安全技术措施计划的应列项目

安全技术措施计划项目范围包括涉及改善企业劳动条件、防止伤亡事故、预防职业病、提高职工安全素质的一切技术措施。

（2）严格区别易被误列的项目

在安全技术措施计划编制过程中，会涉及某些项目，既与改善作业环境、保证劳动者安全健康有关，也与生产经营、消防或福利设施相关，对此必须进行区分，避免将所有项目都列入安全技术措施计划内。

3. 编制安全技术措施计划的原则

（1）必要性和可行性原则。在编制计划时，一方面要考虑安全生产的需要，另一方面还要考虑技术可行性与经济承受能力。

（2）自力更生与勤俭节约的原则。编制计划时要注意充分利用现有的设备和设施，挖掘潜力，讲求实效。

（3）轻重缓急与统筹安排的原则。对影响最大、危险性最大的项目应优先考虑，有计划地解决。

（4）领导和群众相结合的原则。加强领导、依靠群众，使得计划切实可行，以便顺利实施。

4. 安全技术措施计划的编制内容

（1）措施应用的单位和工作场所；

（2）措施名称；

（3）措施内容与目的；

（4）经费预算及来源；

（5）设计、施工单位及负责人；

（6）措施使用方法及预期效果；

（7）措施预期效果及检查方法。

5. 安全技术措施计划的编制方法

（1）确定措施计划编制时间

年度安全技术措施计划应与同年度的生产、技术、财务、供销等计划同时编制。

（2）布置措施计划编制工作

企业领导应根据本单位具体情况向下属单位或职能部门提出编制措施计划的具体要求，并就有关工作进行布置。

（3）确定措施计划项目和内容

下属单位确定本单位的安全技术措施计划项目，并编制具体的计划和方案，经群众讨论后，报上级安全部门。安全部门联合技术、计划部门对上报的措施计划进行审查、汇总后，确定措施计划项目，并报有关领导审批。

（4）编制措施计划

安全技术措施计划项目经审批后，由安全管理部门和下属单位相关人员，编制具体的措施计划和方案，经群众讨论后，送上级安全管理部门和有关部门审查。

（5）审批措施计划

安全部门对上报计划进行审查、汇总后，再由安全、技术、计划部门联合会审，并确定计划项目、明确设计施工部门、负责人、完成期限，成文后报有关领导审批。安全措施计划一般由总工程师审批。

（6）下达措施计划

单位主要负责人根据总工程师的意见，召集有关部门和下属单位负责人审查、核定计划。根据审查、核定结果，与生产计划同时下达到有关部门贯彻执行。

6. 安全技术措施计划的实施验收

编制好的安全技术措施项目计划要组织实施，项目计划落实到各有关部门和下属单位后，计划部门应定期检查。企业领导在检查生产计划的同时，应检查安全技术措施计划的完成情况。安全管理与安全技术部门应经常了解安全技术措施计划项目的实施情况，协助解决实施中的问题，及时汇报并督促有关单位按期完成。

已完成的计划项目要按规定组织竣工验收。交工验收一般应注意：所有材料、成品等必须经检验部门检验；外购设备必须有质量证明书；安全技术措施计划项目完成后，负责单位应向安全技术部门填报交工验收单，由安全技术部门组织有关单位验收；验收合格后，由负责单位持交工验收单向计划部门报完工，并办理财务结算手续；使用单位应建立台账，按《劳动保护设施管理制度》进行维护管理。

1.3　安全生产检查与评价

安全生产就是在生产过程中不发生工伤事故、职业病、设备或财产损失的状况，即人不受伤害，物不受损失。建筑企业安全生产工作的目标归根结底就是预防伤亡事故，把伤亡事故频率和经济损失降到低于社会容许的范围以及国际同行业先进水平，同时不断改善生产条件和作业环境，达到最佳安全状态。但是，由于安全与生产是同时存在的，危及劳动者的不安全因素也同时存在，事故的原因是复杂和多方面的，所以必须通过安全检查对施工生产中存在的不安全因素进行预测、预报和预防。

安全检查是指对贯彻安全生产法律法规的情况、安全生产状况、劳动条件、事故隐患等所进行的检查，是安全生产职能部门必须履行的职责。

1.3.1　安全检查的意义与目的

安全检查是一项具有方针政策性、专业技术性和广泛群众性的工作，是一项综合性的安全生产管理措施，是建立良好的安全生产环境、做好安全生产工作的重要手段之一，是企业防止事故、减少职业病的有效方法，是监督、指导、及时发现事故隐患，消除不安全因素的有力措施，是交流安全生产经验，推动安全工作的行之有效安全生产管理制度。

（1）通过安全检查，可以发现施工生产中人的不安全行为和物的不安全状态，从而采取对策，消除不安全因素，保障安全生产。

（2）利用安全检查，进一步宣传、贯彻、落实党和国家的安全生产方针、政策和企业的各项安全生产规章制度、规范、标准。

（3）通过安全检查，深入开展群众性的安全教育，不断增强领导和全体员工的安全意识，纠正违章指挥、违章作业，不断提高安全生产的自觉性和责任感。

（4）通过安全检查，可以相互学习、取长补短、交流经验、吸取教训，进一步促进安全生产工作。

（5）通过安全检查，深入了解和掌握安全生产动态，为分析安全生产形势，研究对策，强化安全管理提供信息和依据。

1.3.2 安全检查的内容与方式、方法

安全生产检查是做好安全生产工作的重要措施之一。通过检查，可以及时发现施工中存在的事故隐患，及时要求责任方进行整改，消除事故隐患，避免和减少安全事故的发生，并可进行经验总结，为下一步的施工生产计划制定切实有效的防范措施。

1. 安全检查的内容

安全检查应本着突出重点的原则，根据施工（生产）季节、气候、环境的特点，制定检查项目内容、标准，对于危险性大、易发事故、事故危害大的生产系统、部位、装置、设备等应加强检查。概括起来，主要包括查思想、查制度、查组织、查措施、查机械设备装置、查安全防护设施、查安全教育培训、查劳保用品使用、查操作行为、查文明施工、查伤亡事故处理等。

（1）查思想：以安全生产方针、政策、法律、法规及有关规定、制度为依据，对照检查各级领导和职工是否重视安全工作，人人关心和主动做好安全工作。

（2）查制度：检查安全生产的规章制度是否建立、健全并严格执行。违章指挥、违章作业的行为是否及时得到纠正、处理，特别要重点检查各级领导和职能部门是否认真执行安全生产责任制，能否达到齐抓共管的要求。

（3）查措施：检查是否编制安全技术措施，安全技术措施是否有针对性，是否进行安全技术交底，是否根据施工组织设计的安全技术措施实施。

（4）查隐患：检查劳动条件、安全设施、安全装置、安全用具、机械设备、电气设备等是否符合安全生产法规、标准的要求。

（5）查事故处理：检查有无隐瞒事故的行为，发生事故是否及时报告、认真调查、严肃处理，是否制定了防范措施，是否落实防范措施。凡检查中发现未按"四不放过"的原则要求处理事故，要重新严肃处理，防止同类事故的再次发生。

（6）查组织：检查是否建立了安全领导小组，是否建立了安全生产保证体系，是否建立安全机构，安全干部是否严格按规定配备。

（7）查教育培训：新职工是否经过三级安全教育，特殊工种是否经过培训、考核持证，各级领导和安全人员是否经过专门培训。

2. 安全检查的分类

安全检查的类型分为定期检查和不定期检查两大类，包括公司或项目定期组织的安全检查，综合性安全生产检查，季节性安全生产检查；各级管理人员的日常巡回检查，专业（项）安全检查，节假日安全检查，班组自我检查、交接检查等。

（1）定期安全生产检查

定期安全生产检查一般是通过有计划、有组织、有目的的形式来实现的。检查周期根据各企业实际情况确定，如次/年、次/季、次/月、次/周等。定期检查面广，有深度，能及时发现并解决问题，属全面性和考核性的检查。

企业必须建立定期分级安全生产检查制度。一般每季度组织一次全面的安全生产检查；分公司、工程处每月组织一次安全生产检查；项目经理部每旬或每半个月组织一次安全生产检查。对施工规模较大的工地可以每月组织一次安全生产检查。每次安全生产检查应由单位主管生产的领导或技术负责人带队，由相关的安全、劳资、保卫等部门联合组织检查。

（2）经常性安全生产检查

经常性安全生产检查是采取个别的、日常的巡视方式来实现的。在施工过程中进行经常性的预防检查，能及时发现隐患，及时消除，保证施工正常进行。

经常性的检查包括公司、项目经理部组织的安全生产检查，项目安全管理小组成员、安全专兼职人员和安全值日人员对工地进行的日常巡回检查及施工班组每天由班组长和安全值日人员组织的班前班后安全检查等。

生产班组的班组长、班组兼职安全员，班前对施工现场、作业场所、工具设备、安全防护用品、危险源标识进行检查，施工过程中巡回检查，发现问题应及时纠正。

（3）专业（项）安全生产检查

专业（项）安全生产检查是对某个专项问题或在施工（生产）中存在的普遍性安全问题进行的单项定性检查，一般是针对特种作业、特种设备、特殊场所进行的检查。包括物料提升机、脚手架、施工用电、塔式起重机、压力容器、登高设施等。这类检查专业性强，也可以结合单项评比进行，参加专业安全生产检查组的人员应由技术负责人、安全管理小组、职能部门人员、专职安全员、专业技术人员、专项作业负责人组成。

（4）季节性安全生产检查

季节性安全生产检查是由各级生产单位针对施工所在地进行气候特点及季节变化，对易发的潜在危险、可能给施工带来危害而的安全生产检查。

由项目经理带队，安全、机械、电气人员参加，如春季风大，着重防火、防爆；夏季高温多雨多雷电，重点检查脚手架、龙门架、电气设备、施工用电的安全状况以及防暑降温、防汛、防雷击、防触电等；冬季重点检查机械设备、施工用电、防火、防煤气和外加剂中毒等以及防滑、防冻保温措施等。

（5）节假日前后安全生产检查

针对节假日（特别是重大节日，如元旦、春节、劳动节、国庆节）前后职工纪律松懈、思想麻痹，容易发生事故而进行的有针对性的检查、如节日前的安全生产、防火、保卫等综合安全生产检查和节日后的遵章守纪、安全生产检查。

（6）综合性安全生产检查

综合性安全生产检查一般是由主管部门对下属各企业或生产单位进行的全面综合性检查，必要时可组织进行系统的安全性评价。

（7）自行检查

施工人员在施工生产过程中，要经常进行自检、互检和交接检。

1）自检：班组作业前后对自身处所的环境和工作程序进行检查，可随时消除安全隐患。

2）互检：班组之间开展的安全生产检查，可以做到互相监督、共同遵章守纪。

3）交接检查：上道工序完毕，交给下道工序使用或操作前，应由工地负责人组织工长、安全员、班组长及其他有关人员参加，进行安全生产检查和验收，确认无安全隐患，达到合格要求后，方能交给下道工序使用或操作。

3. 安全检查的方法

目前，安全检查基本上都采用安全检查表和实测、实量的检查手段，进行定性、定量的安全评价。

（1）常规检查

常规检查是常见的一种检查方法，采用"一看、二问、三检测"的手段，通常是由安全管理人员作为检查工作的主体，到作业场所的现场，通过感观或辅助一定的简单工具、仪表等，对作业人员的行为、作业场所的环境条件、生产设备设施等进行的检查。安全检查人员通过这一手段，及时发现安全隐患并采取措施予以消除，纠正施工人员的不安全行为。

1）"看"：主要查看管理记录、持证上岗、现场标识、交接验收资料、"三宝"使用情况、"洞口"、"临边"防护情况、设备防护装置等。

2）"量"：主要是用尺实测实量，如脚手架各种杆件间距、塔机道轨距离、电气开关箱安装高度、在建工程邻近高压线距离等。

3）"测"：用仪器、仪表实地进行测量，如用水平仪测量道轨纵、横向倾斜度，用地阻仪摇测地阻等。

4）"现场操作"：由司机对各种限位装置进行实际动作，检验其灵敏程度，例如塔机的力矩限制器、行走限位，龙门架的超高限位装置，翻斗车制动装置等。

能测量的数据或操作试验，不能用估计、步量或"差不多"等来代替，要尽量采用定量方法检查。常规检查完全依靠安全检查人员的经验和能力，检查的结果直接受安全检查人员个人素质的影响，因此对安全检查人员个人素质的要求较高。

（2）安全检查表法

为使检查工作更加规范，将个人的行为对检查结果的影响减少到最小，常采用安全检查表法。

安全检查表是事先把系统加以剖析，列出各层次的不安全因素，确定检查项目，并把检查项目按系统的组成顺序编制成表，以便进行检查或评审，这种表就叫做安全检查表。安全检查表是进行安全检查，发现和查明各种危险和隐患，监督各项安全规章制度的实施，及时发现事故隐患并制止违章行为的有力工具。

安全检查表应列举需查明的所有可能会导致事故的不安全因素。每个检查表均需注明检查时间、检查者、直接负责人等，以便分清责任。安全检查表的设计应做到系统、全面，检查项目应明确。

编制安全检查表的主要依据：

1）有关标准、规程、规范及规定；

2）国内外事故案例及本单位在安全管理及生产中的有关经验；

3）通过系统分析，确定的危险部位及防范措施都是安全检查表的内容；

4）新知识、新成果、新方法、新技术、新法规和新标准。

（3）仪器检查法

机器、设备内部的缺陷及作业环境条件的真实信息或定量数据，只能通过仪器检查法来进行定量测量，才能发现安全隐患，从而为后续整改提供信息。因此，必要时需要实施仪器检查。由于被检查的对象不同，检查所用的仪器和手段也不同。

1.3.3 安全生产检查的工作程序

1. 安全检查准备

（1）确定检查对象、目的、任务。

（2）查阅、掌握有关法规、标准、规程的要求。

（3）了解检查对象的工艺流程、生产情况，可能出现危险、危害的情况。

（4）制定检查计划，安排检查内容、方法、步骤。

（5）编写安全检查表或检查提纲。

（6）准备必要的检测工具、仪器、书写表格或记录本。

（7）挑选和训练检查人员并进行必要的分工等。

2. 实施安全检查

实施安全检查就是通过访谈、查阅文件和记录、现场检查、仪器测量等方式获取信息，各种安全生产检查发现的隐患，要逐项登记。

（1）访谈：通过与有关人员谈话来了解相关部门、岗位执行规章制度的情况。

（2）查阅文件和记录：检查设计文件、作业规程、安全措施、责任制度、操作规程等是否齐全，是否有效；查阅相应记录，判断上述文件是否被执行。

（3）现场观察：到作业现场寻找不安全因素、事故隐患、事故征兆等。

（4）仪器测量：利用一定的检测检验仪器设备，对在用的设施、设备、器材状况及作业环境条件等进行测量，以发现隐患。

3. 通过分析作出判断

掌握情况（获得信息）之后，就要进行分析、判断和检验。可凭经验、技能进行分析、判断，必要时可以通过仪器检验得出正确结论。

通常采取会议的形式了解存在的问题，专职安全管理人员要根据检查所了解的情况、发现的问题从管理上、安全防护技术措施上对被查单位（项目）的安全生产进行动态分析，查找影响安全生产的因素，掌握其原因、危险程度和可能造成的危害，以便对总体的安全状况、事故预防能力有一个正确的认识，制定进一步改善安全管理、提高安全防护能力的具体措施。

4. 及时作出决定进行处理

作出判断后，应针对存在的问题作出采取措施的决定，即下达隐患整改意见和要求，包括要求进行信息的反馈。

安全检查的最终目的就是要发现问题，解决问题，总结安全生产经验措施，以保证安全、促进生产。因此，检查后立即组织参检人员、责任单位主要负责人进行安全生产例会，通报查出事故隐患的种类，分析隐患存在的客观、主观原因，探讨制定出整改措施，并可总结安全生产工作，推广好的经验措施，同时如实作好详细记录。会后，安全专职人员依据例会内容及安全生产技术规范向存在事故隐患的被查单位或个人签发《隐患整改通知单》，书面提出正确的整改意见，主要内容有整改要求、整改单位或责任人，整改限期，并对查出生产安全事故隐患的责任方按照规定进行经济处罚。

5. 整改落实

通过复查整改落实情况，获得整改效果的信息，以实现安全检查工作的闭环。

被检查单位收到《隐患整改通知单》后，应在规定的时间内组织隐患整改，切实做到消除隐患、防患于未然；整改完成后将《隐患整改反馈单》报送安全生产部门，并及时通知安全生产部门进行复查。经复查合格后，安全生产部门在《隐患整改复查通知单》上签署复查意见，复查人签名，即行销案。

1.3.4 安全检查的要求

安全检查要深入基层，紧紧依靠职工，坚持领导与群众相结合的原则，组织好检查工作。

（1）建立检查的组织领导机构。各种安全检查都应根据检查要求配备适当的检查力量，特别是大范围、全面性的安全检查，应明确检查负责人，选调具有较高技术业务水平的专业人员参加，并明确分工、检查内容、标准等要求。

（2）明确检查的目的和要求。每种安全检查都应有明确的检查目的、检查项目、内容及标准。既要严格要求，又要防止一刀切，要从实际出发，分清主、次矛盾，力求实效。特殊过程、关键部位应重点检查。检查时应尽量采用检测工具，用数据说话。对现场管理人员和操作人员要检查是否有违章指挥和违章作业的行为，还应进行应知应会知识的抽查，以便了解管理人员及操作工人的安全素质。

（3）安全检查要有计划、有重点。要做好检查工作，不能盲目检查，必须有思路、有计划，根据掌握的情况列出检查范围，要从实际出发制定检查计划或提纲。检查要把安全生产的薄弱环节和关键部位、关键问题作为检查的重点。检查突出重点，抓住薄弱环节和关键部位才有实效。

（4）做好检查的各项准备工作，包括思想、业务知识、法规政策和检查设备、奖金的准备。

（5）检查记录是安全评价的依据，要做到认真详细，真实可靠，特别是对隐患的检查记录要具体，如隐患的部位、危险程度及处理意见等。采用安全检查评分表的，应记录每项扣分的原因。

（6）安全评价。对安全检查记录要用定性、定量的方法，认真进行系统分析安全评价。哪些检查项目已达标，哪些项目没有达标，哪些方面需要进行改进，哪些问题需要进行整改，受检单位应根据安全检查评价及时制定改进的对策和措施。

（7）检查要和总结推广经验结合，要和评比、奖惩结合。安全生产检查要注意总结推广安全生产先进典型经验，同时也要总结发生事故的教训，要从总结经验中提高，从事故中吸取教训，从便从中找出规律，采取措施确保安全生产。检查必须和评比、奖惩挂起钩，这样才会把安全生产同企业利益结合起来，才能收到效果。

（8）把自查与互查有机结合起来。基层以自检为主，企业内相应部门间互相检查，取长补短，相互学习和借鉴。

（9）坚持查改结合。整改是安全检查工作重要的组成部分，也是检查结果的归宿。检查不是目的，只是一种手段，整改隐患才是最终目的。因此，安全生产的检查要认真贯彻"边检查、边整改"的原则。对查出的问题要做到条条有着落，件件有交代。应该在检查过程中或以后，本着发现即改的精神，及时整改。整改工作包括隐患登记、整改、复查和销案。一时难以整改的，要采取切实有效的防范措施。为了监督各单位做好事故隐患整改措施到位，及时加强复查。对于企业主管部门或安全主管部门下达的隐患整改通知、整改意见，企业必须严肃对待认真研究执行，并将执行情况及时上报有关部门。

（10）建立检查档案。制定和建立检查档案，结合安全检查表的实施，逐步建立健全检查档案，收集基本的数据，掌握基本安全状况，实现事故隐患及危险点的动态管理，为及时消除隐患提供数据，同时也为以后的安全检查奠定基础。

（11）在制定安全检查表时，应根据用途和目的具体确定安全检查表的种类。

1.3.5　安全生产检查标准

住建部于 2011 年 12 月修订颁发了《建筑施工安全检查标准》JGJ 59—2011（以下简称《标准》），自 2012 年 7 月 1 日起实施。《标准》共分 5 章 88 条，其中 1 个安全检查评分汇总表，19 个分项检查评分表。19 个分项检查评分表检查内容共有 189 个检查项目、767 条评分标准。

1. 检查分类

（1）对建筑施工中易发生伤亡事故的主要环节、部位和工艺等的完成情况做安全检查评价时，应采用检查评分表的形式，分为安全管理、文明施工、扣件式钢管脚手架、门式钢管脚手架、碗扣式钢管脚手架、承插型盘扣式钢管脚手架、满堂脚手架、悬挑式脚手架、附着式升降脚手架、高处作业吊篮、基坑工程、模板支架、高处作业、施工用电、物料提升机、施工升降机、塔式起重机、起重吊装和施工机具共 19 项分项检查评分表和 1 张安全检查评分汇总表。

（2）除了"高处作业"和"施工机具"以外的安全管理、文明施工等 17 项检查评分表，设立了保证项目和一般项目，保证项目应是安全检查的重点和关键。

2. 评分方法及分值比例

（1）建筑施工安全检查评定中，保证项目应全数检查。

（2）建筑施工安全检查评定时，应按《标准》中各检查评定项目的有关规定，并按各自检查项目的检查评分表进行评分。检查评分表分为安全管理、文明施工、脚手架、基坑工程、模板支架、高处作业、施工用电、物料提升机与施工升降机、塔式起重机与起重吊装、施工机具分项检查评分表和检查评分汇总表。

（3）各分项检查评分表满分均为 100 分。表中各检查项目得分为按规定检查内容所得分数之和。每张表总得分应为各自表内各检查项目实得分数之和。

（4）在检查评分中，遇有多个脚手架、塔式起重机、龙门架和井架等时，则该项得分应为各单项实得分数的算术平均值。

（5）检查评分不得采用负值。各检查项目所扣分数总和不得超过该项应得分数。

（6）在检查评分中，当保证项目有一项不得分或保证项目小计得分不足 40 分时，此分项检查评分表不应得分。

（7）脚手架、物料提升机与施工升降机、塔式起重机与起重吊装项目的实得分值，应为所对应专业的分项检查评分表实得分值的算术平均值。

（8）检查评分汇总表满分为 100 分，各分项检查表在汇总表中所占的满分分值分别为：安全管理 10 分、文明施工 15 分、脚手架 10 分、基坑工程 10 分、模板支架 10 分、高处作业 10 分、施工用电 10 分、物料提升机与施工升降机 10 分、塔式起重机与起重吊装 10 分、施工机具 5 分。在汇总表中各分项项目实得分数应按下式计算：

在汇总表中各分项项目实得分数＝汇总表中该项应得满分分值×

该项检查评分表实得分数÷100

汇总表总得分应为表中各分项项目实得分数之和。

检查中遇有缺项时，分项检查表或检查评分汇总表总得分应按下式换算：

$$遇有缺项时总得分=实查项目在该表中按各对应项实得分值之和÷$$
$$实查项目在该表中应得满分的分值之和×100$$

3. 检查评定等级

建筑施工安全检查评分，应以汇总表的总得分及保证项目达标与否，作为对一个施工现场安全生产情况的评价依据，分为优良、合格、不合格三个等级。

当建筑施工安全检查评定的等级为不合格时，必须限期整改达到合格。

（1）优良

分项检查评分表无零分，检查评分汇总表得分值应在 80 分及以上。保证项目分值均应达到规定得分标准。

（2）合格

分项检查评分表无零分，检查评分汇总表得分值应在 70 分及以上。

（3）不合格

1）检查评分汇总表得分值不足 70 分；

2）当有一分项检查评分表得零分时。

4. 分值的计算方法

（1）汇总表中各项实得分数计算方法

$$分项实得分=该分项在汇总表中应得满分值×该分项在分项检查评分表中实得分÷100$$

【例 1-1】 如某施工项目，"文明施工检查评分表"实得 88 分，换算在汇总表中"文明施工"分项实得分为多少？

$$分项实得分=15×88÷100=13.2 分$$

（2）汇总表中遇有缺项时，汇总表总分计算方法

$$缺项的汇总表分=实查项目实得分值之和÷实查项目应得分值之和×100$$

【例 1-2】 如某单层工业厂房项目，采用轮胎式起重机作为起重吊装机械。物料提升机与施工升降机在汇总表中缺项，其他各分项检查在汇总表实得分为 75 分，计算该工地汇总表实得分为多少？

$$缺项的汇总表分=75÷（100-10）×100=83.3 分$$

（3）分表中遇有缺项时，分表总分计算方法

$$缺项的分表分=实查项目实得分值之和÷实查项目应得分值之和×100$$

【例 1-3】 如某施工项目在实际施工中未采用移动式操作平台。安全检查评分时，"高处作业检查评分表"中"移动式操作平台"缺项（该项应得分值为 10 分）。其他各项检查实得分为 76 分，计算该分表实得多少分？换算到汇总表中应为多少分？

$$缺项的分表分=76÷（100-10）×100=84.44 分$$

$$汇总表中高处作业分项实得分=10×84.44÷100=8.44 分$$

（4）分表中遇保证项目缺项或者保证项目小计得分不足 40 分，评分表得 0 分，计算方法：

$$实得分与应得分之比<66.7\%时，评分表得 0 分（40÷60=66.7\%）。$$

（5）在汇总表的各项目中，脚手架、物料提升机与施工升降机、塔式起重机与起重吊装，为各分项检查表的实得分数的算术平均值。

【例 1-4】某建筑工地施工中采用了多种脚手架。附属用房采用扣件式钢管脚手架，在安全检查中实得分为 88 分，高 18 层的主体建筑采用悬挑脚手架，实得分为 83 分。计算汇总表中脚手架实得分值为多少？

$$脚手架实得分=（88+83）\div 2=85.5 分$$
$$换算到汇总表中分值=10\times 85.5\div 100=8.55 分$$

5. 检查评分表计分内容简介

（1）汇总表内容

"建筑施工安全检查评分汇总表"是对 19 个分项检查结果的汇总，主要包括安全管理、文明施工、脚手架、基坑工程、模板支架、高处作业、施工用电、物料提升机与施工升降机、塔式起重机与起重吊装和施工机具，利用该表所得分作为对施工现场安全生产情况，进行安全评价的依据。

1）安全管理

主要是对施工安全管理中的日常工作进行考核，管理不善是造成伤亡事故的主要原因之一。在事故分析中，事故大多不是因技术问题解决不了造成的，而是因违章所致，所以应做好日常的安全管理工作，并保存记录，为检查人员提供对该工程安全管理工作的确认资料。

2）文明施工

按照 167 号国际劳工公约《施工安全与卫生公约》的要求，施工现场不但应做到遵章守纪，安全生产，同时还应做到文明施工，整齐有序，变过去施工现场"脏、乱、差"为施工企业文明的"窗口"。

3）脚手架

新版《标准》为目前使用的 8 种脚手架分别设置了分项检查评分表，根据实际检查情况分别选用。汇总时，以算术平均值计入。

①扣件式钢管脚手架：由钢管和扣件构成的，使用扣件箍紧连接的脚手架和支撑架，即靠拧紧扣件螺栓所产生的摩擦力承担连接作用的脚手架。

②门式钢管脚手架：门式钢管脚手架属于框组式钢管脚手架的一种，是指由定型的门形框架为基本构件的脚手架，由门形框架、水平梁、交叉支撑组合成基本单元，这些基本单元相互连接，逐层叠高，左右伸展，并采用连墙件与建筑物主体结构相连构成的整体门形脚手架，是一种标准化钢管脚手架。

③碗扣式钢管脚手架：是采用定型钢管杆件和碗扣接头连接的一种承插锁固式多立杆脚手架和支撑架。

④承插型盘扣式钢管脚手架：在水平杆与立杆之间采用承插连接的脚手架，常见的承插连接方式有插片和楔槽、插片和碗扣、套管和插头以及 U 形托挂等。

⑤满堂脚手架：按施工作业范围满设的纵、横方向各有 3 排以上立杆的脚手架，包括扣件式、门式、碗扣式满堂钢管脚手架。

⑥悬挑式脚手架：包括从地面、楼板或墙体上用立杆斜挑的脚手架，以及提供一个层高的使用高度的外挑式脚手架和高层建筑施工分段搭设的多层悬挑式脚手架。

⑦附着式升降脚手架：是指将脚手架附着在建筑结构上，并利用自身设备使架体升降，可以分段提升或整体提升，也称整体提升脚手架或爬架。

⑧高处作业吊篮：悬挂机构架设于建筑物或构筑物上，提升机驱动悬吊平台通过钢丝绳沿立面上下运动的一种非常设悬挂设备。按驱动方式分为手动、气动和电动。

4）基坑工程

近年来施工伤亡事故中坍塌事故比例增大，其中因开挖基坑时未按地质情况设置安全边坡和做好固壁支撑，而造成的坍塌事故较多。

5）模板支架

建筑施工中，用于固定各种模板的架子。在浇筑混凝土的时候，防止模板移动，支架的作用是很重要的。架的不好，不牢固，会发生跑模，甚至引起垮塌事故。一般的模板支架为钢管，也有型钢等。

6）高处作业

指在坠落高度基准面2m及2m以上有可能坠落的高处进行的作业。高处作业容易发生安全事故，总结事故原因，往往由于安全知识缺乏，安全防护措施不到位导致了伤亡事故。因此要求在施工过程中，必须针对易发生事故的部位，采取可靠的防护措施，或补充措施，同时按不同作业条件佩戴和使用个人防护用品。

7）施工用电

是针对施工现场在工程建设过程中的临时用电而制定的，主要强调必须按照临时用电施工组织设计施工，有明确的保护系统，符合三级配电两级保护要求，做到"一机、一闸、一漏、一箱"，线路架设符合规定。

8）物料提升机与施工升降机

施工现场使用的物料提升机和施工升降机是垂直运输的主要设备。由于物料提升机目前尚未定型，多由企业自己设计制作使用，存在着设计制作不符合规范规定，使用管理随意性较大的情况；施工升降机虽然是由厂家生产的，但也存在组装、使用及管理上不合规范的隐患，所以必须按照规范及有关规定，对这两种设备进行认真检查，严格管理，防止发生事故。

9）塔式起重机与起重吊装

塔式起重机因其高度、幅度高大的特点大量用于建筑工程施工，可以同时解决垂直及水平运输，但由于其作业环境、条件复杂多变，在组装、拆除及使用中存在一定的危险性，使用、管理不善易发生倒塌事故，造成人员伤亡，所以要求组装、拆除必须由具有资质的专业队伍承担，使用前进行试运转检查，使用中严格按规定要求进行作业。

起重吊装是指建筑工程中的结构吊装和设备安装工程。起重吊装是专业性强且危险性较大的工作，所以要求必须做专项施工方案，进行试吊，有专业队伍和经验收合格的起重设备。

10）施工机具

施工现场除使用大型机械设备外，也大量使用中小型机械和机具，这些机具虽然体积较小，但仍有其危险性，且因量多面广，有必要进行规范，否则造成事故也相当严重。

（2）分项检查表结构

分项检查表的结构形式分为两类，一类是自成整体的系统，如模板支架、施工用电等检查表，列出的各检查项目之间有内在的联系，按其结构重要程度的大小，对其系统的安全检查情况起到制约的作用。在这类检查评分表中，把影响安全的关键项目列为保证项目，其他项目列为一般项目；另一类是各检查项目之间无相互联系的逻辑关系，因此没有列出保证项目，如高处作业和施工机具两张检查表。

凡在检查表中列在保证项目中的各项，对系统的安全与否起着关键作用，为了突出这些项目的作用，而制定了保证项目的评分原则：即遇有保证项目中有一项不得分或保证项目小计得分不足 40 分时，此检查评分不得分。

1）"安全管理检查评分表"是对施工单位安全管理工作的评价。检查的项目共十项，包括六项保证项目：安全生产责任制、施工组织设计及专项施工方案、安全技术交底、安全检查、安全教育、应急救援；四项一般项目：分包单位安全管理、持证上岗、生产安全事故处理、安全标志。通过调查分析，发现有 89％的事故都不是因技术解决不了造成的，而是由于管理不善、没有安全技术措施、缺乏安全技术知识、不作安全技术交底、安全生产责任不落实、违章指挥、违章作业等造成的。因此，把管理工作中的关键部分列为"保证项目"，保证项目能够做好，整体的安全工作也就有了一定的保证。

2）"文明施工检查评分表"是对施工现场文明施工的评价。检查的项目共 10 项，包括 6 项保证项目：现场围挡、封闭管理、施工场地、材料管理、现场办公与住宿、现场防火；4 项一般项目：综合治理、公示标牌、生活设施、社区服务。

3）"扣件式钢管脚手架检查评分表"是对施工现场扣件式钢管脚手架搭设质量的评价。检查的项目共 11 项，包括 6 项保证项目：施工方案、立杆基础、架体与建筑结构拉结、杆件间距与剪刀撑、脚手板与防护栏杆、交底与验收；5 项一般项目：横向水平杆设置、杆件连接、层间防护、构配件材质、通道。

近几年来，从脚手架上坠落的事故已占高处坠落事故的 50％以上。按照安全系统工程学的原理，将近年来发生的事故用事故树的方法进行分析，问题主要出现在脚手架倒塌和脚手架上缺少防护措施上，从这两方面考虑，找到引起倒塌和缺少防护的基本原因，由此确定了检查项目，按每分项在总体结构中的重要程度及因为它的缺陷而引起伤亡事故的频率，确定了它的分值。

4）"门式钢管脚手架检查评分表"是对施工现场门式钢管脚手架搭设质量的评价。检查的项目共 10 项，包括 6 项保证项目：施工方案、架体基础、架体稳定、杆件锁臂、脚手板、交底与验收；4 项一般项目：架体防护、构配件材质、荷载、通道。

《标准》中，脚手架的分项检查评分表共 8 张，几乎涵盖了目前所有使用的各种脚手架。因构配件和荷载传递的路径不同，各种脚手架的保证项目和一般项目也略有不同。

5）"碗扣式钢管脚手架检查评分表"是对施工现场碗扣式钢管脚手架搭设质量的评价。检查的项目共 10 项，包括 6 项保证项目：施工方案、架体基础、架体稳定、杆件锁件、脚手板、交底与验收；4 项一般项目：架体防护、构配件材质、荷载、通道。

6）"承插型盘扣式钢管脚手架检查评分表"是对施工现场承插型盘扣式钢管脚手架搭设质量的评价。检查的项目共 10 项，包括 6 项保证项目：施工方案、架体基础、架体稳定、杆件设置、脚手板、交底与验收；4 项一般项目：架体防护、杆件连接、构配件材质、通道。

7）"满堂脚手架检查评分表"是对施工现场满堂脚手架搭设质量的评价。检查的项目共 10 项，包括 6 项保证项目：施工方案、架体基础、架体稳定、杆件锁件、脚手板、交底与验收；4 项一般项目：架体防护、构配件材质、荷载、通道。

8）"悬挑式脚手架检查评分表"是对施工现场悬挑式脚手架搭设质量的评价。检查的项目共 10 项，包括 6 项保证项目：施工方案、悬挑钢梁、架体稳定、脚手板、荷载、交底与验收；4 项一般项目：杆件间距、架体防护、层间防护、构配件材质。

9）"附着式升降脚手架检查评分表"是对施工现场附着式升降脚手架搭设质量的评价。检查的项目共 10 项，包括 6 项保证项目：施工方案、安全装置、架体构造、附着支座、架体安装、架体升降。4 项一般项目：检查验收、脚手板、架体防护、安全作业。

10）"高处作业吊篮检查评分表"是对施工现场高处作业吊篮搭设质量的评价。检查的项目共 10 项，包括 6 项保证项目：施工方案、安全装置、悬挂机构、钢丝绳、安装作业、升降作业；4 项一般项目：交底与验收、安全防护、吊篮稳定、荷载。

11）"基坑支护安全检查评价表"是对施工现场基坑支护工程的安全评价。检查的项目共 10 项，包括 6 项保证项目：施工方案、基坑支护、降排水、基坑开挖、坑边荷载、安全防护；4 项一般项目：基坑监测、支撑拆除、作业环境、应急预案。

12）"模板支架检查评分表"是对施工过程中模板工作的安全评价。检查的项目共 10 项，包括 6 项保证项目：施工方案、支架基础、支架构造、支架稳定、施工荷载、交底与验收；4 项一般项目：杆件连接、底座与托撑、构配件材质、支架拆除。拆模时楼板混凝土未达到设计强度、模板支撑未经设计验算等是近年来模板支架坍塌事故的原因之一。

13）"高处作业检查评分表"是对安全帽、安全网、安全带、临边防护、洞口防护、通道口防护、攀登作业、悬空作业、移动式操作平台、悬挑式物料钢平台十项内容使用与防护情况的评价。高处作业必须戴安全帽，挂安全带，以安全网防护。这些洞口、临边之间并没有有机的联系，但引起的伤亡事故却是相互交叉，既有高处坠落又有物体打击，因此它们放在一张表内。在发生物体打击的事故分析中，由于受伤者不戴安全帽的占事故总数的 90% 以上，而不戴安全帽都是由于怕麻烦、图省事造成。无论工地有多少人，只要有一人不戴安全帽，就存在被打击造成伤亡的隐患。同样，有一个不系安全带的，就存在高处坠落伤亡一人的危险。因此，在评分中突出了这个重点。对于洞口、临边防护的要求，考虑了建筑业安全防护技术的现状，没有对防护方法和设施等作统一要求，只要求严密可靠。

14）"施工用电检查评分表"是对施工现场临时用电情况的评价。检查的项目共 7 项，包括 4 项保证项目：外电防护、接地与接零保护系统、配电线路、配电箱与开关箱；3 项一般项目：配电室与配电装置、现场照明、用电档案。

临时用电也是一个独立的子系统，各部位有相互联系和制约的关系，但从事故的分析来看，发生伤亡事故的原因不完全是相互制约的，而是哪里有隐患哪里就存在着发生事故的危险，根据发生伤亡事故的原因分析定出了检查项目。其中由于施工碰触高压线造成的伤亡事故占 30%；供电线在工地随意拖拉、破皮漏电造成的触电事故占 16%；现场照明不使用安全电压造成的触电事故占 15%，如能将这三类事故控制住，触电事故则可大幅度下降。因此把三项内容作为检查的重点列为保证项目。在临时用电系统中，保护零线和重复接地是保障安全的关键环节，但在事故的分析中往往容易被忽略，为了强调它的重要也将它列为保证项目。检查项目中的扣分标准是根据施工现场的通病及其危害程度、发生事故的概率确定的。

15）"物料提升机（龙门架与井字架）检查评分表"是对物料提升机的设计制作、搭设和使用情况的评价。检查的项目共 10 项，包括 5 项保证项目：安全装置，防护设施，附墙架与缆风绳，钢丝绳，安拆、验收与使用；5 项一般项目：基础与导轨架、动力与传动、通信装置、卷扬机操作棚、避雷装置。龙门架、井字架在近几年建筑中是主要的垂直运输工具，也是事故发生的主要部位。每年发生的一次死亡 3 人以上的重大伤亡事故中，属于龙门架与井字架上的就占 50％，主要由于选择缆风绳不当和缺少限位保险装置所致。因此检查表中把这些项目都列为保证项目，扣分标准是按事故直接原因，现场存在的通病及其危害程度确定的。在龙门架与井字架的安装和拆除过程中极易发生倒塌事故，这个过程在检查表中没有列出，可由各地自选补充。但应注意的是，龙门架与井字架所使用的缆风绳一定要使用钢丝绳，任何情况下都不能用麻绳、棕绳、再生绳、铁丝及盘条所代替。

16）"施工升降机检查评分表"是对施工现场外用电梯的安全状况及使用管理的评价。检查的项目共 10 项，包括 6 项保证项目：安全装置，限位装置，防护设施，附墙架，钢丝绳、滑轮与对重，安拆、验收与使用；4 项一般项目：导轨架、基础、电气安全、通信装置。施工升降机即外用电梯、人货两用电梯。

17）"塔吊检查评分表"是塔式起重机使用情况的评价。检查的项目共 10 项，包括 6 项保证项目：载荷限制装置，行程限位装置，保护装置，吊钩、滑轮、卷筒与钢丝绳，多塔作业，安拆、验收与使用；4 项一般项目：附着、基础与轨道、结构设施、电气安全。

由于高层和超高层建筑的增多，塔式起重机的使用也逐渐普遍。在运行中因力矩、超高、变幅、行走、超载等限位装置不足、失灵、不配套、不完善等造成的倒塌事故时有发生，因此将这些项目列为保证项目，并且增大了力矩限位器的分值，以促使各单位在使用塔式起重机时保证其齐全有效，以控制由于超载开车造成的倒塌事故。塔式起重机在安装和拆除中也曾发生过多起倾翻事故，检查表中也将它列出。

18）"起重吊装安全检查评分表"是对施工现场起重吊装作业和起重吊装机械的安全评价。检查的项目共 10 项，包括 6 项保证项目：施工方案、起重机械、钢丝绳与地锚、索具、作业环境、作业人员；4 项一般项目：起重吊装、高处作业、构件码放、警戒监护。

19）"施工机具检查评分表"是对施工中使用的平刨、圆盘锯、手持电动工具、钢筋机械、电焊机、搅拌机、气瓶、翻斗车、潜水泵、振捣器和桩工机械 11 等施工机具安全状况的评价。

6. 检查评分表内容格式（略）

1.3.6 安全生产评价

施工企业安全生产评价，是指为获得评价证据并对施工企业安全生产条件和能力进行客观评价，以确定其完成安全生产工作中各项任务，保证从业人员的人身安全和财产的完好，保证施工生产经营活动得以顺利进行的可能性所进行的系统、独立的并形成文件的活动。

1. 施工企业安全生产评价的方式

（1）内部评价

由施工企业自行对自身实施的安全生产自主评价，也称第一方评价。

施工企业实施内部评价的目的，是为企业职业健康安全管理体系、环境管理体系的充分性、适宜性和有效性评审提供有效信息，实施年度安全质量标准化自查评价，通过自我检查、自我纠正、自我完善做好安全生产管理工作。内部评价也可用在外部评价前的自我检查，确定是否具备接受外部评价的条件。

施工企业每年度应至少进行一次自我考核评价。

（2）外部评价

由相关单位对施工企业实施的安全生产评价。

其中，由政府建设行政主管部门对施工企业实施的安全生产评价，也称第二方评价。第二方评价的目的是对施工企业进行监督检查，确认其安全生产能力及其持续保持情况，并据此提出整改要求，或进行相应的处理。

由施工企业或政府建设行政主管部门委托具备规定的建筑施工安全生产评价资质的社会中介服务机构对施工企业实施的安全生产评价，也称第三方评价。第三方评价的目的是从专业的角度，出具评价报告，确认施工企业安全生产条件和能力及其持续保持或整改的情况，为企业安全生产状况提供客观、专业的证据和建议。社会中介服务机构、评价人员应对作出的评价结果承担相应的法律责任。

第三方评价前，施工企业应先完成自我评价工作，并向委托的评价机构提供自我评价报告。

2. 施工企业安全生产评价的类型

（1）初次评价

初次进入建筑市场时的评价，即市场准入评价。刚进入建筑市场的企业，对建筑施工的法律法规、规范标准以及管理要求可能不甚了解，同时也缺乏实践的体会和管理经验，因此初次评价的重点在于促进企业掌握要求，建章立制，完善条件。

（2）复核评价

即评价合格后日常管理中的评价、每年一次的定期评价以及出现特殊情况时进行的专项评价。特殊情况包括适用法律法规发生变化，企业组织机构和管理体制发生重大变化，企业发生生产安全事故或不良业绩，其他影响安全生产管理的重大变化等。复核评价的重点是寻找管理的薄弱环节，健全、完善规章制度，落实责任。

复核评价分为日常管理评价、年终评价等现状评价和资质评价、发生事故后评价、不良业绩后评价等专项评价。

（3）跟踪评价

对评价（初次评价或复核评价）时无在建工程项目的企业，在企业有在建工程项目时，再次进行的评价。

3. 施工企业安全生产评价小组

施工企业实施的内部评价应由施工企业负责人负责，评价小组由专门的职能部门牵头组织，承担安全生产相关职责的各职能管理部门均应参与，小组人员应相对固定，或者直接由负责企业内部管理的综合职能部门，如企业管理办公室负责，评价结果直接向企业决策层汇报。

外部评价小组成员的组成，应根据被评价企业的类型、生产规模、管理特征以及业绩情况，由适合的专家组成评价工作小组，对企业开展评价。评价小组成员应具备企业安全管理及相关专业能力，评价小组成员不应少于3人。

评价小组成员应分工明确、各司其职，组员对各自所承担的评价部分的工作质量负责，组长要对本组评价工作质量负责。

4. 施工企业安全生产评价内容

《施工企业安全生产评价标准》JGJ/T 77—2010（以下简称《评价标准》）规定了以

下情况要求对建筑施工企业进行安全生产评价：市场准入、发生事故、不良业绩、资质评价、日常管理、年终评价及其他。

施工企业安全生产条件按安全生产管理、安全技术管理、设备和设施管理、企业市场行为和施工现场安全管理等5项内容进行考核。每项考核内容均以评分表的形式和量化的方式，按标准附表中的内容，根据其评定项目的量化评分标准及其重要程度实施考核评价，采用一票否决或适当折减两种评分方式。

（1）安全生产管理评价是对企业安全管理制度建立和落实情况的考核。其内容包括安全生产责任制度、安全文明资金保障制度、安全教育培训制度、安全检查及隐患排查制度、生产安全事故报告处理制度、安全生产应急救援制度等评定项目。

1）施工企业安全生产责任制度的考核评价应符合下列要求：

①未建立以企业法人为核心分级负责的各部门及各类人员的安全生产责任制，则该项不应得分；

②未建立各部门、各级人员安全生产责任落实情况考核的制度及未对落实情况进行检查的，则该项不应得分；

③未实行安全生产的目标管理、制定年度安全生产目标计划、落实责任和责任人及未落实考核的，则该项不应得分；

④对责任制和目标管理等的内容和实施，应根据具体情况评定折减分数。

2）施工企业安全文明资金保障制度的考核评价应符合下列要求：

①制度未建立且每年未对与本企业施工规模相适应的资金进行预算和决算，未专款专用，则该项不应得分；

②未明确安全生产、文明施工资金使用、监督及考核的责任部门或责任人，应根据具体情况评定折减分数。

3）施工企业安全教育培训制度的考核评价应符合下列要求：

①未建立制度且每年未组织对企业主要负责人、项目经理、安全专职人员及其他管理人员的继续教育的，则该项不应得分；

②企业年度安全教育计划的编制，职工培训教育的档案管理，各类人员的安全教育，应根据具体情况评定折减分数。

4）施工企业安全检查及隐患排查制度的考核评价应符合下列要求：

①未建立制度且未对所属的施工现场、后方场站、基地等组织定期和不定期安全检查的，则该评定项目不应得分；

②隐患的整改、排查及治理，应根据具体情况评定折减分数。

5）施工企业生产安全事故报告处理制度的考核评价应符合下列要求：

①未建立制度且未及时、如实上报施工生产中发生伤亡事故的，则该项不应得分；

②对已发生的和未遂事故，未按照"四不放过"原则进行处理的，则该项不应得分；

③未建立生产安全事故发生及处理情况事故档案的，则该项不应得分。

6）施工企业安全生产应急救援制度的考核评价应符合下列要求：

①未建立制度且未按照本企业经营范围，并结合本企业的施工特点，制定易发、多发事故部位、工序、分部、分项工程的应急救援预案，未对各项应急预案组织实施演练的，

则该项不应得分；

②应急救援预案的组织、机构、人员和物资的落实，应根据具体情况评定折减分数。

（2）安全技术管理评价是对企业安全技术管理工作的考核。其内容包括法规、标准和操作规程配置，施工组织设计，专项施工方案（措施），安全技术交底，危险源控制等评定项目。

1）施工企业法规、标准和操作规程配置及实施情况的考核评价应符合下列要求：

①未配置与企业生产经营内容相适应的、现行的有关安全生产方面的法规、标准以及各工种安全技术操作规程，并未及时组织学习和贯彻的，则该项不应得分；

②配置不齐全，应根据具体情况评定折减分数。

2）施工企业施工组织设计编制和实施情况的考核评价应符合下列要求：

①未建立施工组织设计编制、审核、批准制度的，则该项不应得分；

②安全技术措施的针对性及审核、审批程序的实施情况等，应根据具体情况评定折减分数。

3）施工企业专项施工方案（措施）编制和实施情况的考核评价应符合下列要求：

①未建立对危险性较大的分部、分项工程专项施工方案编制、审核、批准制度的，则该项不应得分；

②制度的执行，应根据具体情况评定折减分数。

4）施工企业安全技术交底制定和实施情况的考核评价应符合下列要求：

①未制定安全技术交底规定的，则该项不应得分；

②安全技术交底资料的内容、编制方法及交底程序的执行，应根据具体情况评定折减分数。

5）施工企业危险源控制制度的建立和实施情况的考核评价应符合下列要求：

①未根据本企业的施工特点，建立危险源监管制度的，则该项不应得分；

②危险源公示、告知及相应的应急预案编制和实施，应根据具体情况评定折减分数。

（3）设备和设施管理评价是对企业设备和设施安全管理工作的考核。其内容包括设备安全管理、设施和防护用品、安全标志、安全检查测试工具等评定项目。

1）施工企业设备安全管理制度的建立和实施情况的考核评价应符合下列要求：

①未建立机械、设备（包括应急救援器材）采购、租赁、安装、拆除、验收、检测、使用、检查、保养、维修、改造和报废制度的，则该项不应得分；

②设备的管理台账、技术档案、人员配备及制度落实，应根据具体情况评定折减分数。

2）施工企业设施和防护用品制度的建立及实施情况的考核评价应符合下列要求：

①未建立安全设施及个人劳保用品的发放、使用管理制度的，则该项不应得分；

②安全设施及个人劳保用品管理的实施及监管，应根据具体情况评定折减分数。

3）施工企业安全标志管理规定的制定和实施情况的考核评价应符合下列要求：

①未制定施工现场安全警示、警告标识、标志使用管理规定的，则该项不应得分；

②管理规定的实施、监督和指导，应根据具体情况评定折减分数。

4) 施工企业安全检查测试工具配备制度的建立和实施情况的考核评价应符合下列要求：

①未建立安全检查检验仪器、仪表及工具配备制度的，则该项不应得分；

②配备及使用，应根据具体情况评定折减分数。

（4）企业市场行为评价是对企业安全管理市场行为的考核。其内容包括安全生产许可证、安全生产文明施工、安全质量标准化达标、资质机构与人员管理制度等评定项目。

1) 施工企业安全生产许可证许可状况的考核评价应符合下列要求：

①未取得安全生产许可证而承接施工任务的、在安全生产许可证暂扣期间承接工程的、企业承发包工程项目的规模和施工范围与本企业资质不相符的，则该项不应得分；

②企业主要负责人、项目负责人和专职安全管理人员的配备和考核，应根据具体情况评定折减分数。

2) 施工企业安全生产文明施工动态管理行为的考核评价应符合下列要求：

①企业资质因安全生产、文明施工受到降级处罚的，则该项不应得分；

②其他不良行为，视其影响程度、处理结果等，应根据具体情况评定折减分数。

3) 施工企业安全质量标准化达标情况的考核评价应符合下列要求：

①本企业所属的施工现场安全质量标准化年度达标合格率低于国家或地方规定的，则该评定项目不应得分；

②安全质量标准化年度达标优良率低于国家或地方规定的，应根据具体情况评定折减分数。

4) 施工企业资质、机构与人员管理制度的建立和人员配备情况的考核评价应符合下列要求：

①未建立安全生产管理组织体系、未制定人员资格管理制度、未按规定设置专职安全管理机构、未配备足够的安全生产专管人员的，则该项不应得分；

②实行分包的，总承包单位未制定对分包单位资质和人员资格管理制度并监督落实的，则该项不应得分。

（5）施工现场安全管理评价是对企业所属施工现场安全状况的考核。重点关注对企业管理层相关考核评分项目在施工现场贯彻落实情况的追溯。其内容包括施工现场安全达标、安全文明资金保障、资质和资格管理、生产安全事故控制、设备设施工艺选用、保险等评定项目。

1) 施工现场安全达标考核，企业应对所属的施工现场按现行规范标准进行检查，有一个工地未达到合格标准的，则该项不应得分。

2) 施工现场安全文明资金保障，应对企业按规定落实其所属施工现场安全生产、文明施工资金的情况进行考核，有一个施工现场未将施工现场安全生产、文明施工所需资金编制计划并实施、未做到专款专用的，则该项不应得分。

3) 施工现场分包资质和资格管理规定的制定以及施工现场控制情况的考核评价应符合下列要求：

①未制定对分包单位安全生产许可证、资质、资格管理及施工现场控制的要求和规定，且在总包与分包合同中未明确参建各方的安全生产责任，分包单位承接的施工任务不

符合其所具有的安全资质，作业人员不符合相应的安全资格，未按规定配备项目经理、专职或兼职安全生产管理人员的，则该项不应得分；

②对分包单位的监督管理，应根据具体情况评定折减分数。

4）施工现场生产安全事故控制的隐患防治、应急预案的编制和实施情况的考核评价应符合下列要求：

①未针对施工现场实际情况制定事故应急救援预案的，则该项不应得分；

②对现场常见、多发或重大隐患的排查及防治措施的实施，应急救援组织和救援物资的落实，应根据具体情况评定折减分数。

5）施工现场设备、设施、工艺管理的考核评价应符合下列要求：

①使用国家明令淘汰的设备或工艺，则该项不应得分；

②使用不符合国家现行标准的且存在严重安全隐患的设施，则该项不应得分；

③使用超过使用年限或存在严重隐患的机械、设备、设施、工艺的，则该项不应得分；

④对其余机械、设备、设施以及安全标识的使用情况，应根据具体情况评定折减分数；

⑤对职业病的防治，应根据具体情况评定折减分数。

6）施工现场保险办理情况的考核评价应符合下列要求：

①未按规定办理意外伤害保险的，则该项不应得分；

②意外伤害保险的办理实施，应根据具体情况评定折减分数。

5．施工企业安全生产评价工作流程

（1）评价前的准备工作

施工企业安全生产评价前的准备工作步骤如图1-7所示。

图1-7 评价前的准备工作流程图

1）组建评价小组

确定评价小组的组长、组员，以及评价分工。

2）熟悉企业情况

通过各种渠道（如政府网络信息平台搜索、要求企业提供相关资料等），预先查阅、了解企业基本情况，具体包括：

①资质主项、增项范围及等级，安全生产许可证持有情况；

②企业生产规模、生产类型以及目前在建工程项目数量、进度、所在地和所属监督机构等情况；

③安全生产管理机构设置，安全三类人员配置及考核情况；

④企业在一个评价周期内的安全生产业绩情况，包括创优和处罚情况等。

3）编制评价计划

包括评价时间、评价日程、评价内容及评价重点、评价反馈时间、评价整改要求等。

4) 告知施工企业

与被评价的企业沟通，确认评价计划，告知需要对方配合的要求，如备查资料的目录，陪同人员等。

5) 准备文书表格

被评价的企业应按表1-6准备管理制度或文件。

所需管理制度或文件 表1-6

表	A-1	表	A-2	表	A-3
项	10项	项	7项	项	6项
1	安全生产责任制度	1	法律法规标准规范操作规程	1	设备管理制度
	安全生产责任制考核制度	2	施组编制审核批准制度	2	安全物资供应单位管理制度
	安全管理目标管理考核制度	3	专项施工方案编制审核批准制度		个人安全防护用品管理制度
	安全生产考核奖惩制度	4	安全技术交底规定		现场临时设施管理制度
2	安全文明资金保障制度	5	危险源监管制度	3	警示警告标识标志使用管理制度
3	安全培训教育教育制度		重大危险源管理方案/措施	4	安全检查检验设备配备制度
4	安全检查及隐患排查制度		危险源公示告知制度	表	A-4
5	生产安全事故报告处理制度			项	2项
6	事故应急救援预案制度				企业安全生产组织人员资格管理制度
	事故应急演练制度				分包单位资质和人员资格管理制度
				表	A-5
				项	事故应急救援预案

(2) 评价的实施

施工企业安全生产评价实施的工作步骤如图1-8所示。

图1-8 评价实施工作流程图

1) 召开首次会议

会上明确本次评价工作的目的，提出评价时需相关职能部门配合的工作要求，安排评价的日程计划等。

2）对标检查评分

按照《评价标准》，通过询问交谈、巡查检测在建工地现状，查阅比对备查资料（包括企业内部管理资料以及抽查与核验工地的资料）等方法获取评分证据进行评分。

3）组内汇总沟通，形成评价结论

召开评价小组内部沟通会议，汇总评价证据，沟通扣分信息，最后提出评价结论。

4）与企业主要负责人沟通本次评价情况和结果。

5）召开末次会议

向被评价的企业通报本次评价情况和结果，提出整改要求。

（3）评价后的后续工作

评价后续工作步骤如图1-9所示。

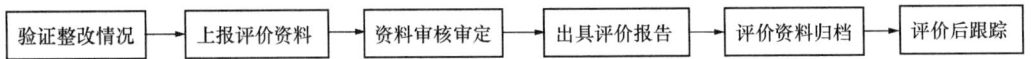

| 验证整改情况 | → | 上报评价资料 | → | 资料审核审定 | → | 出具评价报告 | → | 评价资料归档 | → | 评价后跟踪 |

图1-9　评价后的后续工作流程图

1）验证整改情况

评价小组对企业整改的有效性进行验证并上报评价资料。

2）评价资料审核审定

评价小组所在上级部门对本次评价情况进行审核，对评价结果进行审定。

3）出具评价报告

评价小组向被评价的企业反馈书面评价报告。

4）评价资料归档

评价申请、评价计划、评价报告、审查审定报告、企业整改回复的资料装订成册，编号归档。

5）评价后跟踪

对需要跟踪评价或跟踪指导的企业进行必要的跟踪、回访并再次评价。受政府相关部门委托评价的，发现特殊情况应及时报告政府相关部门。

6. 施工企业安全生产评价方法及评价等级

施工企业安全生产评价应按评定项目、评分标准和评分方法进行。其评价过程实际上就是按《评价标准》的评分表进行量化评分的过程。分以下几步：

1）按评分表进行企业管理层和施工现场两个层面的分项评分。

2）分别进行评分结果的平均汇总。

3）进行综合加权平均，分析评价结果，确定等级。

（1）选用评分表

当施工企业无在建施工现场时，采用《评价标准》表A-1～表A-4进行评价；当施工企业有在建施工现场时，采用《评价标准》表A-1～表A-5进行评价；见表1-7～表1-11。

评分表针对每个评定项目，根据其考核评价原则和重要程度，分别规定1～6条量化评分标准，规定相应的扣减分依据、扣减分值或幅度，同时规定该评定项目的评分取证方法和应得分值，明确应检查的具体资料和记录，以及相应的核查要求。每张评价考核项目（分项）评分表满分分值均为100分。

安全生产管理评分表（A-1）　　　　　表 1-7

序号	评定项目	评 分 标 准	评分方法	应得分	扣减分	实得分
1	安全生产责任制度	·企业未建立安全生产责任制度的，扣20分，各部门、各级（岗位）安全生产责任制度不健全的，扣10～15分； ·企业未建立安全生产责任制考核制度的，扣10分，各部门、各级对各自安全生产责任制未执行的，每起扣2分； ·企业未按考核制度组织检查并考核的的，扣10分，考核不全面扣5～10分； ·企业未建立、完善安全生产管理目标的，扣10分，未对管理目标实施考核的，扣5～10分； ·企业未建立安全生产考核、奖惩制度的，扣10分，未实施考核和奖惩的，扣5～10分	查企业有关制度文本；抽查企业各部门、所属单位有关责任人对安全生产责任制的知晓情况，查确认记录，查企业考核记录。 查企业文件，查企业对下属单位各级管理目标设置及考核情况记录；查企业安全生产奖惩制度文本和考核、奖惩记录	20		
2	安全文明资金保障制度	·企业未建立安全生产、文明施工资金保障制度的，扣20分； ·制度无针对性和具体措施的，扣10～15分； ·未按规定对安全生产、文明施工措施费的落实情况进行考核的，扣10～15分	查企业制度文本、财务资金预算及使用记录	20		
3	安全教育培训制度	·企业未按规定建立安全培训教育制度的，扣15分； ·制度未明确企业主要负责人，项目经理，安全专职人员及其他管理人员，特种作业人员，待岗、转岗、换岗职工，新进单位从业人员安全培训教育要求的，扣5～10分； ·企业未编制年度安全培训教育计划的，扣5～10分，企业未按年度计划实施的，扣5～10分	查企业制度文本、企业培训计划文本和教育的实施记录、企业年度培训教育记录和管理人员的相关证书	15		
4	安全检查及隐患排查制度	·企业未建立安全检查及隐患排查制度的，扣15分，制度不全面、不完善的，扣5～10分； ·未按规定组织检查的，扣15分，检查不全面、不及时的，扣5～10分； ·对检查出的隐患未采取定人、定时、定措施进行整改的，每起扣3分，无整改复查记录的，每起扣3分； ·对多发或重大隐患未排查或未采取有效治理措施的，扣3～15分	查企业制度文本、企业检查记录，企业对隐患整改消项、处置情况记录，隐患排查统计表	15		

续表

序号	评定项目	评 分 标 准	评分方法	应得分	扣减分	实得分
5	生产安全事故报告处理制度	·企业未建立生产安全事故报告处理制度的，扣15分； ·未按规定及时上报事故的，每起扣15分； ·未建立事故档案的，扣5分； ·未按规定实施对事故的处理及落实"四不放过"原则的，扣10～15分	查企业制度文本；查企业事故上报及结案情况记录	15		
6	安全生产应急救援制度	·未制定事故应急救援预案制度的，扣15分，事故应急救援预案无针对性的，扣5～10分，未按规定制定演练制度并实施的，扣5分； ·未按预案建立应急救援组织或落实救援人员和救援物资的，扣5分	查企业应急预案的编制、应急队伍建立情况以及相关演练记录、物资配备情况	15		
		分项评分		100		

评分员：　　　　　　　　　　　　　　　　　　　　　　　　　年　　月　　日

安全技术管理评分表（A-2）　　　　　　　表1-8

序号	评定项目	评 分 标 准	评分方法	应得分	扣减分	实得分
1	法规标准和操作规程配置	·企业未配备与生产经营内容相适应的现行有关安全生产方面的法律、法规、标准、规范和规程的，扣10分，配备不齐全，扣3～10分； ·企业未配备各工种安全技术操作规程的，扣10分，配备不齐全的，缺一个工种扣1分； ·企业未组织学习和贯彻实施安全生产方面的法律、法规、标准、规范和规程的，扣3～5分	查企业现有的法律、法规、标准、操作规程的文本及贯彻实施记录	10		
2	施工组织设计	·企业无施工组织设计编制、审核、批准制度的，扣15分； ·施工组织设计中未明确安全技术措施的，扣10分； ·未按程序进行审核、批准的，每起扣3分	查企业技术管理制度，抽查企业备份的施工组织设计	15		
3	专项施工方案（措施）	·未建立对危险性较大的分部、分项工程编写、审核、批准专项施工方案制度的，扣25分； ·未实施或按程序审核、批准的，每起扣3分； ·未按规定明确本单位需要进行专家论证的危险性较大的分部、分项工程名录（清单）的，每起扣3分	查企业相关规定、实施记录和专项施工方案备份资料	25		

48

序号	评定项目	评 分 标 准	评分方法	应得分	扣减分	实得分
4	安全技术交底	·企业未制定安全技术交底规定的，扣25分； ·未有效落实各级安全技术交底的，扣5~10分； ·交底无书面记录，未履行签字手续，每起扣1~3分	查企业相关规定、企业实施记录	25		
5	危险源控制	·企业未建立危险源监管制度的，扣25分； ·制度不齐全、不完善的，扣5~10分； ·未根据生产经营特点明确危险源的，扣5~10分； ·未针对识别评价出的重大危险源制定管理方案或相应措施的，扣5~10分； ·企业未建立危险源公示、告知制度的，扣8~10分	查企业规定及相关记录	25		
分项评分				100		

评分员：   年　　月　　日

设备和设施管理评分表（A-3）　　　　　表 1-9

序号	评定项目	评分标准	评分方法	应得分	扣减分	实得分
1	设备安全管理	·未制定设备（包括应急救援器材）采购、租赁、安装（拆除）、验收、检测、使用、检查、保养、维修、改造和报废制度的，扣30分； ·制度不齐全、不完善的，扣10~15分； ·设备的相关证书不齐全或未建立台账的，扣3~5分； ·未按规定建立技术档案或档案资料不齐全的，每起扣2分； ·未配备设备管理的专（兼）职人员的，扣10分	查企业设备安全管理制度，查企业设备清单和管理档案	30		
2	设施和防护用品	·未制定安全物资供应单位及施工人员个人安全防护用品管理制度的，扣30分； ·未按制度执行的，每起扣2分； ·未建立施工现场临时设施（包括临时建、构筑物、活动板房）的采购、租赁、搭设与拆除、验收、检查、使用的相关管理规定的，扣30分； ·未按管理规定实施或实施有缺陷的，每项扣2分	查企业相关规定及实施记录	30		
3	安全标志	·未制定施工现场安全警示、警告标识、标志使用管理规定的，扣20分； ·未定期检查实施情况的，每项扣5分	查企业相关规定及实施记录	20		

续表

序号	评定项目	评分标准	评分方法	应得分	扣减分	实得分
4	安全检查测试工具	• 企业未制定施工场所安全检查、检验仪器、工具配备制度的，扣20分； • 企业未建立安全检查、检验仪器、工具配备清单的，扣5～15分	查企业相关记录	20		
		分项评分		100		

评分员：   年　月　日

企业市场行为评分表（A-4）   表1-10

序号	评定项目	评分标准	评分方法	应得分	扣减分	实得分
1	安全生产许可证	• 企业未取得安全生产许可证而承接施工任务的，扣20分； • 企业在安全生产许可证暂扣期间继续承接施工任务的，扣20分； • 企业资质与承发包生产经营行为不相符的，扣20分； • 企业主要负责人、项目负责人、专职安全管理人员持有的安全生产合格证书不符合规定要求的，每起扣10分	查安全生产许可证及各类人员相关证书	20		
2	安全生产文明施工	• 企业资质受到降级处罚的，扣30分； • 企业受到暂扣安全生产许可证处罚的，每起扣5～30分； • 企业受当地建设行政主管部门通报处分的，每起扣5分； • 企业受当地建设行政主管部门经济处罚的，每起扣5～10分； • 企业受到省级及以上通报批评的，每次扣10分，受到地市级通报批评每次扣5分	查各级行政主管部门管理信息资料，各类有效证明材料	30		
3	安全质量标准化达标	• 安全质量标准化达标优良率低于规定的，每5％扣10分； • 安全质量标准化年度达标合格率低于规定要求的，扣20分	查企业相应管理资料	20		
4	资质、机构与人员管理	• 企业未建立安全生产管理组织体系（包括机构和人员等）、人员资格管理制度的，扣30分； • 企业未按规定设置专职安全管理机构的，扣30分，未按规定配足安全生产专管人员的，扣30分； • 实行总、分包的企业未制定对分包单位资质和人员资格管理制度的，扣30分，未按制度执行的，扣30分	查企业制度文本和机构、人员配备证明文件，查人员资格管理记录及相关证件，查总、分包单位的管理资料	30		
		分项评分		100		

评分员：   年　月　日

施工现场安全管理评分表（A-5）　　　表 1-11

序号	评定项目	评分标准	评分方法	应得分	扣减分	实得分
1	施工现场安全达标	·按《建筑施工安全检查标准》JGJ 59 及相关现行标准规范进行检查不合格的，每 1 个工地扣 30 分	查现场及相关记录	30		
2	安全文明资金保障	·未按规定落实安全防护、文明施工措施费的，发现一个工地扣 15 分	查现场及相关记录	15		
3	资质和资格管理	·未制定对分包单位安全生产许可证、资质、资格管理及施工现场控制的要求和规定的，扣 15 分，管理记录不全的，扣 5～15 分； ·合同未明确参建各方安全责任的，扣 15 分； ·分包单位承接的项目不符合相应的安全资质管理要求，或作业人员不符合相应的安全资格管理要求的，扣 15 分； ·未按规定配备项目经理、专职或兼职安全生产管理人员（包括分包单位）的，扣 15 分	查对管理记录、证书，抽查合同及相应管理资料	15		
4	生产安全事故控制	·对多发或重大隐患未排查或未采取有效措施的，扣 3～15 分； ·未制定事故应急救援预案的，扣 15 分，事故应急救援预案无针对性的，扣 5～10 分； ·未按规定实施演练的，扣 5 分； ·未按预案建立应急救援组织或落实救援人员和救援物资的，扣 5～15 分	查检查记录及隐患排查统计表，应急预案的编制及应急队伍建立情况以及相关演练记录、物资配备情况	15		
5	设备设施工艺选用	·现场使用国家明令淘汰的设备或工艺的，扣 15 分； ·现场使用不符合标准的且存在严重安全隐患的设施，扣 15 分； ·现场使用的机械、设备、设施、工艺超过使用年限或存在严重隐患的，扣 15 分； ·现场使用不合格的钢管、扣件的，每起扣 1～2 分； ·现场安全警示、警告标志使用不符合标准的扣 5～10 分； ·现场职业危害防治措施没有针对性的，扣 1～5 分	查现场及相关记录	15		
6	保险	·未按规定办理意外伤害保险的，扣 10 分； ·意外伤害保险办理率不足 100% 的，每低 2% 扣 1 分	查现场及相关记录	10		
分项评分				100		

评分员：　　　　　　　　　　　　　　　　　　　　　　　　　　　　　年　月　日

（2）按规定的时限进行评价取证

1）施工企业的安全生产情况应依据自评价之月起前 12 个月以来的情况。

2）施工现场应依据自开工日起至评价时的安全管理情况。

（3）抽查及核验企业在建施工现场

1）抽查，抽取企业在建工地，对施工现场的管理状况和实物状况进行实体检查。

2）核验，根据建设行政主管部门、安全监督机构或其他相关机构日常的监督、检查记录等资料，对施工现场安全生产管理常态进行复核、追溯。

施工现场抽查和核验抽样量说明见表 1-12。

施工现场抽查和核验抽样量说明表　　　　　　　　　　　　　　表 1-12

企业资质等级	在建工程实体施工现场抽查抽样量（个）		未抽查在建施工现场安全管理状况核验抽样量（%）	
	未发生因工死亡事故	发生因工死亡事故	未发生因工死亡事故	发生因工死亡事故
特级	≥8	按事故等级或情节轻重程度加 2～4	50%	按事故等级或情节轻重程度加 10%～30%
一级	≥5			
一级以下	≥3			
说明	企业在建工程实体少于上述规定抽样量的，则应全数检查			

抽检与核验抽样比率的基数均为企业在建工程项目总数。

对评价时无在建工程项目的企业，应在企业有在建工程项目时，再次进行跟踪评价。跟踪评价时在建工程量不应少于 1 个且应达到施工高峰期。

（4）按评分规则评分

各评价考核项目（分项）评分表的评分标准＝评分点＋扣减分值或幅度

在评价施工企业安全生产条件能力时，应采用加权法计算，权重系数应符合表 1-13 的规定，并按《评价标准》的附表中《施工企业安全生产评价汇总表》进行评价，见表 1-14。

权重系数　　　　　　　　　　　　　　表 1-13

评价内容			权重系数
无施工项目	①	安全生产管理	0.3
	②	安全技术管理	0.2
	③	设备和设施管理	0.2
	④	企业市场行为	0.3
有施工项目	①②③④加权值		0.6
	⑤	施工现场安全管理	0.4

各评分表的评分应符合下列要求：

1）评价考核项目（分项）的评分表的实得分数应为各评定项目实得分数之和。

2）评价考核项目（分项）的评分表中的各个评定项目采用扣减分数的方法，扣减分数总和不得超过该评定项目的应得分数。

3）评价考核项目（分项）有评定项目缺项的，其评分表评分的实得分应按下式计算：

有缺项的评价考核项目（分项）评分的实得分＝可评分的评定项目的实得分之和÷可评分的评定项目的应得分值之和×100

4）各评分表评分不是孤立的，管理层管理制度的落实情况需追溯到施工现场，得到肯定或否定。

施工企业安全生产评价汇总表　　　　　表 1-14

评价类型：□市场准入 □发生事故 □不良业绩 □资质评价 □日常管理 □年终评价 □其他

企业名称：_____　　　经济类型：_____

资质等级：_____　　上年度施工产值：_____　　在册人数：_____

评价内容			评价结果				
			零分项（个）	应得分数（分）	实得分数（分）	权重系数	加权分数（分）
无施工项目	表 A-1	安全生产管理				0.3	
	表 A-2	安全技术管理				0.2	
	表 A-3	设备和设施管理				0.2	
	表 A-4	企业市场行为				0.3	
	汇总分数①＝表 A-1～表 A-4 加权值					0.6	
有施工项目	表 A-5	施工现场安全管理				0.4	
	汇总分数②＝汇总分数①×0.6＋表 A-5×0.4						
评价意见：							
评价负责人（签名）			评价人员（签名）				
企业负责人（签名）			企业签章			年　月　日	

（5）每个考核项目（分项）评分表的评分评价等级

依据评分表中各评定项目实得分、评分表实得分数两个方面的因素综合判定评价考核项目（分项）的等级，评定结果分为"合格"、"不合格"两个等级。

考核项目（分项）评分表中出现任意一个不满足基本合格条件的评定项目时，评定结果为"不合格"；评分表实得分数不低于 70 分，且评分表中没有实得分数为零的评定项目，则考核项目（分项）评定结果为"合格"。

（6）评分结果的汇总

首先，企业管理层评分与施工现场评分分别平均。

1）企业管理层评分加权平均

将安全生产管理、安全技术管理、设备和设施管理及企业市场行为四张表进行汇总统计，四张表的权数分别为 0.3、0.2、0.2、0.3。

2）施工现场评分算术平均

抽查或核验的每个施工现场，分别形成一份施工现场安全管理评分表。

施工现场安全管理评价的最终评分结果，应取所有抽查及核验施工现场的安全管理评价实得分的算术平均值，且其中不得有一个施工现场评价评分结果为不合格。

其次，企业管理层加权平均值与施工现场评分算术平均值再次加权平均。

（7）评价等级的确定

施工企业安全生产考核评定的最终结果，依据各评分表中各评定项目实得分，各评分表实得分数、两次加权汇总分数三个方面的因素综合判定等级。

1）对有在建工程的企业，安全生产考核评定分为"合格"、"不合格"两个等级。

抽查或核验的每个施工现场安全生产分项评分评价结果都对施工企业安全生产评价有最终否决权。即使算术平均后达到分项合格标准，若有一个施工现场安全生产分项评分评价结果为不合格，则施工企业安全生产最终评价为不合格。

企业管理层每个分项评分评价结果不合格也具有对施工企业安全生产评价的最终否决权。

2）对无在建工程的企业，安全生产考核评定分为"基本合格"、"不合格"两个等级。

企业管理层每个分项评分评价结果不合格都具有对施工企业安全生产评价的最终否决权。

施工企业安全生产考核评价等级划分应按表 1-15 核定。

施工企业安全生产考核评价等级划分 表 1-15

考核评价等级	考核内容		
	各项评分表中的实得分为零的项目数（个）	各评分表实得分数（分）	汇总分数（分）
合格	0	≥70 且其中不得有一个施工现场评定结果为不合格	≥75
基本合格	0	≥70	≥75
不合格	出现不满足基本合格条件的任意一项时		

1.3.7 施工机械的安全检查和评价

1. 施工机械使用安全常识

塔式起重机、施工电梯、物料提升机等施工起重机械的司机、指挥、司索等作业人员属特种作业，必须按国家有关规定经专门安全作业培训，取得特种作业操作资格证书，方可上岗作业。

施工起重机械（也称垂直运输设备）必须由相应的制造（生产）许可证企业生产，并有出厂合格证。其安装、拆除、加高及附墙施工作业，必须由相应作业资格的队伍作业，作业人员必须按国家有关规定经专门安全作业培训，取得特种作业操作资格证书，方可上岗作业。其他非专业人员不得上岗作业。

安装、拆卸、加高及附墙施工作业前，必须有经审批、审查的施工方案，并进行方案及安全技术交底。

（1）塔式起重机

1）起重机"十不吊"。超载或被吊物重量不清不吊，指挥信号不明确不吊，捆绑、吊挂不牢或不平衡不吊，被吊物上有人或浮置物不吊，结构或零部件有影响安全的缺陷或损伤不吊，斜拉歪吊和埋入地下物不吊，单根钢丝不吊，工作场地光线昏暗，无法看清场地、被吊物和指挥信号不吊，重物棱角处与捆绑钢丝绳之间未加衬垫不吊，易燃易爆物品不吊。

2）塔式起重机吊运作业区域内严禁无关人员入内，起吊物下方不准站人。

3）司机（操作）、指挥、司索等工种应按有关要求配备，其他人员不得作业。

4）六级以上强风不准吊运物件。

5）作业人员必须听从指挥人员的指挥，吊物起吊前作业人员应撤离。

6）吊物的捆绑要求。

吊运物件时，应清楚重量，吊运点及绑扎应牢固可靠。

吊运散件物时，应用铁制合格料斗，料斗上应设有专用的牢固的吊装点；料斗内装物高度不得超过料斗上口边，散粒状的轻浮易撒物盛装高度应低于上口边线10cm。

吊运长条状物品（如钢筋、长条状木方等），所吊物件应在物品上选择两个均匀、平衡的吊点，绑扎牢固。

吊运有棱角、锐边的物品时，钢丝绳绑扎处应做好防护措施。

（2）施工电梯

施工电梯也称外用电梯、施工升降机是施工现场垂直运输人员和材料的主要机械设备。

1）施工电梯投入使用前，应在首层搭设出入口防护棚，防护棚应符合有关高处作业规范。

2）电梯在大雨、大雾、六级以上大风以及导轨架、电缆等结冰时，必须停止使用。并将梯笼降到底层，切断电源。暴风雨后，应对电梯各安全装置进行一次检查，确认正常，方可使用。

3）电梯梯笼周围2.5m范围内，应设置防护栏杆。

4）电梯各出料口运输平台应平整牢固，还应安装牢固可靠的栏杆和安全门，使用时安全门应保持关闭。

5）电梯使用应有明确的联络信号，禁止用敲打、呼叫等联络。

6）乘坐电梯时，应先关好安全门，再关好梯笼门，方可启动电梯。

7）梯笼内乘人或载物时，应使载荷均匀分布，不得偏重；严禁超载运行。

8）等候电梯时，应站在建筑物内，不得聚集在通道平台上，也不得将头手伸出栏杆和安全门外。

9）电梯每班首次载重运行时，当梯笼升离地1～2m时，应停机试验制动器的可靠性；当发现制动效果不良时，应调整或修复后方可投入使用。

10）操作人员应根据指挥信号操作。作业前应鸣声示意。在电梯未切断总电源开关前，操作人员不得离开操作岗位。

11）施工电梯发生故障的处理

当运行中发现有异常情况时，应立即停机并采取有效措施将梯笼降到底层，排除故障后方可继续运行。

在运行中发现电气失控时，应立即按下急停按钮；在未排除故障前，不得打开急停按钮。

在运行中发现制动器失灵时，可将梯笼开至底层维修，或者让其下滑防坠安全器制动。

在运行中发现故障时，不可惊慌，电梯的安全装置将提供可靠的保护，并且听从专业人员的安排，或等待修复，或按专业人员指挥撤离。

12）作业后，应将梯笼降到底层，各控制开关拨到零位，切断电源，锁好开关箱，闭锁梯笼门和围护门。

（3）物料提升机

物料提升机有龙门架、井字架式的，也有的称为货物施工升降机，是施工现场物料垂直运输的主要机械设备。

1）物料提升机用于运载物料，严禁载人上下；装卸料人员、维修人员必须在安全装置可靠或采取了可靠的措施后，方可进入吊笼内作业。

2）物料提升机进料口必须加装安全防护门，并按高处作业规范搭设防护棚，并设安全通道，防止从棚外进入架体中。

3）物料提升机在运行时，严禁对设备进行保养、维修，任何人不得攀登架体和从架体内穿过。

4）运载物料的要求

运送散料时，应使用料斗装载，并放置平稳；使用手推斗车装置于吊笼时，必须将手推斗车平稳并制动放置，注意车把手及车不能伸出吊笼。

运送长料时，物料不得超出吊笼；物料立放时，应捆绑牢固。

物料装载时，应均匀分布，不得偏重，严禁超载运行。

5）物料提升机的架体应有附墙或缆风绳，并应牢固可靠，符合说明书和规范的要求。

6）物料提升机的架体外侧应用小网眼安全网封闭，防止物料在运行时坠落。

7）禁止在物料提升机架体上焊接、切割或者钻孔等作业，防止损伤架体的任何构件。

8）出料口平台应牢固可靠，并应安装防护栏杆和安全门。运行时安全门应保持关闭。

9）吊笼上应有安全门，防止物料坠落；并且安全门应与安全停靠装置连锁。安全停靠装置应灵敏可靠。

10）楼层安全防护门应有电气或机械锁装置，在安全门未可靠关闭时，停止吊笼运行。

11）作业人员等待吊笼时，应在建筑材料内或者平台内距安全门1m以上处等待。严禁将头手伸出栏杆或安全门。

12）进出料口应安装明确的联络信号，高架提升机还应安装可视系统。

2. 起重吊装作业安全常识

起重吊装是指建筑工程中，采用相应的机械设备和设施来完成结构吊装和设施安装，其作业属于危险作业，作业环境复杂，技术难度大。

（1）作业前应根据作业特点编制专项施工方案，并对参加作业的人员进行方案和安全技术交底。

（2）作业时周边应设置警戒区域，设置醒目的警示标志，防止无关人员进入；特别危险处应设监护人员。

（3）起重吊装作业大多数作业点都必须由专业技术人员作业；属于特种作业的人员必须按国家有关规定经专门安全作业培训，取得特种作业操作资格证书，方可上岗作业。

（4）作业人员现场作业应选择条件安全的位置作业。卷扬机与地滑轮穿越钢丝绳的区域，禁止人员站立和通行。

（5）吊装过程必须设有专人指挥，其他人员必须服从指挥。起重指挥不能兼作其他工种，并应确保起重司机清晰准确地听到指挥信号。

（6）作业过程必须遵守起重机"十不吊"原则。

（7）被吊物的捆绑要求，按塔式起重机中被吊物捆绑的作业要求。

（8）构件存放场地应该平整坚实。构件叠放用方木垫平，必须稳固，不准超高（一般不宜超过1.6m）。构件存放除设置垫木外，必要时要设置相应的支撑，提高其稳定性。禁止无关人员在堆放的构件中穿行，防止发生构件倒塌挤人事故。

（9）在露天有六级以上大风或大雨、大雪、大雾等天气时，应停止起重吊装作业。

（10）起重机作业时，起重臂和吊物下方严禁有人停留、工作或通过。重物吊运时，严禁人从上方通过。严禁用起重机载运人员。

（11）经常使用的起重工具注意事项

1）手动捯链：操作人员应经培训合格，方可上岗作业，吊物时应挂牢后慢慢拉动捯链，不得斜向拽拉。当一人拉不动时，应查明原因，禁止多人一齐猛拉。

2）手搬捯链：操作人员应经培训合格，方可上岗作业，使用前检查自锁夹钳装置的可靠性，当夹紧钢丝绳后，应能往复运动，否则禁止使用。

3）千斤顶：操作人员应经培训合格，方可上岗作业，千斤顶置于平整坚实的地面上，并垫木板或钢板，防止地面沉陷。顶部与光滑物接触面应垫硬木防止滑动。开始操作应逐渐顶升，注意防止顶歪，始终保持重物的平衡。

3. 中小型施工机械使用的安全常识

施工机械的使用必须按"定人、定机"制度执行。操作人员必须经培训合格，方可上岗作业，其他人员不得擅自使用。机械使用前，必须对机械设备进行检查，各部位确认完好无损，并空载试运行，符合安全技术要求，方可使用。

施工现场机械设备必须按其控制的要求，配备符合规定的控制设备，严禁使用倒顺开关。在使用机械设备时，必须严格按安全操作规程，严禁违章作业；发现有故障，或者有异常响动，或者温度异常升高，都必须立即停机；经过专业人员维修，并检验合格后，方可重新投入使用。

操作人员应做到"调整、紧固、润滑、清洁、防腐"十字作业的要求，按有关要求对机械设备进行保养。操作人员在作业时，不得擅自离开工作岗位。下班时，应先将机械停止运行，然后断开电源，锁好电箱，方可离开。

（1）混凝土（砂浆）搅拌机

1）搅拌机的安装一定要平稳、牢固。长期固定使用时，应埋置地脚螺栓；在短期使用时，应在机座上铺设木枕或撑架找平牢固放置。

2）料斗提升时，严禁在料斗下工作或穿行。清理料斗坑时，必须先切断电源，锁好电箱，并将料斗双保险钩挂牢或插上保险插销。

3）运转时，严禁将头或手伸入料斗与机架之间查看，不得将工具或物件伸入搅拌筒内。

4）运转中严禁保养维修。维修保养搅拌机，必须拉间断电，锁好电箱挂好"有人工作严禁合闸"牌，并有专人监护。

（2）混凝土振动器

混凝土振动器常用的有插入式和平板式。

1）振动器应安装漏电保护装置，保护接零应牢固可靠。作业时操作人员应穿戴绝缘胶鞋和绝缘手套。

2）使用前，应检查各部位元损伤，并确认连接牢固，旋转方向正确。

3）电缆线应满足操作所需的长度。严禁用电缆线拖拉或吊挂振动器。振动器不得在初凝的混凝土、地板、脚手架和干硬的地面上进行试振。在检修或作业间断时，应断开电源。

4）作业时，振动棒软管的弯曲半径不得小于500mm，并不得多于两个弯，操作时应将振动棒垂直地沉入混凝土，不得用力硬插、斜推或让钢筋夹住棒头，也不得全部插入混凝土中，插入深度不应超过棒长的3/4，不宜触及钢筋、芯管及预埋件。

5）作业停止需移动振动器时，应先关闭电动机，再切断电源。不得用软管拖拉电动机。

6）平板式振动器工作时，应使平板与混凝土保持接触，待表面出浆，不再下沉后，即可缓慢移动；运转时，不得搁置在已凝或初凝的混凝土上。

7）移动平板式振动器应使用干燥绝缘的拉绳，不得用脚踢电动机。

（3）钢筋切断机

1）机械未达到正常转速时，不得切料。切料时，应使用切刀的中、下部位，紧握钢筋对准刃口迅速投入，操作者应站在固定刀片一侧用力压住钢筋，应防止钢筋末端弹出伤人。

2）不得剪切直径及强度超过机械铭牌规定的钢筋和烧红的钢筋。一次切断多根钢筋时，其总截面积应在规定范围内。

3）切断短料时，手和切刀之间的距离应保持在150mm以上，如手握端小于400mm时，应采用套管或夹具将钢筋短头压住或夹牢。

4）运转中严禁用手直接清除切刀附近的断头和杂物。钢筋摆动周围和切刀周围，不得停留非操作人员。

（4）钢筋弯曲机

1）应按加工钢筋的直径和弯曲半径的要求，装好相应规格的芯轴和成型轴、挡铁轴。芯轴直径应为钢筋直径的2.5倍。挡铁轴应有轴套，挡铁轴的直径和强度不得小于被弯钢筋的直径和强度。

2）作业时，应将锻筋需弯曲一端插入在转盘固定销的间隙内，另一端紧靠机身固定并用手压紧；应检查机身固定销并确认安放在挡住钢筋的一侧，方可开动。

3）作业中，严禁更换轴芯、销子和变换角度以及调整，也不得进行清扫和加油。

4）严禁弯曲超过机械铭牌规定直径的钢筋。不直的钢筋，不得在弯曲机上弯曲。

5）在弯曲钢筋的作业半径内和机身不设固定销的一侧严禁站人。

6）转盘换向时，应待停稳后进行。

7）作业后，应及时清除转盘及插入座孔内的铁锈、杂物等。

（5）钢筋调直切断机

1）应按调直钢筋的直径，选用适当的调直块及传动速度。调直块的孔径应比钢筋直径大 2～5mm，传动速度应根据钢筋直径选用，直径大的宜选用慢速，经调试合格，方可作业。

2）在调直块未固定、防护罩未盖好前不得送料。作业中严禁打开各部防护罩并调整间隙。

3）当钢筋送入后，手与轮应保持一定的距离，不得接近。

4）送料前应将不直的钢筋端头切除。导向筒前应安装一根 1m 长的钢管，钢筋应穿过钢管再送入调直前端的导孔内。

（6）钢筋冷拉机

1）卷扬机的位置应使操作人员能见到全部的冷拉场地，卷扬机与冷拉中线的距离不得少于 5m。

2）冷拉场地应在两端地锚外侧设置警戒区，并应安装防护栏及醒目的警示标志。严禁非作业人员在此停留。操作人员在作业时必须离开钢筋 2m 以外。

3）卷扬机操作人员必须看到指挥人员发出的信号，并待所有的人员离开危险区后方可作业。冷拉应缓慢、均匀。当有停车信号或碰到有人进入危险区时，应立即停拉，并稍稍放松卷扬机钢丝绳。

4）夜间作业的照明设施，应装设在张拉危险区外。当需要装设在场地上空时，其高度应超过 5m。灯泡应加防护罩。

（7）圆盘锯

1）锯片必须平整，锯齿尖锐，不得连续缺齿个，裂纹长度不得超过 20mm。

2）被锯木料厚度，以锯片能露出木料 10～20mm 为限。

3）启动后，必须等待转速正常后，方可进行锯料。

4）关料时，不得将木料左右晃动或者高抬。锯料长度不小于 500mm。接近端头时，应用推棍送料。

5）若锯线走偏，应逐渐纠正，不得猛扳。

6）操作人员不应站在与锯片同一直线上操作。手臂不得跨越锯片工作。

（8）蛙式夯实机

1）夯实作业时，应一人扶夯，一人传递电缆线，且必须戴绝缘手套和穿绝缘鞋。电缆线不得扭结或缠绕，且不得张拉过紧，应保持有 3～4m 的余量。移动时，应将电缆线移至夯机后方，不得隔机扔电缆线，当转向困难时，应停机调整。

2）作业时，手握扶手应保持机身平衡，不得用力向后压，并应随时调整行进方向。转弯时不得用力过猛，不得急转弯。

3）夯实填高土方时，应在边缘以内 100～150mm 夯实 2～3 遍后，再夯实边缘。

4）在较大基坑作业时，不得在斜坡上夯行，应避免造成夯头后折。

5）夯实房心土时，夯板应避开房心地下构筑物、钢筋混凝土基桩、机座及地下管道等。

6）在建筑物内部作业时，夯板或偏心块不得打在墙壁上。

7）多机作业时，平列间距不得小于 5m，前后间距不得小于 10m。

8）夯机前进方向和夯机四周 1m 范围内，不得站立非操作人员。

（9）振动冲击夯

1）内燃冲击夯起动后，内燃机应怠速运转 3～5min，然后逐渐加大油门，待夯机跳动稳定后，方可作业。

2）电动冲击夯在接通电源启动后，应检查电动机旋转方向，有错误时应倒换联系线。

3）作业时应正确掌握夯机，不得倾斜，手把不宜握得过紧，能控制夯机前进速度即可。

4）正常作业时，不得使劲往下压手把，影响夯机跳起高度。在较松的填料上作业或上坡时，可将手把稍向下压，并应能增加夯机前进速度。

5）电动冲击夯操作人员必须戴绝缘手套，穿绝缘鞋。作业时，电缆线不应拉得过紧，应经常检查线头安装，不得松动及引起漏电。严禁冒雨作业。

（10）潜水泵

1）潜水泵宜先装在坚固的篮筐里再放入水中，也可在水中将泵的四周设立坚固的防护围网。泵应直立于水中，水深不得小于 0.5m，不得在含有泥沙的水中使用。

2）潜水泵放入水中或提出水面时，应先切断电源，严禁拉拽电缆或出水管。

3）潜水泵应装设保护接零和漏电保护装置，工作时泵周围 30m 以内水面，不得有人、畜进入。

4）应经常观察水位变化，叶轮中心至水平距离应在 0.5～3.0m 之间，泵体不得陷入污泥或露出水面。电缆不得与井壁、池壁相擦。

5）每周应测定一次电动机定子绕组的绝缘电阻，其值应无下降。

（11）交流电焊机

1）外壳必须有保护接零，应有二次空载降压保护器和触电保护器。

2）电源应使用自动开关，接线板应无损坏，有防护罩。一次线长度不超过 5m，二次线长度不得超过 30m。

3）焊接现场 10m 范围内，不得有易燃、易爆物品。

4）雨天不得在室外作业。在潮湿地点焊接时，要站在胶板或其他绝缘材料上。

5）移动电焊机时，应切断电源，不得用拖拉电缆的方法移动。当焊接中突然停电时，应立即切断电源。

（12）气焊设备

1）氧气瓶与乙炔瓶使用时间距不得小于 5m，存放时间距不得小于 3m，并且距高温、明火等不得小于 10m，达不到上述要求时，应采取隔离措施。

2）乙炔瓶存放和使用必须立放，严禁倒放。

3）在移动气瓶时，应使用专门的抬架或小推车；严禁氧气瓶与乙炔混合搬运；禁止直接使用钢丝绳、链条。

4）开关气瓶应使用专用工具。

5）严禁敲击、碰撞气瓶，作业人员工作时不得吸烟。

4. 施工机械监控与管理

一般可分为机械设备和建筑起重机械两类进行管理。

（1）机械设备日常检查内容

1）机械设备管理制度。

2）机械设备进场验收记录。

3）机械设备管理台账。

4）机械设备安全资料。

5）机械设备入场前，项目部机械管理人员应进行登记，建立"机械设备安全管理台账"，并应收集生产厂家生产许可证、产品合格证及使用说明书。

6）机械设备进入施工现场后，项目负责人应组织项目技术负责人、机械管理人员、专职安全管理人员、使用单位有关人员、租赁单位有关人员进行验收，应形成机械设备进场验收记录，各方人员签字确认。

7）机械设备在安装、使用、拆除前，应由项目施工技术人员对机械设备操作人员进行安全技术交底，形成安全技术交底记录，经双方签字确认后方可实施，并及时存档。

8）机械设备安装完毕后，项目负责人应组织项目技术负责人，机械管理人员，专职安全管理人员，安装、使用、租赁单位有关人员进行验收签字，形成机械设备安装验收记录和安全检查记录。

9）机械设备在日常使用过程中，项目部机械管理人员应形成"机械设备日常运行记录"。

10）项目部机械管理人员应按使用说明书要求对机械设备进行维护保养，形成"机械设备维修保养记录"。

（2）建筑起重机械日常检查内容

1）项目部应收集整理建筑起重机械特种设备制造许可证、产品合格证、制造监督检验证明、使用说明书、备案证书。

2）项目部应收集整理建筑起重机械安拆单位的资质证书、安全生产许可证，安拆人员的建筑施工特种作业人员操作资格证书，安装、拆卸工程安全协议书。

3）项目部应在建筑起重机械安装、拆卸前，分别编制安装工程专项施工方案、拆卸工程专项施工方案。

4）群塔（两台及两台以上）作业时，应绘制群塔作业平面布置图。

5）建筑起重机械安装前，安装单位应填写"建筑起重机械安装告知"记录，报施工总承包单位和项目监理部审核后，告知工程所在地建筑安全监督管理机构。

6）建筑起重机械安装、使用、拆卸前，应由项目施工技术人员对起重机械操作人员进行安全技术交底，经双方签字确认后方可实施，并及时存档。

7) 建筑起重机械基础工程程资料包括地基承载力资料、地基处理情况资料、施工资料、检测报告、建筑起重机械基础工程验收记录。

8) 起重机械安装（拆卸）过程中，安装（拆卸）单位安装（拆卸）人员应根据施工需要填写建筑起重机械安装（拆卸）过程记录。

9) 建筑起重机械安装完毕后，安装单位应进行自检，形成安装自检记录，龙门架及井架物料提升机也应按规范要求进行自检，安装（拆卸）人员应作好记录。

10) 建筑起重机械自检合格后；安装单位应当委托有相应资质的检测机构检测，检测合格报告留项目部存档。

11) 建筑起重机械检测合格后，总包单位应报项目监理，组织租赁单位、安装单位、使用单位、监理单位等对起重机械共同验收，形成塔式起重机（施工升降机、龙门架及井架物料提升机）安装验收记录，各方签字共同确认。

12) 总包单位应按有关规定取得建筑起重机械使用登记证书，存档。

13) 塔式起重机每次顶升时，由项目机械管理人员填写形成《塔式起重机顶升检验记录》；施工升降机每次加节时，由项目机械管理人员填写形成《施工升降机加节验收记录》。

14) 塔式起重机每次附着锚固时，由项目机械管理人员填写形成《塔式起重机附着锚固检验记录》。

15) 建筑起重机械操作人员应将起重机械的运行情况进行记录，形成《建筑起重机械运行记录》。

16) 项目部应对建筑起重机械定期进行检查维护保养，形成《建筑起重机械定期维护检测记录》。

按照《建筑施工安全检查标准》的要求进行现场检查评分。主要检查评分表有《物料提升机检查评分表》、《施工升降机检查评分表》、《塔式起重机检查评分表》、《起重吊装检查评分表》、《施工机具检查评分表》等。

1.3.8 临时用电的安全检查和评价

1. 施工现场临时用电安全要求

（1）基本原则

1) 建筑施工现场的电工、电焊工属于特种作业工种，必须按国家有关规定经专门安全作业培训，取得特种作业操作资格证书，方可上岗作业。其他人员不得从事电气设备及电气线路的安装、维修和拆除。

2) 建筑施工现场必须采用 TN-S 接零保护系统，即具有专用保护零线（PE 线）、电源中性点直接接地的 220/380V 三相五线制系统。

3) 建筑施工现场必须按"三级配电二级保护"设置。

4) 施工现场的用电设备必须实行"一机、一闸、一漏、一箱"制，即每台用电设备必须有自己专用的开关箱，专用开关箱内必须设置独立的隔离开关和漏电保护器。

5) 严禁在高压线下方搭设临建、堆放材料和进行施工作业；在高压线一侧作业时，必须保持至少 6m 的水平距离，达不到上述距离时，必须采取隔离防护措施。

6）在宿舍工棚、仓库、办公室内严禁使用电饭煲、电水壶、电炉、电热杯等较大功率电器。如需使用，应由项目部安排专业电工在指定地点安装可使用较高功率电器的电气线路和控制器。严禁使用不符合安全的电炉、电热棒等。

7）严禁在宿舍内乱拉乱接电源，非专职电工不准乱接或更换熔丝，不准以其他金属丝代替熔丝（保险）丝。

8）严禁在电线上晾衣服和挂其他东西等。

9）搬运较长的金属物体，如钢筋、钢管等材料时，应注意不要碰触到电线。

10）在临近输电线路的建筑物上作业时，不能随便往下扔金属类杂物；更不能触摸、拉动电线或电线接触钢丝和电杆的拉线。

11）移动金属梯子和操作平台时，要观察高处输电线路与移动物体的距离，确认有足够的安全距离，再进行作业。

12）在地面或楼面上运送材料时，不要踏在电线上；停放手推车、堆放钢模板、跳板、钢筋时不要压在电线上。

13）在移动有电源线的机械设备时，如电焊机、水泵、小型木工机械等，必须先切断电源，不能带电搬动。

14）当发现电线坠地或设备漏电时，切不可随意跑动和触摸金属物体，并保持 10m 以上距离。

（2）安全电压

1）安全电压是指 50V 以下特定电源供电的电压系列。

安全电压是为防止触电事故而采用的 50V 以下特定电源供电的电压系列，分为 42V、36V、24V、12V、6V 五个等级，根据不同的作业条件，选用不同的安全电压等级。建筑施工现场常用的安全电压有 12V、24V、36V。

2）特殊场所必须采用安全电压照明供电。

以下特殊场所必须采用安全电压照明供电：

① 室内灯具离地面低于 2.4m，手持照明灯具，一般潮湿作业场所（地下室、潮湿室内、潮湿楼梯、隧道、人防工程以及有高温、导电灰尘等）的照明，电源电压应不大于 36V。

② 在潮湿和易触及带电体场所的照明电源电压，应不大于 24V。

③ 在特别潮湿的场所，锅炉或金属容器内，导电良好的地面使用手持照明灯具等，照明电源电压不得大于 12V。

3）正确识别电线的相色。

电源线路可分工作相线（火线）、专用工作零线和专用保护零线。一般情况下，工作相线（火线）带电危险，专用工作零线和专用保护零线不带电（但在不正常情况下，工作零线也可以带电）。

一般相线（火线）分为 A、B、C 三相，分别为黄色、绿色、红色；工作零线为黑色；专用保护零线为黄绿双色线。

严禁用黄绿双色、黑色、蓝色线当相线，也严禁用黄色、绿色、红色线作为工作零线和保护零线。

（3）"用电示警"标志

正确识别"用电示警"标志或标牌,不得随意靠近、随意损坏和挪动标牌,见表1-16。

"用电警示"标志   表 1-16

分类 ＼ 使用	颜色	使用场所
家用电力标志	红色	配电房、发电机房、变压器等重要场所
高压示警标志	字体为黑色,箭头和边框为红色	需高压示警场所
配电房示警标志	字体为红色,边框为黑色(或字与边框交换颜色)	配电房或发电机房
维护检修示警标志	底为红色、字为白色(或字为红色、底为白色、边框为黑色)	维护检修时相关场所
其他用电示警标志	箭头为红色、边框为黑色、字为红色或黑色	其他一般用电场

进入施工现场的每个人都必须认真遵守用电管理规定,见到以上用电示警标志或标牌时,不得随意靠近,更不准随意损坏、挪动标牌。

2. 施工现场临时用电的安全技术措施

(1)电气线路的安全技术措施

1)施工现场电气线路全部采用"三相五线制"(TN-S 系统)专用保护接零(PE 线)系统供电。

2)施工现场架空线采用绝缘铜线。

3)架空线设在专用电杆上,严禁架设在树木、脚手架上。

4)导线与地面保持足够的安全距离。

导线与地面最小垂直距离:施工现场应不小于 4m;机动车道应不小于 6m;铁路轨道应不小于 7.5m。

5)无法保证规定的电气安全距离,必须采取防护措施。

如果由于在建工程位置限制而无法保证规定的电气安全距离,必须采取设置防护性遮拦、栅栏、悬挂警告标志牌等防护措施,发生高压线断线落地时,非检修人员要远离落地10m 以外,以防跨步电压危害。

6)为了防止设备外壳带电发生触电事故,设备应采用保护接零,并安装漏电保护器等措施。作业人员要经常检查保护零线连接是否牢固可靠,漏电保护器是否有效。

7)在电箱等用电危险地方,挂设安全警示牌,如"有电危险"、"禁止合闸,有人工作"等。

(2)照明用电的安全技术措施

施工现场临时照明用电的安全要求如下:

1)临时照明线路必须使用绝缘导线。

临时照明线路必须使用绝缘导线，户内（工棚）临时线路的导线必须安装在离地 2m 以上支架上；户外临时线路必须安装在离地 2.5m 以上支架上，零星照明线不允许使用花线，一般应使用软电缆线。

2）建设工程的照明灯具宜采用拉线开关。

拉线开关距地面高度为 2～3m，与出、入口的水平距离为 0.15～0.2m。

3）严禁在床头设立开关和插座。

4）电器、灯具的相线必须经过开关控制。

不得将相线直接引入灯具，也不允许以电气插头代替开关来分合电路，室外灯具距地面不得低于 3m；室内灯具不得低于 2.4m。

5）使用手持照明灯具（行灯）应符合一定的要求：

① 电源电压不超过 36V。

② 灯体与手柄应坚固，绝缘良好，并耐热防潮湿。

③ 灯头与灯体结合牢固。

④ 灯泡外部要有金属保护网。

⑤ 金属网、反光罩、悬吊挂钩应固定在灯具的绝缘部位上。

6）照明系统中每一单相回路上，灯具和插座数量不宜超过 25 个，并应装设熔断电流为 15A 以下的熔断保护器。

（3）配电箱与开关箱的安全技术措施

施工现场临时用电一般采用三级配电方式，即总配电箱（或配电室），下设分配电箱，再以下设末级配电箱，开关箱以下就是用电设备。

配电箱的使用安全要求如下：

1）配电箱的箱体材料，一般应选用钢板，亦可选用绝缘板，但不宜选用木质材料。

2）配电箱应安装端正、牢固，不得倒置、歪斜。

固定式配电箱中心与地面垂直距离宜为 1.4～1.6m，安装平正、牢固。户外落地安装的配电箱、柜，其底部离地面不应小于 0.2m。

3）进入开关箱的电源线，严禁用插销连接。

4）电箱之间的距离不宜太远。

分配电箱与开关箱的距离不得超过 30m。

5）每台用电设备应有各自专用的开关箱。

施工现场每台用电设备应有各自专用的开关箱，且必须满足"一机、一闸、一漏、一箱"的要求，严禁用同一个开关电器直接控制两台及两台以上用电设备（含插座）。

开关箱中必须设漏电保护器，其额定漏电动作电流应不大于 30mA，漏电动作时间应不大于 0.1s。

6）所有配电箱门应配锁，不得在配电箱和开关箱内挂接或插接其他临时用电设备，开关箱内严禁放置杂物。

7）配电箱、开关箱的接线应由电工操作，非电工人员不得乱接。

（4）配电箱和开关箱的使用要求

1）在停、送电时，配电箱、开关箱之间应遵守合理的操作顺序：

送电操作顺序：总配电箱→分配电箱→开关箱。

断电操作顺序：开关箱→分配电箱→总配电箱。

正常情况下，停电时首先分断自动开关，然后分断隔离开关；送电时先合隔离开关，后合自动开关。

2）使用配电箱、开关箱时，操作者应接受岗前培训，熟悉所使用设备的电气性能和掌握有关开关的正确操作方法。

3）及时检查、维修，更换熔断器的熔丝，必须用原规格的熔丝，严禁用铜线、铁线代替。

4）配电箱的工作环境应经常保持设置时的要求，不得在其周围堆放任何杂物，保持必要的操作空间和通道。

5）维修电器停电作业时，要与电源负责人联系停电，要悬挂警示标志，卸下保险丝，锁上开关箱。

3. 手持电动工具使用安全

手持电动机具在使用中需要经常移动，其振动较大，比较容易发生触电事故。而这类设备往往是在工作人员紧握之下运行的，因此，手持电动机具比固定设备具有更大的危险性。

（1）手持电动机具的分类

手持电动机具按触电保护分为Ⅰ类工具、Ⅱ类工具和Ⅲ类工具。

1）Ⅰ类工具（即普通型电动机具）

其额定电压超过50V。工具在防止触电的保护方面不仅依靠其本身的绝缘，而且必须将不带电的金属外壳与电源线路中的保护零线做可靠连接，这样才能保证工具基本绝缘损坏时不成为导电体。这类工具外壳一般都是全金属。

2）Ⅱ类工具（即绝缘结构皆为双重绝缘结构的电动机具）

其额定电压超过50V。工具在防止触电的保护方面不仅依靠基本绝缘，而且还提供双重绝缘或加强绝缘的附加安全预防措施。这类工具外壳有金属和非金属两种，但手持部分是非金属，非金属处有"回"符号标志。

3）Ⅲ类工具（即特低电压的电动机具）

其额定电压不超过50V。工具在防止触电的保护方面依靠由安全特低电压供电和在工具内部不含产生比安全特低电压高的电压。这类工具外壳均为全塑料。

Ⅱ、Ⅲ类工具都能保证使用时电气安全的可靠性，不必接地或接零。

（2）手持电动机具的安全使用要求

1）一般场所应选用Ⅰ类手持式电动工具，并应装设额定漏电动作电流不大于15mA、额定漏电动作时间小于0.1s的漏电保护器。

2）在露天、潮湿场所或金属构架上操作时，必须选用Ⅱ类手持式电动工具，并装设漏电保护器，严禁使用Ⅰ类手持式电动工具。

3）负荷线必须采用耐用的橡皮护套铜芯软电缆。

单相用三芯（其中一芯为保护零线）电缆；三相用四芯（其中一芯为保护零线）电缆；电缆不得有破损或老化现象，中间不得有接头。

4）手持电动工具应配备装有专用的电源开关和漏电保护器的开关箱，严禁一台开关接两台以上设备，其电源开关应采用双刀控制。

5）手持电动工具开关箱内应采用插座连接，其插头、插座应无损坏、无裂纹，且绝缘良好。

6）使用手持电动工具前，必须检查外壳、手柄是否安装正确（防止相线与零线错接）。

7）非专职人员不得擅自拆卸和修理工具。

8）作业人员使用手持电动工具时，应穿绝缘鞋，不得利用电缆提拉。

9）长期搁置不用或受潮的工具在使用前应由电工测量绝缘阻值是否符合要求。

4. 施工现场临时用电安全检查主要内容

（1）检查标准规范依据

《建筑施工安全检查标准》JGJ 59、《施工现场临时用电安全技术规范》JGJ 46。

（2）检查的主要项目

施工用电检查评分表是对施工现场临时用电情况的评价。检查的项目应包括：外电防护、接地与接零保护系统、配电箱、开关箱、现场照明、配电线路、电器装置、变配电装置和用电档案。

5. 施工现场临时用电安全检查方法

主要采用现场检查和用检查评分表打分的办法。

（1）施工用电检查评分表

按《建筑施工安全检查标准》JGJ 59 进行检查打分。

（2）日常检查管理用表

临时用电工程检查验收记录见表 1-17。

临时用电工程检查验收记录　　　　　　　　　　　　　表 1-17

工程名称				供电方式	
计算用电电流（A）		计算用电负荷（kV·A）		选择变压器容量（kV·A）	
选择电源电缆或导线截面积（mm²）		供电局变压器容量（kV·A）		保护方式	
序号	验收项目	验收内容			验收结果
1	施工方案	用电设备在 5 台及以上或设备总容量 50kW 及以上者应编制临时用电施工组织设计，施工单位技术负责人批准、总监理工程师审批			
		用电设备在 5 台以下或设备总容量 50kW 以下者应制定安全用电和电气防火措施，施工单位技术负责人批准、总监理工程师审批			
		应有用电工程总平面图、配电装置布置图、配电系统接线图（总配电箱、分配电箱、开关箱）、接地装置设计图			
2	安全技术交底	有安全技术交底			
3	外电防护	外电架空路线下方应无生活设施、作业棚、堆教材料、施工作业区			
		与外电架空线之间的最小安全操作距离符合规范要求			
		达不到最小安全距离要求时，应设置竖固、稳定的绝缘隔离防护设施，并悬挂醒目的警告标志			

序号	验收项目	验收内容	验收结果
4	配电路线	架空线、电杆、横担应符合规定要求，架空线应架设在专用电杆上，不得架设在树木、脚手架及其他设备施上。架空线在一个档距内，每层导线的接头数不得超过该层导线条数的50%，且一条导线应只有一个接头	
		架空线路布设符合规范要求，架空线路的档距≤35m，架空线路的线间距≥0.3m	
		架空线与邻近线路或固定物的距离符合规范要求	
		电杆埋地、接线符合规范要求	
		电缆中应包含全部工作芯线和用做保护零线或保护线的芯线。需要三相圆线制配电的电缆线路必须采用五芯电缆	
		五芯电缆应包含淡蓝、绿/黄二种颜色绝缘芯线，浅蓝色芯线必须用做工作零线（N线）；绿/黄双色芯线必须用做保护零线（PE线），严禁混用	
		架空电缆敷设应符合规范要求	
		埋地电缆敷设方式、深度应符合规范要求，埋地电缆路径应设方位标志	
		埋地电缆在穿越建筑物、构筑物、道路、易受损械损伤、介质腐蚀场所及引出地面2m至地下0.2m处，应采用可靠的安全防护措施	
		在施工程内的电缆线路严禁穿越脚手架引入，垂直敷设固定点每楼层不得少于一处	
		装饰装修工程或其他特殊阶段，应补充编制单项施工用电方案。电源线可沿墙角、地面敷设，但应采取防机械损伤和电火措施	
		室内配线必须是绝缘导线或电缆，过墙处应穿管保护	
5	接地与接零保护系统	应采用TN-S接零保护系统供电，电气设备的金属外壳必须与PE线连接	
		当施工现场与外电线路共用同一供电系统时，电气设备的接地，接零保护应与原系统保持一致	
		PE线采用绝缘导线，PE线上严禁装设开关或熔断器，严禁通过工作电流，且严禁断线	
		TN系统中，PE线除必须在配电室或总配电箱处做重复接地外，还必须在配电系统的中间处和末端处做重复接地。接地装置符合规范要求，每一处重复接地装置的接地电阻值不应大于10Ω	
		工作接地电阻值符合规范要求	
		不得采用铝导体做接地体或地下接地线。垂直接地体不得采用螺纹钢。接地可利用自然接地体，但应保证其电气连接和热稳定	
		需设防雷接地装置的，其冲击接地电阻值不得大于30Ω	
		做防雷接地机械上的电气设备。所连接的PE线必须同时做重复接地，同一台机械电气设备的重复接地和机械的防雷接地可共用同一接地体，但接地电阻应符合重复接地电阻值的要求	

续表

序号	验收项目	验收内容	验收结果
6	配电箱	符合三级配电两级保护要求，箱体符合规范要求，有门、有锁、有防雨、有防尘措施	
		每台用电设备必须有各自专用的开关箱，动力开关箱与照明开关箱必须分段	
		配电箱设置位置应符合有关要求，有足够二人同时工作的空间或通道	
		配电柜（总配电箱）、分配电箱、开关箱内的电器配置与接线应符合有关要求，连接牢固，完好可靠	
		配电箱的电器安装板上必须分设 N 线端子板和 PE 线端子板。N 线端子板必须与金属电器安装板绝缘；PE 线端子板必须与金属电器安装板做电气连接	
		隔离开关应设置于电源进线端，应采用分断时具有可见分断点，并能同时断开电源所有极的限离电器	
		配电箱、开关箱的电源进线端严禁采用插头或插座做活动连接；开关箱出线端如连接需接 PE 线的用电设备，不得采用插头或插座做活动连接	
		漏电保护装置应灵敏、有效，参数应匹配	
		开关箱中漏电保护器的额定漏电动作电流不应大于 30mA，额定漏电动作时间不应大于 0.1s	
		总配电箱中漏电保护器的额定漏电动作电流应大于 30mA，额定漏电动作时间应大于 0.1s，但其额定漏电动作电流与额定漏电动作时间的乘积不应大于 30mA·s	
7	现场照明	照明回路有单独开关箱，应装设隔离开关、短路与过载保护电器和漏电保护器	
		灯具金属外壳应做接零保护。室外灯具安装高度不低于 3m，室内安装高度不低于 2.5m	
		照明器具选择符合规范要求，照明器具，器材应无绝缘老化或玻璃	
		按规定使用安全电压，隧道、人防工程、高温、有导电灰尘、比较潮湿或灯具离地面高度低于 2.5m 等场所的照明，电源电压不应大于 36V	
		照明变压器必须使用双绕组型安全隔离变压器，严禁使用自耦变压器	
		照明装置符合规范要求	
		对夜间影响飞机或车辆通行的在建工程及机械设备，必须设置醒目的红色信号灯，其电源应设在施工现场总电源开关的前侧，并应设置外电线路停止供电时的应急自备电源	
8	变配电装置	配电室布置应符合有关要求，自然通风，应有防止雨雪侵入和动物进入的措施	
		发电机组电源必须与外电线路电源连锁，严禁并列运行	
		发电机组并列运行时，必须装设同期装置，并在机组同步运行后再向负载供电	

项目经理部验收结论： 项目负责人： 项目技术负责人： 专职安全员： 电工： 其他人员： 　　　　　年　月　日（章）	施工单位验收意见： 验收负责人：　　　　　年　月　日（章）
	监理单位意见： 总监理工程师：　　　　　年　月　日（章）

1.3.9 消防设施的安全检查和评价

建筑消防设施主要分为两大类，一类为灭火系统，另一类为安全疏散系统。应使建筑消防设施始终处于完好有效的状态，保证建筑物的消防安全。

我国建筑消防设施立法起步较晚，但发展很快，在 1987 年开始实施的《建筑设计防火规范》等一系列消防技术法规中，规定了在一些高层建筑、地下建筑和大体量的建筑中，强制设置自动消防设施和消防控制室。

1. 施工现场消火栓给水系统

在高层建筑的施工现场，必须配置现场消火栓给水系统保证施工现场的消防安全，最主要的是保证水泵有效运行，在高层发生火灾险情时，能及时保证高压用水。

（1）消防水池：有效容量偏小、合用水池无消防专用的技术措施、较大容量水池无分隔措施。

（2）消防水泵：流量偏小或扬程偏大，一组消防水泵只有一根吸水管或只有一根出水管，出水管上无压力表、无试验放水阀、无泄压阀，引水装置设置不正确，吸水管的管径偏小，普通水泵与消防水泵"偷梁换柱"。

（3）增压设施：增压泵的流量偏大。

（4）水泵接合器：与室外消火栓或消防水池的取水口距离大于 40m，数量偏少，未分区设置。

（5）减压装置：消火栓口动压大于 0.5MPa 的未设减压装置，减压孔板孔径偏小。

（6）消防水箱：屋顶合用水箱无直通消防管网水管，无消防水专用措施，出水管上未设单向阀。

（7）消火栓：阀门关闭不严，有渗水现象；冬期地上室外消火栓冻裂；室外地上消火栓开启时剧烈振动；室内消火栓口处的静水压力超过 80m 水柱，没有采用分区给水系统；室内消火栓口方向与墙平行，目前新上市的消火栓口可旋转的消防栓质量有一部分不过关，用过一段时间消火栓口生锈，影响使用；屋顶未设检查用的试验消火栓。

（8）消火栓按钮：临时高压给水系统部分消火栓箱内未设置直接启泵按钮，功能不齐（常见错误类型：消火栓按钮不能直接启泵，只能通过联动控制器启动消防水泵；消火栓按钮启动后无确认信号；消火栓按钮不能报警，显示所在部位；消火栓按钮通过 220V 强电启泵）。

（9）消火栓管道：直径小；采用镀锌管，有的安装单位违章进行焊接（致使防腐层破坏，管道易锈蚀烂穿，造成漏水）。

（10）常见问题

1）高层建筑下层水压超过 0.4MPa，无减压装置；这样给使用带来很大问题，压力过大无法操作使用，还容易造成事故。

2）消火栓箱内的水枪、水带、接口、消防卷盘（水喉）等器材缺少、不全，水泵启动按钮失效。

3）供水压力不足，不能满足水枪充实水柱的要求，影响火灾火场施救。

4）消火栓箱内器材锈蚀、水带发霉、阀门锈蚀无法开启。

5）水泵接合器故障、失效。

2. 手提灭火器和推车灭火器

手提式灭火器和推车式灭火器是扑救建筑初期火灾最有效的灭火器材，使用方便，容易掌握，是施工现场配置的最常见的消防器材。它的类型有很多种，分别适用于不同类型的火灾。保证灭火器的有效好用是扑救初期火灾的必备条件。

检查各种灭火器，是对施工现场消防检查的一项重要内容。应当熟练地掌握检查的内容和重点，以及不同场所灭火器的配置计算。

（1）常见问题

1）数量不足；灭火器选型与场所环境火灾类型不符。

2）灭火器超期；无压力表，或压力不足。

3）夏季酷热时节灭火器在阳光下直接暴晒（可能引起爆炸），冬天严寒时期灭火器在室外存放（导致失效）。

4）灭火器放置在灭火器箱内上锁，不方便取用。

5）配置的灭火器是非正规厂家的假冒伪劣产品，或非法维修的灭火器。

（2）现场检查

1）根据危险等级检查灭火器数量是否充足，场所灭火器选型是否合适。

2）有无灭火器锈蚀、过期或压力不足现象。

3）是否取用方便。灭火器是否是国家认证合格产品，是否是认证厂家维修。

（3）检查检测

建筑消防设施的检查检测，要耐心细致，不可走马观花，要认真测试，详细记录在案。作为维护检测的依据。

建筑消防设施随着科技进步在不断地更新换代，新的设施与旧的设施能否很好地配套结合是不容忽视的问题，许多新设施安装后由于未能很好地解决与原设施的结合调试问题，结果使整个系统陷于瘫痪。在检查时遇到设备更新时，要注意这方面的问题。

有的建筑消防设施比较多，一次检查完有困难，可以将其余设施在下次检查。

养兵千日，用兵一时，建筑消防设施的维护检查，是长期不变的事情，要想保证消防设施的完好有效，保证建筑场所的消防安全，就必须耐心坚持，认真负责，一丝不苟。对于消防监督人员是这样，对于建筑中从事消防设施管理的人员也应是这样。

3. 施工现场消防设施检查的内容

（1）消防管理方面应检查的内容有：消防安全管理组织机构的建立，消防安全管理制度，防火技术方案，灭火及应急疏散预案和演练记录，消防设施平面图，消防重点部位明细，消防设备、设施和器材登记，动火作业审批。

（2）施工现场主要消防器材有：灭火器、消防锹、消防钩、消防钳，消防用钢管、配件，消防管道等。

（3）施工现场应编制消防重点部位明细，做到分区分责任落实到位。

（4）消火栓系统的检查

1）现场用消火栓水枪射水（直接插入排水管道）检查消防水压。

2）按下消火栓箱内的启动按钮启动消防水泵。

3）检查消火栓箱内的枪、带、接口、压条、阀门、卷盘是否齐全好用。

4）检查室内消火栓系统内的单向阀、减压阀等有无阀门锈蚀现象；水带有无破损、发霉的情况。

5）消火栓的使用方法是否正确。打开消火栓门，按下内部火警按钮（按钮用做报警和启动消防泵），一人接好枪头和水带奔向起火点，另一人接好水带和阀门口，逆时针打开阀门水喷出即可（电起火要确定切断电源）。

（5）手提灭火器和推车灭火器的检查

1）根据危险等级检查灭火器数量是否充足，场所灭火器选型是否合适。

2）有无灭火器锈蚀、过期或压力不足现象。

3）是否取用方便。灭火器是否是国家认证合格产品，是否是认证厂家维修。

4. 消防保卫安全资料检查内容

（1）消防安全管理主要包括下列内容：

1）项目部应建立消防安全管理组织机构。

2）项目部应制定消防安全管理制度。

3）项目部应编制施工现场防火技术专项方案。

4）项目部应编制施工现场灭火及应急疏散预案，定期组织演练，并有文字和图片记录。

5）项目部应绘制消防设施平面图，应明确现场各类消防设施、器材的布置位置和数量。

6）项目部应对施工现场消防重点部位进行登记，填写"消防重点部位明细表"。

7）项目部应将各类消防设备、设施和器材进行登记，填写"消防设备、设施、器材登记表"。

8）施工现场动火作业前，应由动火作业人提出动火作业申请，填写动火作业审批手续。

（2）保卫管理主要包括下列内容：

1）项目部应制定安全保卫制度。

2）项目部值班保卫人员应每天记录当班期间工作的主要事项，做好保卫人员值班、巡查等工作记录。

3）项目部应建立门卫制度，设置门卫室，门卫每天对外来人员、车辆进行登记，做好有关记录。

消防重点部位明细记录和消防设备、设施、器材登记记录等，见表1-18、表1-19。

消防重点部位明细记录　　　　　　　　　　　　　　　　　　表 1-18

工程名称				
序号	消防重点部位名称	消防器材配备情况	防火责任人	检查时间和结果

项目负责人：　　　　　　　　　　　　　　　　　　　　消防安全管理人员：

消防设备、设施、器材登记记录　　　　　　　　　　　　　　表 1-19

工程名称			地址		
工程高度		层数		水泵台数	
扬程		水压情况		设水箱否	
水箱容量		泵房是否设专用线路			
消防竖管口径		水口如何配备			
器材箱的配备		水龙带数		现场消火栓数	
灭火器材数量		维修时间		是否有效	
制定的措施及泵房配电线路图					
				年　月　日	

项目负责人：　　　　　　　　　　　　　　　　消防安全管理人员：

1.3.10　施工现场临边、洞口的安全

对施工现场临边、洞口的防护一般就是指对施工现场"四口"和"五临边"的防护。

"四口"指在建工程的通道口、预留洞口、楼梯口和电梯井口。"五临边"防护是指在建工程的楼面临边、屋面临边、阳台临边、升降口临边、基坑临边。而《建筑施工安全检查标准》JGJ 59 是对高处作业的检查项目的检查评定。主要内容是对安全帽、安全网、安全带、临边防护、洞口防护、通道口防护、攀登作业、悬空作业、移动式操作平台、物料平台、悬挑式钢平台等项目的检查评定。

在建工程应做到全封闭：在安全检查标准中，用密目网式安全网全封闭，这是一项技术进步。一般在多层建筑施工用里脚手架时，应在外围搭设距墙面 10cm 的防护架，用密目式安全网封闭。高层建筑无落地架时，除施工区段脚手架外转用密目式安全网封闭外，下部各层的临边及窗口、洞口等也应用密目式安全网或其他防护措施全封闭。

现场封闭与脚手架检查表中的外转防护：一个是指用里脚手架施工时的外转封闭，另一个是指外脚手架作业时的外转防护。两者是对不同作业环境提出的全封闭要求。电梯井应每间隔不大于 10m 设置一道平网防护层，以兜住掉下去的人。用脚手板或钢筋网会给人造成二次伤害。

防护设施的定型化、工具化：所谓防护设施的定型化、工具化是指临边和洞口处的防护栏杆和防护门应改变过去随意性和临时观念，制作成定型的、工具式的，以便重复使用。这既可保证安全可靠，又做到方便经济。

"三宝"与"四口"施工现场安全检查：在施工现场进行日常安全检查时，"三宝"与"四口"两者之间没有有机的联系，但因这两部分防护做得不好，在施工现场引起的伤亡事故是相互交叉的，既有高处坠落事故又有物体打击事故。因此，在《建筑施工安全检查标准》JGJ 59 中将这两部分内容放在一张检查表内，但不设保证项目。我们利用《建筑施工安全检查标准》JGJ 59 标准中的《高处作业检查评分表》进行日常检查评价。

1.3.11　危险性较大的分部分项工程的安全管理

为了进一步规范和加强对危险性较大的分部分项工程的安全管理，2009 年 5 月，住房和城乡建设部发布了《危险性较大的分部分项工程安全管理办法》。

1. 相关概念

危险性较大的分部分项工程是指建筑工程在施工过程中存在的、可能导致作业人员群死群伤或造成重大不良社会影响的分部分项工程。

危险性较大的分部分项工程安全专项施工方案（以下简称"专项方案"），是指施工单位在编制施工组织（总）设计的基础上，针对危险性较大的分部分项工程单独编制的安全技术措施文件。

所以对施工现场分部分项工程施工安全技术措施的落实最重要的就是做好危险性较大的分部分项工程专项方案的控制和管理。

2. 管理制度的建立

（1）建设单位在申请领取施工许可证或办理安全监督手续时，应当提供危险性较大的分部分项工程清单和安全管理措施。

（2）施工单位、监理单位应当建立危险性较大的分部分项工程安全管理制度。

（3）各地住房和城乡建设主管部门应当根据本地区实际情况，制定专家资格审查办法和管理制度，并建立专家诚信档案，及时更新专家库。

（4）建设单位未按规定提供危险性较大的分部分项工程清单和安全管理措施，未责令施工单位停工整改的，未向住房和城乡建设主管部门报告的；施工单位未按规定编制、实施专项方案的；监理单位未按规定审核专项方案或未对危险性较大的分部分项工程实施监理的，住房和城乡建设主管部门应当依据有关法律法规予以处罚。

3. 安全专项施工方案的管理

（1）施工单位应当在危险性较大的分部分项工程施工前编制专项方案；对于超过一定规模的危险性较大的分部分项工程，施工单位应当组织专家对专项方案进行论证。

（2）专项方案应当由施工单位技术部门组织本单位施工技术、安全、质量等部门的专业技术人员进行审核。经审核合格的，由施工单位技术负责人签字。实行施工总承包的，专项方案应当由总承包单位技术负责人及相关专业承包单位技术负责人签字。不需专家论证的专项方案，经施工单位审核合格后报监理单位，由项目总监理工程师审核签字。

（3）超过一定规模的危险性较大的分部分项工程专项方案应当由施工单位组织召开专家论证会。实行施工总承包的，由施工总承包单位组织召开专家论证会。

（4）施工单位应当严格按照专项方案组织施工，不得擅自修改、调整专项方案。

（5）专项方案实施前，编制人员或项目技术负责人应当向现场管理人员和作业人员进行安全技术交底。

4. 安全专项施工方案的管理内容

（1）管理要求

根据《建设工程安全生产管理条例》、《建筑施工安全检查标准》JGJ 59 和《危险性较大的分部分项工程安全管理办法》的规定，对专业性强、危险性大的施工项目，如基坑支护与降水工程、土方开挖工程、模板工程、起重吊装工程、脚手架工程、拆除与爆破工程，以及国务院建设行政主管部门或其他有关部门规定的其他危险性较大的工程，如垂直运输设备的拆装等，应单独编制专项安全技术方案。其中超出一定范围的危险性较大的分部分项工程，比如深基坑高大模板工程等的专项施工方案，企业应组织专家进行论证。

企业对专项安全技术方案的编制内容、审批程序、权限等应有具体规定。

专项安全技术方案的编制必须结合工程实际，针对不同的工程特点，从施工技术上采取措施保证安全；针对不同的施工方法、施工环境，从防护技术上采取措施保证安全；针对所使用的各种机械设备，从安全保险的有效设置方面采取措施保证安全。

（2）安全专项施工方案编制应当包括以下内容：

1）工程概况：危险性较大的分部分项工程概况、施工平面布置、施工要求和技术保证条件。

2）编制依据：相关法律、法规、规范性文件、标准、规范及图纸（国标图集）、施工组织设计等。

3）施工计划：包括施工进度计划、材料与设备计划。

4）施工工艺技术：技术参数、工艺流程、施工方法、检查验收等。

5）施工安全保证措施：组织保障、技术措施、应急预案、监测监控等。

6）劳动力计划：专职安全生产管理人员、特种作业人员等。

7）计算书及相关图纸。

5. 检查落实的措施

（1）各单位是否建立分部分项工程管理制度。

（2）安全专项施工方案编审程序是否符合要求。

（3）需要进行专家论证分部分项工程的专项方案专家论证程序是否规范，所选专家是否在本省专家库范围内，专家认证的主要内容是否准确。

专家论证的主要内容：专项方案内容是否完整、可行；专项方案计算书和验算依据是否符合有关标准规范；安全施工的基本条件是否满足现场实际情况。专项方案经论证后，专家组应当提交论证报告，对论证的内容提出明确的意见，并在论证报告上签字。该报告作为专项方案修改完善的指导意见。

（4）施工单位是否指定专人对专项方案实施情况进行现场监督和按规定进行监测。发现不按照专项方案施工的，是否按要求对其立即整改；发现有危及人身安全紧急情况的，是否立即组织作业人员撤离危险区域。

（5）施工单位技术负责人是否定期巡查专项方案实施情况。

（6）对于按规定需要验收的危险性较大的分部分项工程，施工单位和监理单位是否组织有关人员进行验收。

（7）监理单位是否将危险性较大的分部分项工程列入监理规划和监理实施细则，是否针对工程特点、周边环境和施工工艺等，制定安全监理工作流程、方法和措施。

（8）监理单位是否对专项方案实施情况进行现场监理；对不按专项方案实施的，是否责令整改。

（9）专项方案实施前，编制人员或项目技术负责人是否向现场管理人员和作业人员进行了安全技术交底。

（10）专项方案实施过程中的危险性较大的作业行为必须列入危险作业管理范围，作业前，必须办理作业申请，明确安全监控人，实施监控，并有监控记录。安全监控人必须经过岗位安全培训。建筑施工企业负责人及项目负责人也要履行施工现场带班的有关监督检查职责。

6. 有关表格

有关表格见表 1-20～表 1-22。

危险性较大的分部分项工程清单（专项施工方案）报审　　　　　表 1-20

工程名称：
致＿＿＿＿＿＿＿＿＿＿＿（监理单位）： 　我单位已经对该工程中危险性较大的分部分项工程清单和超过一定规模的危险性较大的分部分项工程清单进行确认，请予以审查。 　我单位已经编写了＿＿＿＿＿＿＿＿＿＿＿（分部分项工程）的专项施工方案，并经我单位（具有法人资格单位）的技术负责人批准，请予以审查。 附：1. 危险性较大的分部分项工程清单 　　2. 超过一定规模的危险性较大的分部分项工程清单 附：专项施工方案 　　　　　　　　　　　　　　　　　　　　　　施工单位项目经理部（章） 　　　　　　　　　　　　　　　　　　　　　　项目负责人：＿＿＿＿＿＿＿＿ 　　　　　　　　　　　　　　　　　　　　　　日　　　期：＿＿＿＿＿＿＿＿
审查意见： 　　　　　　　　　　　　　　　　　　　　　　监理工程师：＿＿＿＿＿＿＿＿ 　　　　　　　　　　　　　　　　　　　　　　日　　　期：＿＿＿＿＿＿＿＿
审核意见： 　　　　　　　　　　　　　　　　　　　　　　监理单位项目监理部（章） 　　　　　　　　　　　　　　　　　　　　　　总监理工程师：＿＿＿＿＿＿＿＿ 　　　　　　　　　　　　　　　　　　　　　　日　　　期：＿＿＿＿＿＿＿＿

危险性较大的分部分项工程验收　　　　　表 1-21

工程名称：
致＿＿＿＿＿＿＿＿＿＿＿（监理单位）： 　我单位已对＿＿＿＿＿＿＿＿＿＿＿（分部分项工程）进行了自检，并自检验收合格，现上报请予以验收。 附：1. ＿＿＿＿＿＿＿（分部分项工程）自检验收表 　　2. 主要材料产品合格证或检验检测证 　　3. 特种作业人员操作资格证 　　　　　　　　　　　　　　　　　　　　　　施工单位项目经理部（章） 　　　　　　　　　　　　　　　　　　　　　　项目负责人：＿＿＿＿＿＿＿＿ 　　　　　　　　　　　　　　　　　　　　　　日　　　期：＿＿＿＿＿＿＿＿
验收意见： 　　　　　　　　　　　　　　　　　　　　　　监理工程师：＿＿＿＿＿＿＿＿ 　　　　　　　　　　　　　　　　　　　　　　日　　　期：＿＿＿＿＿＿＿＿
验收意见： 　　　　　　　　　　　　　　　　　　　　　　监理单位项目监理部（章） 　　　　　　　　　　　　　　　　　　　　　　总监理工程师：＿＿＿＿＿＿＿＿ 　　　　　　　　　　　　　　　　　　　　　　日　　　期：＿＿＿＿＿＿＿＿

危险性较大的分部分项工程建立巡视检查记录　　　　　　表 1-22

工程名称： 危险性较大的分部分项工程： 检查部位及实施情况：   存在问题：   处理意见：   　　　　　　　　　　　　　　　　　　　　　监理单位项目监理部（章） 　　　　　　　　　　　　　　　　　　　　　监 理 工 程 师：＿＿＿＿＿＿ 　　　　　　　　　　　　　　　　　　　　　总监理工程师：＿＿＿＿＿＿ 　　　　　　　　　　　　　　　　　　　　　日　　　　　期：＿＿＿＿＿＿

1.3.12　劳动防护用品的安全管理

劳动防护用品又称个人防护用品、劳动保护用品，是指由生产经营单位为从业人员配备的，使其在生产过程中免遭或者减轻事故伤害和职业危害的个人防护装备。国际上称为PPE（Personal Protective Equipment），即个人防护器具。劳动防护用品分为一般劳动防护用品和特种劳动防护用品。特种劳动防护用品，必须取得特种劳动防护用品安全标志。

使用劳动保护用品，通过采取阻隔、封闭、吸收、分散、悬浮等措施，能起到保护机体的局部或全部免受外来侵害的作用，在一定条件下，使用个人防护用品是主要的防护措施。

防护用品应严格保证质量，安全可靠，而且穿戴要舒适方便，经济耐用。

1. 劳动防护用品的配备、使用与管理规定

（1）劳动防护用品分类

1）按照防护用途分类

① 以防止伤亡事故为目的的安全防护用品。主要包括：防坠落用品，如安全带、安全网等；防冲击用品，如安全帽、防冲击护目镜等；防触电用品，如绝缘服、绝缘鞋、等电位工作服等；防机械外伤用品，如防刺、割、绞碾、磨损用的防护服、鞋、手套等；防酸碱用品，如耐酸碱手套、防护服和靴等；防油用品，如耐油防护服、鞋和靴等；防水用品，如胶制工作服、雨衣、雨鞋和雨靴、防水保险手套等；防寒用品，如防寒服、鞋、帽、手套等。

② 以预防职业病为目的的劳动卫生护品。主要包括：防尘用品，如防尘口罩、防尘服等；防毒用品，如防毒面具、防毒服等；防放射性用品，如防放射性服、铅玻璃眼镜等；防热辐射用品，如隔热防火服、防辐射隔热面罩、电焊手套、有机防护眼镜等；防噪声用品，如耳塞、耳罩、耳帽等。

2）按照防护部位分类

① 头部防护类：包括各种材料制作的安全帽、工作帽、防寒帽等。

② 眼、面部防护类：包括电焊面罩，各种防冲击型、防腐蚀型、防辐射型、防强光型护目镜和防护面罩。

③ 听觉器官防护类：包括各种材料制作的防噪声护具，主要有耳塞、耳罩和防噪声帽等。

④ 呼吸器官防护类：包括过滤式防毒面具、各种防尘口罩（不包括纱布口罩）、过滤式防微粒口罩、长管面具、氧（空）气呼吸器等。

⑤ 手部防护类：绝缘、耐油、耐酸碱手套，防寒、防振、防静电、防昆虫、防放射、防微生物、防化学品手套，搬运手套、焊接手套等。

⑥ 足部防护类：包括矿工靴、防水胶靴，绝缘、耐油、耐酸鞋，防寒、防振、防滑、防砸、防刺穿、防静电、防化学品鞋，隔热阻燃鞋和焊接防护鞋。

⑦ 躯体防护类：包括棉布工作服、一般防护服、水上作业服、救生衣、潜水服、带电作业屏蔽服，隔热、绝缘、防寒、防水、防尘、防油、防酸碱、防静电、防电弧、防放射性服，化学品、阻燃、焊接等防护服。

⑧ 防坠落类：包括安全带（含速差式自控器与缓冲器）、安全网、安全绳。

⑨ 皮肤防护：各种劳动防护专用护肤用品

（2）建筑施工企业劳动防护用品的配备、使用与管理基本要求

1）劳动防护用品的配备，应该按照"谁用工、谁负责"的原则，由使用劳动防护用品的单位（以下简称使用单位）按照《个体防护装备选用规范》GB/T 11651 和《建筑施工作业劳动防护用品配备及使用标准》JGJ 184 以及有关规定，为作业人员按作业工种免费配备劳动防护用品。使用单位应当安排用于配备劳动防护用品的专项经费。

使用单位不得以货币或其他物品替代应当按规定配备的劳动防护用品。

2）使用单位应建立健全劳动防护用品的购买、验收、保管、发放、使用、更换、报废等管理制度，并应按照劳动防护用品的使用要求，在使用前对其防护功能进行必要的检查。

3）使用单位应选定劳动防护用品的合格供货方，为作业人员定配备的劳动防护用品必须符合国家标准或者行业标准，应具备生产许可证、产品合格证等相关资料。经本单位安全生产管理部门审查合格后方可使用。

国家对特种劳动防护用品实施安全生产许可证制度。使用单位采购、配备和使用的特种劳动防护用品必须具有安全生产许可证、产品合格证和安全鉴定证。

使用单位不得采购和使用无厂家名称、无产品合格证、无安全标志的劳动防护用品。

4）劳动防护用品的使用年限应按《个体防护装备选用规范》GB/T 11651 执行。劳动防护用品达到使用年限或报废标准的应由企业统一回收报废。劳动防护用品有定期检测要求的应按照其产品的检测周期进行检测。

5）使用单位应督促、教育本单位劳动者按照安全生产规章制度和劳动防护用品使用规则及防护要求，正确佩戴和使用劳动防护用品。未按规定佩戴和使用劳动防护用品的，不得上岗作业。

6）建筑施工企业应对危险性较大的施工作业场所及具有尘毒危害的作业环境设置安全警示标识及安全防护用品标识牌。

7）使用单位没有按国家规定为劳动者提供必要的劳动防护用品的，按劳动部《违反〈中华人民共和国劳动法〉行政处罚办法》（劳部发［1994］532 号）有关条款处罚；构成犯罪的，由司法部门依法追究有关人员的刑事责任。

（3）劳动防护用品选用规定

劳动防护用品的选用见表1-23。

劳动防护用品选用一览表

表1-23

作业类别		可以使用的防护用品	建议使用的防护用品
编号	类别名称		
A01	存在物体坠落、撞击的作业	B02 安全帽　　　　B39 防砸鞋（靴） B41 防刺穿鞋　　　B68 安全网	B40 防滑鞋
A02	有碎屑飞溅的作业	B02 安全帽　　　　B10 防冲击护目镜 B46 一般防护服	B30 防机械伤害手套
A03	操作转动机械作业	B01 工作帽　　　　B10 防冲击护目镜 B71 其他零星防护用品	
A04	接触锋利器具作业	B30 防机械伤害手套 B46 一般防护服	B02 安全帽　　B39 防砸鞋（靴） B41 防刺穿鞋
A05	地面存在尖利器物的作业	B41 防刺穿鞋	B02 安全帽
A06	手持振动机械作业	B18 耳塞　　B19 耳罩　　B29 防振手套	B38 防振鞋
A07	人承受全身振动的作业	B38 防振鞋	
A08	铲、装、吊、推机械操作作业	B02 安全帽 B46 一般防护服	B05 防尘口罩（防颗粒物呼吸器） B10 防冲击护目镜
A09	低压带电作业（1kV以下）	B31 绝缘手套　　　B42 绝缘鞋 B64 绝缘服	B02 安全帽（带电绝缘性能） B10 防冲击护目镜
A10	高压带电作业 在1～10kV带电设备上进行作业时	B02 安全帽（带电绝缘性能） B31 绝缘手套　　　B42 绝缘鞋 B64 绝缘服	B10 防冲击护目镜 B63 带电作业屏蔽服 B65 防电弧服
	在10～500kV带电设备上进行作业时	B63 带电作业屏蔽服	B13 防强光、紫外线、红外线护目镜或面罩
A11	高温作业	B02 安全帽　　　B56 白帆布类隔热服 B13 防强光、紫外线、红外线护目镜或面罩 B34 隔热阻燃鞋　　　B58 热防护服	B57 镀反射膜类隔热服 B71 其他零星防护用品
A12	易燃易爆场所作业	B23 防静电手套　　　B35 防静电鞋 B52 化学品防护服　　B53 阻燃防护服 B54 防静电服　　　　B66 棉布工作服	B05 防尘口罩（防颗粒物呼吸器） B06 防毒面具 B47 防尘服
A13	可燃性粉尘场所作业	B05 防尘口罩（防颗粒物呼吸器） B23 防静电手套　　　B35 防静电鞋 B54 防静电服　　　　B66 棉布工作服	B47 防尘服 B53 阻燃防护服

作业类别		可以使用的防护用品	建议使用的防护用品
编号	类别名称		
A14	高处作业	B02 安全帽　　B67 安全带　　B68 安全网	B40 防滑鞋
A15	井下作业	B02 安全帽	
A16	地下作业	B05 防尘口罩（防颗粒物呼吸器） B06 防毒面具　　　　B08 自救器 B18 耳塞　　　　　　B23 防静电手套 B29 防振手套　　　　B32 防水胶靴 B39 防砸鞋（靴）　　B40 防滑鞋 B44 矿工靴　　　　　B48 防水服 B53 阻燃防护服	B19 耳罩 B41 防刺穿鞋
A17	水上作业	B32 防水胶靴　　　　B49 水上作业服 B62 救生衣（圈）	B48 防水服
A18	潜水作业	B50 潜水服	
A19	吸入性气相毒物作业	B06 防毒面具　　　　B21 防化学品手套 B52 化学品防护服	B69 劳动护肤剂
A20	密闭场所作业	B06 防毒面具（供气或携气） B21 防化学品手套　　B52 化学品防护服	B07 空气呼吸器 B69 劳动护肤剂
A21	吸入性气溶胶毒物作业	B01 工作帽　　　　　B06 防毒面具 B21 防化学品手套　　B52 化学品防护服	B05 防尘口罩（防颗粒物呼吸器） B69 劳动护肤剂
A22	沾染性毒物作业	B01 工作帽　　　　　B06 防毒面具 B16 防腐蚀液护目镜 B21 防化学品手套　　B52 化学品防护服	B05 防尘口罩（防颗粒物呼吸器） B69 劳动护肤剂
A23	生物性毒物作业	B01 工作帽 B05 防尘口罩（防颗粒物呼吸器） B16 防腐蚀液护目镜 B22 防微生物手套　　B52 化学品防护服	B69 劳动护肤剂
A24	噪声作业	B18 耳塞	B19 耳罩
A25	强光作业	B13 防强光、紫外线、红外线护目镜或面罩 B15 焊接面罩　　　　B24 焊接手套 B45 焊接防护鞋　　　B55 焊接防护服 B56 白帆布类隔热服	
A26	激光作业	B14 防激光护目镜	B59 防放射性服
A27	荧光屏作业	B11 防微波护目镜	B59 防放射性服
A28	微波作业	B11 防微波护目镜　　B59 防放射性服	

作业类别		可以使用的防护用品	建议使用的防护用品
编号	类别名称		
A29	射线作业	B12 防放射性护目镜 B25 防放射性手套　B59 防放射性服	
A30	腐蚀性作业	B01 工作帽 B16 防腐蚀液护目镜　B26 耐酸碱手套 B43 耐酸碱鞋　　B60 防酸（碱）服	B36 防化学品鞋（靴）
A31	易污作业	B01 工作帽　　B06 防毒面具 B05 防尘口罩（防颗粒物呼吸器） B26 耐酸碱手套　B35 防静电鞋 B46 一般防护服　B52 化学品防护服	B27 耐油手套　B37 耐油鞋 B61 防油服　　B69 劳动护肤剂 B71 其他零星防护用品如披肩帽、鞋罩、围裙、套袖等
A32	恶味作业	B01 工作帽　　B06 防毒面具 B46 一般防护服	B07 空气呼吸器 B71 其他零星防护用品
A33	低温作业	B03 防寒帽　　B20 防寒手套 B33 防寒鞋　　B51 防寒服	B19 耳罩 B69 劳动护肤剂
A34	人工搬运作业	B02 安全帽　　B68 安全网 B30 防机械伤害手套	B40 防滑鞋
A35	野外作业	B03 防寒帽　　B17 太阳镜 B28 防昆虫手套　B32 防水胶靴 B33 防寒鞋　B48 防水服　B51 防寒服	B10 防冲击护目镜 B40 防滑鞋 B69 劳动护肤剂
A36	涉水作业	B09 防水护目镜　B32 防水胶靴 B48 防水服	
A37	车辆驾驶作业	B04 防冲击安全头盔 B46 一般防护服	B10 防冲击护目镜　B17 太阳镜 B13 防强光、紫外线、红外线护目镜或面罩 B30 防机械伤害手套
A38	一般性作业		B46 一般防护服 B70 普通防护装备
A39	其他作业		

2.“三宝”的安全使用要求

（1）安全帽安全使用要求

1）安全帽的防护原理

对人体头部受坠落物及其他特定因素引起的伤害起防护作用的帽子称为安全帽。安全帽由帽壳、帽衬、下颌带和附件组成。帽壳呈半球形，坚固、光滑并有一定弹性，打击物的冲击和穿刺动能主要由帽壳承受。帽壳和帽衬之间留有一定空间，可缓冲、分散瞬时冲击力，从而避免或减轻对头部的直接伤害。

2）安全帽的选择

使用者在选择安全帽时，应注意选择符合国家相关管理规定、标志齐全、经检验合格的安全帽，并应检查其近期检验报告，注意以下几点：

① 检查"三证"，即生产许可证、产品合格证、安全鉴定证。凡是在我国国内生产销售的PPE，按规定应具备以上证书。

② 检查标识，检查永久性标识和产品说明是否齐全、准确，以及"安全防护"的盾牌标识。

③ 检查产品做工，合格的产品做工较细，不会有毛边，质地均匀。

④ 目测佩戴高度、垂直距离、水平距离等指标，用手感觉一下重量。

3）使用与保管注意事项

安全帽的佩戴要符合标准，使用要符合规定。如果佩戴和使用不正确，就起不到充分的防护作用。一般应注意下列事项：

① 凡进入施工现场的所有人员，都必须佩戴安全帽。作业中不得将安全帽脱下，搁置一旁，或当坐垫使用。

② 佩戴安全帽前，应检查安全帽各配件有无损坏，装配是否牢固，外观是否完好，帽衬调节部分是否卡紧，绳带是否系紧等，确信各部件齐全完好后方可使用。

③ 按自己头围调整安全帽后箍调整带到适合的位置，将帽内弹性带系牢。缓冲衬垫的松紧由带子调节，垂直间距一般在25～50mm之间，至少不要小于32mm为好。这样才能保证当遭受到冲击时，帽体有足够的空间可供缓冲，平时也有利于头和帽体间的通风。

④ 佩戴时一定要将安全帽戴正、戴牢，不能晃动，下颌带必须扣在颌下，并系牢，松紧要适度。调节好后箍以防安全帽脱落。

⑤ 使用者不能随意调节帽衬的尺寸，不能随意在安全帽上拆卸或添加附件，不能私自在安全帽上打孔，不要随意碰撞安全帽，不要将安全帽当板凳坐，以免影响其原有的防护性能。

⑥ 经受过一次冲击或做过试验的安全帽应作废，不能再次使用。

⑦ 安全帽不能在有酸、碱或化学试剂污染的环境中存放，不能放置在高温、日晒或潮湿的场所中，以免其老化变质。

⑧ 要定期检查安全帽，检查有没有龟裂、下凹、裂痕和磨损等情况，如存在影响其性能的明显缺陷就及时报废。

⑨ 严格执行有关安全帽使用期限的规定，不得使用报废的安全帽。植物枝条编织的安全帽有效期为2年，塑料安全帽的有效期限为2年半，玻璃钢（包括维纶钢）和胶质安全帽的有效期限为3年半，超过有效期的安全帽应报废。

（2）安全带安全使用要求

1）安全带的分类与标记

安全带是防止高处作业人员发生坠落或发生坠落后将作业人员安全悬挂的个体防护装备。由带子、绳子和各种零部件组成。安全带按作业类别分为围杆作业安全带、区域限制安全带和坠落悬挂安全带三类。

安全带的标记由作业类别、产品性能两部分组成。

作业类别：以字母 W 代表围杆作业安全带，以字母 Q 代表区域限制安全带，以字母 Z 代表坠落悬挂安全带。

产品性能：以字母 Y 代表一般性能，以字母 J 代表抗静电性能，以字母 R 代表抗阻燃性能，以字母 F 代表抗腐蚀性能，以字母 T 代表适合特殊环境（各性能可组合）。

示例：围杆作业、一般安全带表示为"W-Y"；区域限制、抗静电、抗腐蚀安全带表示为"Q-JF"。

2）安全带的一般技术要求

安全带不应使用回料或再生料，使用皮革不应有接缝。安全带与身体接触的一面不应有突出物，结构应平滑。腋下、大腿内侧不应有绳、带以外的物品，不应有任何部件压迫喉部、外生殖器。坠落悬挂安全带的安全绳同主带的连接点应固定于佩戴者的后背、后腰或胸前，不应位于腋下、腰侧或腹部，并应带有一个足以装下连接器及安全绳的口袋。

主带应是整根，不能有接头。宽度不应小于 40mm。辅带宽度不应小于 20mm。主带扎紧扣应可靠，不能意外开启。

腰带应和护腰带同时使用。护腰带整体硬挺度不应小于腰带的硬挺度，宽度不应小于 80mm，长度不应小于 600mm，接触腰的一面应用柔软、吸汗、透气的材料。

安全绳（包括未展开的缓冲器）有效长度不应大于 2m，有两根安全绳（包括未展开的缓冲器）的安全带，其单根有效长度不应大于 1.2m。禁止将安全绳用作悬吊绳。悬吊绳与安全绳禁止共用连接器。

用于焊接、炉前、高粉尘浓度、强烈摩擦、割伤危害、静电危害、化学品伤害等场所的安全绳应加相应护套。使用的材料不应同绳的材料产生化学反应，应尽可能透明。

织带折头连接应使用线缝，不应使用铆钉、胶粘、热合等工艺。缝纫线应采用与织带无化学反应的材料，颜色与织带应有区别。织带折头缝纫前及绳头编花前应经燎烫处理，不应留有散丝。不得之后燎烫。

绳、织带和钢丝绳形成的环眼内应有塑料或金属支架。钢丝绳的端头在形成环眼前应使用铜焊或加金属帽（套）将散头收拢。

所有绳在构造上和使用过程中不应打结。每个可拍（飘）动的带头应有相应的带箍。

所有零部件应顺滑，无材料或制造缺陷，无尖角或锋利边缘。8 字环、品字环不应有尖角、倒角，几何面之间应采用 R4 以上圆角过渡。调节扣不应划伤带子，可以使用滚花的零部件。

金属零件应浸塑或电镀以防锈蚀。金属环类零件不应使用焊接件，不应留有开口。在爆炸危险场所使用的安全带，应对其金属件进行防爆处理。

连接器的活门应有保险功能，应在两个明确的动作下才能打开。

旧产品应按《安全带测试方法》GB/T 6096 规定的方法进行静态负荷测试，当主带或安全绳的破坏负荷低于 15kN 时，该批安全带应报废或更换相应部件。

3）安全带的标识

安全带的标识由永久标识和产品说明组成。永久性标志应缝制在主带上，内容包括：

产品名称、执行标准号、产品类别、制造厂名、生产日期（年、月）、伸展长度、产品的特殊技术性能（如果有）、可更换的零部件标识应符合相应标准的规定。

可以更换的系带应有下列永久标记：产品名称及型号、相应标准号、产品类别、制造厂名、生产日期（年、月）。

每条安全带应配有一份产品说明书，随安全带到达佩戴者手中。内容包括：安全带的适用和不适用对象，整体报废或更换零部件的条件或要求，清洁、维护、贮存的方法，穿戴方法，日常检查的方法和部位，首次破坏负荷测试时间及以后的检查频次、安全带同挂点装置的连接方法等。

4）安全带的选择

选购安全带时，应注意选择符合国家相关管理规定、标志齐全、经检验合格的产品。

① 根据使用场所条件确定型号。

② 检查"三证"，即生产许可证、产品合格证、安全鉴定证。凡是在我国国内生产销售的PPE，按规定应具备以上证书。

③ 检查特种劳动防护用品标志标识，检查安全标志证书和安全标志标识。

④ 检查产品的外观、做工，合格的产品做工较细，带子和绳子不应留有散丝。

⑤ 细节检查，检查金属配件上是否有制造厂的代号，安全带的带体上是否有永久性标识，合格证和检验证明，产品说明是否齐全、准确。合格证是否注明产品名称、生产年月、拉力试验、冲击试验、制造厂名、检验员姓名等情况。

5）安全带的使用和维护

① 为了防止作业者在某个高度和位置上可能出现的坠落，作业者在登高和高处作业时，必须按规定要求佩戴安全带。

② 在使用安全带前，应检查安全带的部件是否完整，有无损伤，绳带有无变质，卡环是否有裂纹，卡簧弹跳性是否良好。金属配件的各种环不得是焊接件，边缘光滑，产品上应有"安鉴证"。

③ 使用时要高挂低用。要拴挂在牢固的构件或物体上，防止摆动或碰撞，绳子不能打结，钩子要挂在连接环上。当发现有异常时要立即更换，换新绳时要加绳套。

④ 高处作业如安全带无固定挂处，应采用适当强度的钢丝绳或采取其他方法。禁止把安全带挂在移动或带尖锐棱角或不牢固的物件上。

⑤ 安全带、绳保护套要保持完好，不允许在地面上随意拖着绳走，以免损伤绳套，影响主绳。若发现保护套损坏或脱落，必须加上新套后再使用。

⑥ 安全带严禁擅自接长使用。使用3m及以上的长绳必须要加缓冲器，各部件不得任意拆除。

⑦ 安全带在使用后，要注意维护和保管。要经常检查安全带缝制部分和挂钩部分，必须详细检查捻线是否发生裂断和残损等。

⑧ 安全带不使用时要妥善保管，不可接触高温、明火、强酸、强碱或尖锐物体，不要存放在潮湿的仓库中保管。

⑨ 安全带在使用两年后应抽验一次，使用频繁的绳要经常进行外观检查，发现异常必须立即更换。定期或抽样试验用过的安全带，不准再继续使用。

（3）安全网安全使用要求

劳动防护用品除个人随身穿用的防护性用品外，还有少数公用性的防护性用品，如安全网、护罩、警告信号等属于半固定或半随动的防护用具。用来防止人、物坠落，或用来避免、减轻坠落及物击伤害的网具，称为安全网。

安全网按功能分为安全平网、安全立网及密目式安全立网。

1）安全网的分类标记

①平（立）网的分类标记由产品材料、产品分类及产品规格尺寸三部分组成。产品分类以字母 P 代表平网、字母 L 代表立网；产品规格尺寸以宽度×长度表示，单位为米；阻燃型网应在分类标记后加注"阻燃"字样。例如：宽度为 3m，长度为 6m，材料为锦纶的平网表示为：锦纶 P—3×6；宽度为 1.5 m，长度为 6m，材料为维纶的阻燃型立网表示为：维纶 L—1.5×6 阻燃。

②密目网的分类标记由产品分类、产品规格尺寸和产品级别三部分组成。产品分类以字母 ML 代表密目网；产品规格尺寸以宽度×长度表示，单位为米；产品级别分为 A 级和 B 级。例如：宽度为 1.8m，长度为 10m 的 A 级密目网表示为"ML—1.8×10 A级"。

2）安全网的技术要求

①平网宽度不应小于 3m，立网宽（高）度不应小于 1.2m。平（立）网的规格尺寸与其标称规格尺寸的允许偏差为±4%。平（立）网的网目形状应为菱形或方形，边长不应大于 8cm。

②单张平（立）网质量不宜超过 15kg。

③平（立）网可采用锦纶、维纶、涤纶或其他材料制成，所有节点应固定，其物理性能、耐候性应符合标准的规定。

④平（立）网上所用的网绳、边绳、系绳、筋绳均应由不小于 3 股单绳制成。绳头部分应经过编花、燎烫等处理，不应散开。

⑤平（立）网的系绳与网体应牢固连接，各系绳沿网边均匀分布，相邻两系绳间距不应大于 75 cm，系绳长度不小于 80cm。平（立）网如有筋绳，则筋绳分布应合理，两根相邻筋绳的距离不应小于 30 cm。当筋绳加长用作系绳时，其系绳部分必须加长，且与边绳系紧后，再折回边绳系紧，至少形成双根。

⑥平（立）网的绳断裂强力应符合标准的规定。

⑦密目网的宽度应介于 1.2～2m。长度由合同双方协议条款指定，但最低不应小于 2m。网眼孔径不应大于 12mm。网目、网宽度的允许偏差为±5%。

⑧密目网各边缘部位的开眼环扣应牢固可靠。开眼环扣孔径不应小于 8mm。

⑨网体上不应有断纱、破洞、变形及有碍使用的编织缺陷。缝线不应有跳针、漏缝、缝边应均匀。

⑩每张密目网允许有一个接缝，接缝部位应端正牢固。

3）安全网的标识

安全网的标识由永久标识和产品说明书组成。

①安全网的永久标识包括：执行标准号、产品合格证、产品名称及分类标记、制造商名称、地址、生产日期、其他国家有关法律法规所规定必须具备的标记或标志。

② 制造商应在产品的最小包装内提供产品说明书，应包括但不限于以下内容：

平（立）网的产品说明：平（立）网安装、使用及拆除的注意事项，储存、维护及检查，使用期限，在何种情况下应停止使用。

密目网的产品说明：密目网的适用和不适用场所，使用期限，整体报废条件或要求，清洁、维护、储存的方法，挂挂方法，日常检查的方法和部位，使用注意事项，警示"不得作为平网使用"，警示"B级产品必须配合立网或护栏使用才能起到坠落防护作用"以及本品为合格品的声明。

4）安全网的使用和维护

安全网的使用和维护有以下几点要求：

① 安全网的检查内容包括：网内不得存留建筑垃圾，网下不能堆积物品，网身不能出现严重变形和磨损，以及是否会受化学品与酸、碱烟雾的污染及电焊火花的烧灼等。

② 支撑架不得出现严重变形和磨损。其连接部位不得有松脱现象。网与网之间及网与支撑架之间的连接点亦不允许出现松脱。所有绑拉的绳都不能使其受严重的磨损或有变形。

③ 网内的坠落物要经常清理，保持网体洁净。还要避免大量焊接或其他火星落入网内，并避免高温或蒸汽环境。当网体受到化学品的污染或网绳嵌入粗砂粒或其他可能引起磨损的异物时，应须进行清洗，洗后便自然干燥。

④ 安全网在搬运中不可使用铁钩或带尖刺的工具，以防损伤网绳。

⑤ 安全网应由专人保管发放。如暂不使用，应存放在通风、避光、隔热、防潮、无化学品污染的仓库或专用场所，并将其分类、分批存放在架子上，不允许随意乱堆。在存放过程中，亦要求对网体作定期检验，发现问题，立即处理，以确保安全。

⑥ 如安全网的贮存期超过两年，应按 0.2% 抽样，不足 1000 张时抽样 2 张进行耐冲击性能测试，测试合格后方可销售使用。

3. 其他劳动防护用品的使用注意事项

（1）防护眼镜和面罩

物质的颗粒碎屑、火花热流、耀眼的光线和烟雾都会对眼睛造成伤害，所以应根据对象不同选择和使用防护眼镜。

1）防护眼镜和面罩的作用

① 防止异物进入眼睛。

② 防止化学性物品的伤害。

③ 防止强光、紫外线和红外线的伤害。

④ 防止微波、激光和电离辐射的伤害。

2）防护眼镜和面罩使用注意事项。

① 选用的护目镜要选用经产品检验机构检验合格的产品。

② 护目镜的宽窄和大小要适合使用者的脸形。

③ 镜片磨损粗糙、镜架损坏，会影响操作人员的视力，应及时调换。

④ 护目镜要专人使用，防止传染眼病。

⑤ 焊接护目镜的滤光片要按规定作业需要选用和更换。

⑥ 防止重摔重压，防止坚硬的物体磨擦镜片和面罩。

（2）防护手套

对手的安全防护主要靠手套。使用防护手套时，必须对工件、设备及作业情况分析之后，选择适当材料制作、操作方便的手套，方能起到保护作用。

1）防护手套的作用

① 防止火与高温、低温的伤害。

② 防止电磁与电离辐射的伤害。

③ 防止电、化学物质的伤害。

④ 防止撞击、切割、擦伤、微生物侵害以及感染。

2）防护手套使用注意事项

① 绝缘手套应定期检验电绝缘性能，不符合规定的不能使用。

② 橡胶、塑料等类防护手套用后应冲洗干净、晾干，保存时避免高温，并在制品上撒上滑石粉以防粘连。

③ 操作旋转机床禁止戴手套作业。

（3）防护鞋

防护鞋的功能主要针对工作环境和条件而设定，一般都具有防滑、防刺穿、防挤压的功能，另外就是具有特定功能，比如防导电、防腐蚀等。

1）防护鞋的作用

① 防止物体砸伤或刺割伤害。如高处坠落物品及铁钉、锐利的物品散落在地面，这样就可能引起砸伤或刺伤。

② 防止高低温伤害。冬季在室外施工作业，可能发生冻伤。

③ 防止滑倒。在摩擦力不大，有油的地板可能会滑倒。

④ 防止酸碱性化学品伤害。在作业过程中接触到酸碱性化学品，可能发生足部被酸碱灼伤的事故。

⑤ 防止触电伤害。在作业过程中接触到带电体造成触电伤害。

⑥ 防止静电伤害。静电对人体的伤害主要是引起心理障碍，产生恐惧心理，引起从高处坠落等二次事故。

2）绝缘鞋（靴）的使用及注意事项

① 必须在规定的电压范围内使用。

② 绝缘鞋（靴）胶料部分无破损，且每半年作一次预防性试验。

③ 在浸水、油、酸、碱等条件下不得作为辅助安全用具使用。

④ 穿用绝缘靴时，应将裤管套入靴筒内。穿用绝缘鞋时，裤管不宜长及鞋底外沿条高度，更不能长及地面，保持布帮干燥。

1.3.13 安全生产验收制度

1. 验收原则

必须坚持"验收合格才能使用"的原则。

2. 验收的范围

（1）各类脚手架、井字架、龙门架、堆料架。

（2）临时设施及沟槽支撑与支护。

（3）支搭好的水平安全网和立网。

（4）临时电气工程设施。

（5）各种起重机械、路基轨道、施工电梯及其他中小型机械设备。

（6）安全帽、安全带和护目镜、防护面罩、绝缘手套、绝缘鞋等个人防护用品。

3. 验收程序

（1）脚手架杆件、扣件、安全网、安全帽、安全带以及其他个人防护用品，必须有出厂证明或验收合格的单据，由技术负责人、工长、安全员、材料保管人员共同审验。

（2）各类脚手架、堆料架、井字架、龙门架和支搭的安全网、立网由项目经理或技术负责人申报支搭方案并牵头，会同工程部和安全主管部门进行检查验收。

（3）临时电气工程设施，由安全主管部门牵头，会同电气工程师、项目经理、方案制定人、工长、安全员进行检查验收。

（4）起重机械、施工用电梯由安装单位和使用工地的负责人牵头，会同有关部门检查验收。

（5）路基轨道由工地申报铺设方案，工程部和安全主管部门共同验收。

（6）工地使用的中小型机械设备，由工地技术负责人和工长牵头，会同工程部进行检查验收。

（7）所有验收，必须办理书面验收手续，否则无效。

1.3.14 隐患控制与处理

（1）项目经理部应对存在隐患的安全设施、过程和行为进行控制，组装完毕后应进行检查验收，确保不合格设施不使用、不合格物资不放行、不合格过程不通过。

（2）检查中发现的隐患应进行登记，不仅作为整改的备查依据，而且是提供安全动态分析的重要信息渠道。如多数单位安全检查都发现同类型隐患，说明是"通病"，若某单位在安全检查中重复出现隐患，说明整改不彻底，形成"顽症"。根据检查隐患记录分析，制定指导安全管理的预防措施。

（3）安全检查中查出的隐患，还应发出隐患整政通知单。对凡存在即发性事故危险的隐患，检查人员应责令停工，被查单位必须立即进行整改。

（4）对于违章指挥、违章作业行为，检查人员可以当场指出，立即纠正。

（5）被检查单位领导对查出的隐患，应立即研究制定整改方案，组织实施整改。按照"五定"原则限期完成整改，并报上级检查部门备案。

（6）事故隐患的处理方式

1）停止使用、封存。

2）指定专人进行整改以达到规定要求。

3）进行返工，以达到规定要求。

4）对有不安全行为的人员进行教育或处罚。

5）对不安全生产的过程重新组织。

（7）整改完成后，项目经理部安监部门必要时对存在隐患的安全设施、安全防护用品整改效果进行验证，再及时通知企业主管部门等有关部门派员进行复查验证，经复查整改合格后，即可销案。

1.4　安全教育与培训

1.4.1　安全教育的意义

安全是生产赖以正常进行的前提，安全教育又是安全控制工作的重要环节，安全教育的目的是提高全员安全素质、安全管理水平和防止事故，从而实现安全生产。

建筑施工具有流动性大、劳动强度大、露天作业多、高空作业多、施工生产受环境及气候的影响大等特点。施工过程中的不安全因素很多，安全管理与安全技术的发展却滞后于建筑规模的迅速扩大和施工工艺的快速发展，同时，由于部分作业人员缺乏基本的安全生产知识，自我保护意识差，导致了建筑施工行业伤亡事故多发的趋势。

党和政府始终非常重视建筑行业的安全生产和劳动保护以及对职工的安全生产教育工作，国家及地方的各级人大、政府等先后制定颁发了一系列安全生产、劳动保护的方针、政策、法律、法规和规章。《中华人民共和国劳动法》、《中华人民共和国建筑法》、《中华人民共和国安全生产法》等都对安全生产、安全教育作了明确规定，都说明了国家对安全生产，包括工作的重视。这些重要的文件是开展安全生产、劳动保护工作的法律依据和行动准则，也是对广大职工进行安全生产教育培训的主要内容。

改革开放以来，随着社会主义市场经济的逐步建立，建设规模的逐渐扩大，建筑队伍也急剧膨胀，来自农村和边远地区的大量农民工，被补充到建筑队伍中来，目前农民工占建筑施工从业人员的比例已达到80%。这虽然给蓬勃发展的建筑市场提供了可观的人力资源，弥补了劳动力不足的问题，但他们的安全意识、安全知识及自我保护能力均难以满足现代建筑业安全生产的要求。对新的工作及工作环境所潜在的事故隐患、职业危害的认识及预防能力，都要比城市工人差，这就使他们往往会成为伤亡事故和职业危害的主要受害者。同时，一些企业和个人为片面追求经济效益，见利忘义，在新工人进入施工现场上岗前，没有对他们进行必要的安全生产和安全技能的培训教育；在工人转岗时，也没有按规定进行针对新岗位的安全教育。同时，农民工对施工管理人员的违章指挥和冒险作业命令有的不知道拒绝，有的不敢拒绝，在施工现场，他们常常不能正确辨识危险或发现不了隐患，对事故隐患、险兆报告意识较差，致使他们成了建设工程施工事故主要被伤害的群体。这些因素是近年来建筑行业伤亡事故多发的重要原因，特别是新上岗的工人发生的伤亡事故比例相当高。伤亡事故给个人、家庭、企业和国家都带来了无法弥补的损失，还给社会的安定带来了不利的影响。

因此，当前亟需对建筑施工的全体从业人员，尤其是新职工，进行普遍的、深入的、全面的安全生产和劳动保护方面的教育。目前，企业生产设施、设备落后，职工文化素质较差，用工形式多样，新职工较多，安全工作难度较大。不进行广泛深入的安全教育，就不能达到安全生产的目的。

通过安全教育，使他们了解我国安全生产和劳动保护的方针、政策、法规、规范，掌握安全生产知识和技能，提高职工安全觉悟和安全技术素质，增加企业领导和广大职工搞好安全工作的责任感和自觉性，树立起群防群治的安全生产新观念，真正从思想上认识安全生产的重要性，从工作中提高遵章守纪的自觉性，从实践中体验劳动保护的必要性。因此，大力加强安全宣传教育培训工作，显得尤为重要。

1.4.2 安全教育的特点

安全教育既是施工企业安全管理工作的重要组成部分，也是施工现场安全生产的一个重要方面工作，安全教育具有以下几个特点。

1. 安全教育的全员性

安全教育的对象是企业所有从事生产活动的人员。因此，从企业经理、项目经理，到一般管理人员及普通工人，都必须接受安全教育。安全教育是企业所有人员上岗前的先决条件，任何人不得例外。

2. 安全教育的长期性

安全教育是一项长期性的工作，这个长期性体现在三个方面。

（1）安全教育贯穿于每个职工工作的全过程。从新工人进入企业开始，就必须接受安全教育，这种教育尽管存在着形式、内容、要求、时间等的不同，但是，对个人来讲，在其一生的工作经历中，都在不断地、反复地接受着各种类型的安全教育，这种全过程的安全教育是确保职工安全生产的基本前提条件。因此，安全教育必须贯穿于职工工作的全过程。

（2）安全教育贯穿于每个工程施工的全过程。从施工队伍进入现场开始，就必须对职工进行入场安全教育，使每个职工了解并掌握本工程施工的安全生产特点；在工程的每个重要节点，要对职工进行施工转折时期的安全教育；在节假日前后，要对职工进行安全思想教育，稳定其情绪；在突击加班赶进度或工程临近收尾时，更要针对麻痹大意思想，进行有针对性的教育等。因此，安全教育也贯穿于整个工程施工的全过程。

（3）安全教育贯穿于施工企业生产的全过程。有生产就有安全问题，安全与生产是不可分割的统一体。哪里有生产，哪里就要讲安全；哪里有生产，哪里就要进行安全教育。企业的生存靠生产，没有生产就没有发展，就无法生存；而没有安全，生产也无法长久进行。因此，只有把安全教育贯穿于企业生产的全过程，把安全教育看成是关系企业生存、发展的大事，安全工作才能做得扎扎实实，才能保障生产安全，才能促进企业的发展。

安全教育的任务"任重而道远"，不应该也不可能会是一劳永逸的，这就需要经常地、反复地、不断地进行安全教育，才能减少并避免事故的发生。

3. 安全教育的专业性

施工现场生产所涉及的范围广、内容多。安全生产既有管理性要求，也有技术性知识，安全生产的管理性与技术性结合，使得安全教育具有专业性要求。教育者既要有充实的理论知识，也要有丰富的实践经验，这样才能使安全教育做到深入浅出、通俗易懂，并且收到良好的效果。

安全教育的目的是通过对企业各级领导、管理人员及工人的安全培训教育，使他们学习并了解安全生产和劳动保护的法律、法规、标准，掌握安全知识与技能，运用先进的、科学的方法，避免并制止生产中的不安全行为，消除一切不安全因素，防止事故发生，实现安全生产。

1.4.3 教育对象的培训时间要求

（1）企业法定代表人、项目经理每年接受安全生产培训的时间，不得少于30学时。

（2）企业专职安全生产管理人员除按照建教（1991）522号文《建设企事业单位关键岗位持证上岗管理规定》的要求，取得岗位合格证书并持证上岗外，每年还必须接受安全专业技术培训，时间不得少于40学时。

（3）企业其他管理人员和技术人员每年接受安全生产培训的时间，不得少于20学时。

（4）企业特殊工种（包括电工、焊工、架子工、司炉工、爆破工、机械操作工、起重工、塔机司机、司号工及人货两用电梯司机等）在通过专业技术培训并取得岗位操作证后，每年仍须接受有针对性的安全生产培训，时间不得少于20学时。

（5）企业其他职工每年接受安全生产培训的时间，不得少于15学时。

（6）企业待岗、转岗、换岗的职工，在重新上岗前，必须接受一次安全生产培训，时间不得少于20学时。

（7）建筑业企业新进场的工人，必须接受公司、项目（或工程处、工区、施工队）、班组的三级安全生产培训教育，经考核合格后，方能上岗。

1.4.4 安全教育的类别

1. 按教育的内容分类

安全教育按教育的内容分类主要包括：安全思想教育、安全法制教育、安全知识教育和安全技能教育。

2. 按教育的对象分类

安全教育按教育的对象分类，可分为领导干部的安全教育、一般管理人员的安全教育、新工人的三级安全教育、变换工种的安全教育等。企业应根据不同的教育对象，侧重于不同的教育内容，提出不同的教育要求。

（1）领导干部的安全培训教育

加强对企业领导干部的安全培训教育，是社会主义市场经济条件下，安全生产工作的一项重要举措。要通过对企业领导干部的安全培训教育，全面提高他们的安全管理水平，使他们真正从思想上树立起安全生产意识，增强安全生产责任心，摆正安全与生产、安全与进度、安全与效益的关系，为进一步实现安全生产和文明施工打下基础。

（2）新员工三级安全教育

三级安全教育是每个刚进企业的新员工（包括新招收的合同工、临时工、学徒工、农民工、大中专毕业实习生和代培人员）必须接受的首次安全生产方面的基本教育。三级一般是指公司、项目（工程处、施工队、工区）、班组这三级。

三级安全教育一般是由企业的安全、教育、劳动、技术等部门配合组织进行的。受教育者必须经过教育、考试，合格后才准许进入生产岗位；考试不合格者不得上岗工作，必须重新补课并进行补考，合格后方可工作。

对新员工的三级安全教育情况，要建立档案。为加深对三级安全教育的感性认识和理性认识，新员工工作一个阶段后（一般规定在新员工上岗工作六个月后），还要进行安全继续教育。培训内容可以从原先的三级安全教育的内容中有重点地选择，并进行考核。不合格者不得上岗工作。

施工企业必须给每一名职工建立职工安全教育卡。教育卡应记录包括三级安全教育、转场及变换工种安全教育等的教育及考核情况，并由教育者与受教育者双方签字后入册，作为企业及施工现场安全管理资料备查。

1）公司安全教育

按建设部《建筑业企业职工安全培训教育暂行规定》（建教［1997］83号）的规定，公司级的安全培训教育时间不得少于15学时。主要内容有：

① 国家和地方有关安全生产、劳动保护的方针、政策、法律、法规、标准，如《宪法》、《刑法》、《建筑法》、《消防法》等法律有关章节条款，国务院《关于加强安全生产工作的通知》，国务院发布的《建筑安装工程安全技术规程》有关内容等。

② 企业及其上级部门（主管局、集团、总公司、办事处等）印发的安全管理规章制度。

③ 安全生产与劳动保护工作的目的、意义等。

④ 事故发生的一般规律及典型事故案例。

⑤ 预防事故的基本知识，急救措施。

2）项目（施工现场）安全教育

按规定，项目应就工地安全制度、施工现场环境、工程施工特点及可能存在的不安全因素等对新员工进行安全培训教育，时间不得少于15学时。主要内容有：

① 各级管理部门有关安全生产的标准。

② 建设工程施工生产的特点，施工现场的一般安全管理规定、要求。

③ 施工现场主要事故类别，常见多发性事故的特点、规律及预防措施，事故教训等。

④ 本单位安全生产制度、规定及安全注意事项。

⑤ 本工程项目施工的基本情况（工程类型、施工阶段、作业特点等），施工中应当注意的安全事项。

⑥ 机械设备、电气安全及高处作业等安全基本知识。

⑦ 防火、防毒、防尘、防塌方、防煤气中毒、防爆知识及紧急情况下安全处置和安全疏散知识。

⑧ 防护用品发放标准及防护用具使用的基本知识。

3）班组教育

按规定，班组安全培训教育时间不得少于20学时。班组教育又叫岗位教育，由班组长主持。主要内容有：

① 本工种的安全操作规程。

② 班组安全活动制度及纪律。

③ 本班组施工生产工作概况，包括工作性质、作业环境、职责、范围等。

④ 本岗位易发生事故的不安全因素及其防范对策。

⑤ 本人及本班组在施工过程中，所使用、所遇到的各种机具设备及其安全防护设施的性能、作用、操作要求和安全防护要求。

⑥ 个人使用和保管的各类劳动防护用品的正确穿戴、使用方法及劳防用品的基本原理与主要功能。

⑦ 发生伤亡事故或其他事故，如火灾、爆炸、设备及管理事故等，应采取的措施（救助抢险、保护现场、报告事故等）要求。

⑧ 工程项目中工人的安全生产责任制。

⑨ 本工种的典型事故案例剖析。

（3）转场及变换工种安全教育

施工现场变化大，动态管理要求高，随着工程进度的发展，部分工人（如专业分包工人）会从一个施工项目到另一个施工项目进行工作或者在同一个施工项目中，工作岗位也可能会发生变化，转场、转岗现象非常普遍。这种现场的流动、工种之间的互相转换，往往是施工生产的需要。但是，如果安全管理工作没有跟上，安全教育不到位，就可能给转场和转岗工人带来伤害事故。因此，必须对他们进行转场和转岗安全教育，教育考核合格后方准上岗。

1）转场教育

施工人员转入另一个工程项目时必须进行转场安全教育。转场教育内容有：

① 本工程项目安全生产状况及施工条件。

② 施工现场中危险部位的防护措施及典型事故案例。

③ 本工程项目的安全管理体系、规定及制度。

2）变换工种的安全教育

对待岗、转岗、换岗职工的安全教育主要内容是：

① 新工作岗位或生产班组安全生产概况、工作性质和职责。

② 新工作岗位必要的安全知识，各种机具设备及安全防护设施的性能、作用和安全防护要求等。

③ 新工作岗位、新工种的安全技术操作规程。

④ 新工作岗位容易发生事故及有毒有害的地方。

⑤ 新工作岗位个人防护用品的使用和保管。

总之，要确保每一个变换工种的职工，在重新上岗工作前，熟悉并掌握该岗位的安全技能要求。

（4）特种作业人员的培训

从事特种作业的人员，必须经国家规定的有关部门进行安全教育和安全技术培训，并经考核合格取得操作证者，方准独立作业。除机动车辆驾驶和机动船舶驾驶、轮机操作人员按国家有关规定执行外，其他特种作业人员上岗资格两年进行一次复审。

电工、焊工、架工、司炉工、爆破工、机操工、起重工、打桩机和各种机动车辆司机等特殊工种工人，除进行一般安全教育外，还要经过本工种的安全技术教育，经考试合格发证后，方准独立操作，每年还要进行一次复审；对从事有尘毒危害作业的工作，要进行尘毒危害和防治知识教育。

（5）外施队伍安全生产教育内容

当前，建设行业的一大特点就是大部分建筑企业已经没有自己的操作工人队伍，80％的建设工程施工作业都由进城的农民工来承担。每年农民工死亡人数，占事故死亡总人数的90％以上。因此，可以这样讲，建筑业的安全教育的重心、重点就是对外施队伍的安全生产教育。

1）各用工单位使用的外施队伍，必须接受三级安全教育，经考试合格后方可上岗作业，未经安全教育或考试不合格者，严禁上岗作业。

2）外施队伍上岗作业前的三级安全教育，分别由用工单位（公司、厂或分公司）、项目经理部（现场）、班组（外施队伍）负责组织实施，总学时不得少于24学时。

3）外施队伍上岗前须由用工单位劳务部门负责将外施队伍人员名单提供给安全部门，由用工单位（公司、厂或分公司）安全部门负责组织安全生产教育，授课时间不得少于8学时，具体内容是：

① 安全生产的方针、政策和法规制度。

② 安全生产的重要意义和必要性。

③ 建筑安装工程施工中安全生产的特点。

④ 建筑施工中因工伤亡事故的典型案例和控制事故发生的措施。

4）项目经理部（现场）必须在外施队伍进场后，由负责劳务的人员组织并及时将注册名单提交给现场安全管理人员，由安全管理人员负责对外施队伍进行安全生产教育，时间不得少于8学时，具体内容是：

① 介绍项目工程施工现场的概况。

② 讲解项目工程施工现场安全生产和文明施工的制度、规定。

③ 讲解建筑施工中高处坠落、触电、物体打击、机械（起重）伤害、坍塌等事故的控制预防措施。

④ 讲解建筑施工中常用的有毒有害化学材料的用途和预防中毒的知识。

5）外施队伍上岗作业前，必须由外施队长（或班组长）负责组织学习本工种的安全操作规程和一般安全生产知识。

6）对外施队伍进行三级安全教育时，必须分级进行考试。若考试不合格，允许补考一次，仍不合格者，必须清退，严禁使用。

7）外施队伍中的特种作业人员，如电工、起重工（塔式起重机、外用电梯、龙门吊、桥吊、履带吊、汽车吊、卷扬机司机和信号指挥）、锅炉压力容器工、电焊工、气焊工、场内机动车司机、架子工等，必须持有原所在地地（市）级以上劳动保护监察机关核发的特种作业证（有的地方上会要求换领当地临时特种作业操作证），方准从事特种作业。

8）换岗作业必须进行安全生产教育，凡采用新技术、新工艺、新材料和从事非本工种的操作岗位作业前，必须认真进行面对面、详细的新岗位安全技术教育。

9）在向外施队伍（班组）下达生产任务的时候，必须向全体作业人员进行详细的书面安全技术交底并讲解，凡没有安全技术交底或未向全体作业人员进行讲解的，外施队伍（班组）有权拒绝接受任务。

10）每日上班前，外施队伍（班组）负责人，必须召集所辖全体人员，针对当天任务，结合安全技术交底内容和作业环境、设施、设备状况及本队人员技术素质、安全意识、自我保护意识以及思想状态，有针对性地进行班前安全活动，提出具体注意事项，跟踪落实，并做好活动记录。

3. 按教育的时间分类

安全教育按教育的时间分类，可以分为经常性的安全教育、季节性施工的安全教育、节假日加班的安全教育等。

（1）经常性的安全教育

经常性的安全教育是施工现场开展安全教育的主要形式，可以提醒、告诫职工遵章守纪，加强责任心，消除麻痹思想。

经常性安全教育的形式多样，可以利用班前会进行教育，也可以采取大小会议进行教育，还可以用其他形式，如安全知识竞赛、演讲、展览、黑板报、广播、播放录像等进行。总之，要做到因地制宜，因材施教，不搞形式主义，注重实效，才能使教育切实收到效果。

经常性教育的主要内容有：

1）安全生产法律、法规、标准。

2）企业及上级部门的安全管理新规定。

3）各级安全生产责任制及管理制度。

4）安全生产先进经验介绍，最近的典型事故教训。

5）施工新技术、新工艺、新设备、新材料的使用及有关安全技术方面的要求。

6）最近安全生产方面的动态情况，如新的法律、法规、标准、规章的出台，安全生产通报、批示等。

7）本单位近期安全工作回顾、讲评等。

总之，经常性的安全教育必须做到经常化（规定一定的期限）、制度化（作为企业、项目安全管理的一项重要制度）。教育的内容要突出一个"新"字，即要结合当前工作的最新要求进行教育；要做到一个"实"字，即要使教育不流于形式，注重实际效果；要体现一个"活"字，即要把安全教育搞成活泼多样、内容丰富的一种安全活动。这样，才能使安全教育深入人心，才能为广大员工所接受，才能收到促进安全生产的效果。

（2）季节性施工的安全教育

季节性施工主要是指夏期与冬期施工。季节变化后，施工环境不同，人对自然、环境的适应能力变得迟缓、不灵敏，易发生安全事故，因此，必须对安全管理工作进行重新调整和组合。季节性施工的安全教育，就是要对员工进行有针对性的安全教育，使之适合自然环境的变化，以确保安全生产。

1）夏期施工安全教育

夏期高温、炎热、多雷雨，是触电、雷击、坍塌等事故的高发期。闷热的气候容易造成中暑，高温使得职工夜间休息不好，往往容易使人乏力、走神、瞌睡，较易引起伤害事故。南方沿海地区在夏季还经常受到台风暴雨和大潮汛的影响，也容易发生大型施工机械、设施、设备基础及施工区域（特别是基坑）等的坍塌。多雨潮湿的环境，人的衣着单薄、身体裸露部位多，使人的电阻值减小，导电电流增加，容易引发触电事故。因此，夏期施工安全教育的重点是：

① 加强用电安全教育。讲解常见触电事故发生的原理、预防触电事故发生的措施、触电事故的一般解救方法，以加强员工的自我保护意识。

② 讲解雷击事故发生的原因、避雷装置的避雷原理、预防雷击的方法。

③ 大型施工机械、设施常见事故案例，预防事故的措施。

④ 基础施工阶段的安全防护常识，基坑开挖、支护安全。

⑤ 劳动保护工作的宣传教育。合理安排好作息时间，注意劳逸结合，白天上班避开中午高温时间，"做两头、歇中间"，保证工人有充沛的精力。

2）冬期施工安全教育

冬季气候干燥、寒冷且常常伴有大风，受北方寒流影响，施工区域出现了霜冻，造成作业面及道路结冰打滑，既影响了生产的正常进行，又给安全带来隐患。同时，为了施工需要和取暖，使用明火、接触易燃易爆物品的机会增多，又容易发生火灾、爆炸和中毒事故。寒冷使人们衣着笨重、反应迟钝，动作不灵敏，也容易发生事故。因此，冬期施工安全教育应从以下几方面进行：

① 针对冬期施工特点，避免冰雪结冻引发的事故。施工作业面应采取必要的防雨雪结冰及防滑措施、个人要提高自身的安全防范意识，及时消除不安全因素。

② 加强防火安全宣传。分析施工现场常见火灾事故发生的原因，讲解预防火灾事故的措施、扑救火灾的方法，必要时可采取现场演示，如消防灭火演习等，来教育员工正确使用消防器材。

③ 安全用电教育。冬季用电与夏季用电的安全教育要求的侧重点不同，夏季着重于防触电事故，冬季则着重于防电气火灾。因此，应教育工人懂得施工中电气火灾发生的原因，做到不擅自私拉乱接电线及用电设备，不超负荷使用电气设备，以免引起电气线路发热燃烧，不使用大功率的灯具，如碘钨灯之类照射易燃、易爆及可燃物品或取暖，生活区域也要注意用电安全。

④ 冬季气候寒冷，人们习惯于关闭门窗，而施工作业点也一样，在深基坑、地下管道、沉井、涵洞及地下室内作业时，应加强对作业人员的自我保护意识教育。既要预防在这种环境中，进行有毒有害物质（固体、液态及挥发性强的气体）作业，对人造成的伤害，也要防止施工作业点原先就存在的各种危险因素，如泄漏跑冒并积聚的有毒气体，易燃、易爆气体，有害的其他物质等。要教会工人识别一般中毒症状，学会解救中毒人员的安全基本常识。

（3）节假日加班的安全教育

节假日期间，大部分单位及员工已经放假休息，因此也往往影响加班员工的思想和工作情绪，造成思想不集中，注意力分散，这给安全生产带来不利因素。加强对这部分员工的安全教育，是非常必要的。教育的内容是：

1）重点做好安全思想教育，稳定职工工作情绪，使他们集中精力，轻装上阵。鼓励表扬员工节假日坚守工作岗位的优良作风，全力以赴做好本职工作。

2）班组长要做好上岗前的安全教育，可以结合安全交底内容进行，工作过程中要互相督促、互相提醒，共同注意安全。

3）重点做好当天作业将遇到的各类设施、设备、危险作业点的安全防护工作，对较易发生事故的薄弱环节，应进行专门的安全教育。

1.4.5 安全教育的形式

开展安全教育应当结合建筑施工生产特点，采取多种形式，有针对性地进行，还要考虑到安全教育的对象大部分是文化水平不高的工人，就需要采用比较浅显、通俗、易懂、易记、印象深、趣味性强的教材及形式。目前安全教育的形式主要有：

（1）广告宣传式，包括安全广告、安全宣传横幅、标语、宣传画、标志、展览、黑板报等形式。

（2）演讲式，包括教学、讲座、讲演、经验介绍、现身说法、演讲比赛等形式。

（3）会议（讨论）式，包括安全知识讲座、座谈会、报告会、先进经验交流会、事故现场分析会、班前班后会、专题座谈会等。

（4）报刊式，包括订阅安全生产方面的书报杂志，企业自编自印的安全刊物及安全宣传小册子等。

（5）竞赛式，包括口头、笔头知识竞赛，安全、消防技能竞赛，其他各种安全教育活动评比等。

（6）声像式，用电影、录像等现代手段，使安全教育寓教于乐。主要有安全方面的广播、电影、电视、录像、影碟片、录音磁带等。

（7）现场观摩演示形式，如安全操作方法、消防演习、触电急救方法演示等。

（8）固定场所展示形式，如劳动保护教育室、安全生产展览室等。

（9）文艺演出式，以安全为题材编写和演出的相声、小品、话剧等文艺演出的教育形式。

1.4.6 安全教育计划

企业必须制定符合安全培训指导思想的培训计划。安全培训的指导思想是企业开展安全培训的总的指导理念，也是主动与否开展企业职业健康安全教育的关键，只有确定了具体的指导思想，才能有规划的开展安全教育的各项工作。企业的安全培训指导思想必须与企业职业健康安全方针一致。

企业必须结合企业实际情况，编制企业年度安全教育计划，每个季度应有教育重点，每月要有教育内容。培训实施过程中，要有相对稳定的教育培训大纲、培训教材和培训师资，确保教育时间和质量。严格按制度进行教育对象的登记、培训、考核、发证、资料存档等工作。考试不合格者、不准上岗工作。

安全教育计划主要的内容应涉及以下几个方面：

1. 培训内容

（1）通用安全知识培训

1）法律法规的培训。

2）安全基础知识培训。

3）建筑施工主要安全法律、法规、规章、标准及企业安全生产规章制度和操作规程培训，同行业或本企业历史事故案例分析。

（2）专项安全知识培训

1）岗位安全培训。

2）分阶段的危险源专项培训。

2. 培训的对象和时间

（1）培训对象方面主要分为管理人员、特殊工种人员、一般性操作工人。

（2）培训的时间可分为定期（如管理人员和特殊工种人员的年度培训）和不定期培训

（如一般性操作工人的安全基础知识培训、企业安全生产规章制度和操作规程培训、分阶段的危险源专项培训等）。

3. 经费测算

培训的内容、对象和时间确定后，安全教育和培训计划还应对培训的经费作出概算，这也是确保安全教育和培训计划实施的物质保障。

4. 培训师资

根据拟定的培训内容，充分利用各种信息手段，了解有关教师的自然条件、专业专长、授课特点、培训效果，甄选培训教师。建议对聘请的教师建立师资档案，便于日后建立长期稳定的合作关系。

5. 培训形式

根据不同培训对象和培训内容选择适当的培训形式。

6. 培训考核方式

考核是评价培训效果的重要环节，依据考核结果，可以评定员工接受培训的认知的程度和采用的教育与培训方式的适宜程度，也是改进安全与培训效果的重要输入信息。

考核的形式一般主要有以下几种：

（1）书面形式开卷，适宜普及性培训的考核，如针对一般性操作工人的安全教育培训。

（2）书面形式闭卷，适宜专业性较强的培训，如管理人员和特殊工种人员的年度考核。

（3）计算机联考，将试卷用计算机程序编制好，并放在企业局域网上，公司管理人员或特殊工种人员可以通过在本地网或通过远程登录的方式在计算机上答题，这种模式一般适用于公司管理人员和特殊工种人员。

（4）现场操作，适宜专业性较强的工种现场技能考核，然后参照相关标准对操作的结果进行考核。

7. 培训效果的评估方式

培训效果的评估是目前多数培训单位开展培训工作的薄弱环节，不重视培训效果的评估，使培训工作的开展"原地踏步"，停滞不前，管理水平与培训经验得不到真正意义上的提高。

开展安全培训效果的评估的目的在于为改进安全教育与培训的诸多环节提供依据，评估的内容主要从间接培训效果、直接培训效果和现场培训效果三个方面来进行。

间接培训效果主要是在培训完后通过问卷的方式对培训采取的方式、培训的内容、培训的技巧方面进行评价；直接培训效果的评价依据主要为考核结果，以参加培训的人员的考核分数来确定安全教育与培训的效果；现场培训效果主要是在生产过程中出现的违章情况和发生的安全事故的频数来确定。

1.4.7 安全教育档案管理

培训档案的管理是安全教育与培训的重要环节，通过建立培训档案，在整体上对培训的人员的安全素质作必要的跟踪和综合评估。培训档案可以使用计算机程序进行管理，并通过该程序完成以下功能：个人培训档案录入、个人培训档案查询、个人安全素质评价、企业安全教育与培训综合评价。经常监督检查，认真查处未经培训就上岗操作和特种作业人员无证操作的责任单位和责任人员。

1. 建立《职工安全教育卡》

职工的安全教育档案管理应由企业安全管理部门统一规范，为每位在职员工建立《职工安全教育卡》。

2. 教育卡的管理

（1）分级管理

《职工安全教育卡》由职工所属的安全管理部门负责保存和管理。班组人员的《职工安全教育卡》由所属项目负责保存和管理；机关人员的《职工安全教育卡》由企业安全管理部门负责保存和管理。

（2）跟踪管理

《职工安全教育卡》实行跟踪管理，职工调动单位或变换工种时，交由职工本人带到新单位，由新单位的安全管理人员保存和管理。

（3）职工日常安全教育

职工的日常安全教育由公司安全管理部门负责组织实施，日常安全教育结束后，安全管理部门负责在职工的《职工安全教育卡》中作出相应的记录。

3. 新入厂职工安全教育规定

新入厂职工必须按规定经公司、项目、班组三级安全教育，分别由公司安全部门、项目安全部门、班组安全员在《职工安全教育卡》中作出相应的记录，并签名。

4. 考核规定

（1）公司安全管理部门每月对《职工安全教育卡》抽查一次。

（2）对丢失《职工安全教育卡》的部门进行相应考核。

（3）对未按规定对本部门职工进行安全教育的进行相应考核。

（4）对未按规定对本部门职工的安全教育情况进行登记的部门进行相应考核。

1.5　安全生产资料管理

施工现场安全资料是建设工程各参建单位在工程建设工程中形成的有关施工安全的各种形式的信息记录。

施工现场安全资料的记录是否正确、及时，直接体现了企业对工程项目的安全管理能力，它是施工现场实行全过程安全管理的主要痕迹，既是施工现场安全文明施工和优化管理的体现和鉴证记录，也是政府管理部门、行业监督部门与施工企业自我检查工作的主要内容。因此，安全生产组织和专职安全管理人员必须从工程开始就建立安全生产资料档案，在施工的全过程随工程进度同步收集、整理、归档有关的安全生产资料，直到工程竣工验收结算为止。

安全生产资料档案是安全管理基础工作之一，是检查考核落实安全责任制及各项规章制度的资料依据，也是现代化安全管理的基础。同时，它为安全管理工作提供分析、研究资料，从而能够掌握安全动态，以便对每个时期的安全工作进行目标管理，达到预测、预报、预防事故的目的，是系统反映企业现代管理水平的一项重要的技术基础工作。

施工现场安全资料由专职安全员和资料员负责收集、整理、装订和保管，同时要求施工现场的技术、施工、材料、机电、人事、保卫等有关人员必须按时为安全员提供相关资料。在具体操作中，要求所有资料表格清晰、字迹整齐、填写完整、内容真实、语言简练、针对性强、数据准确、前后吻合、签字盖章、手续齐全。档案整理应按照规定分类、编号，按顺序装订归档，做到与工程同步，格式统一、顺序一致、整齐美观、目录清晰。

为了理清责任，便于追溯倒查，施工工程竣工后，安全资料应按分项装订成册并妥善保管至规定年限。至少应一年。

1.5.1 基本内容

1. 施工许可、企业和人员资质

（1）公司企业法人营业执照（复印件）；

（2）施工企业资质等级证书（复印件）；

（3）建设工程规划许可证（复印件）；

（4）建筑工程施工许可证（复印件）；

（5）施工企业安全生产许可证（复印件）；

（6）现场建筑消防安全证；

（7）施工平面图；

（8）项目经理执业资格证书（复印件）、安全生产考核合格证书（复印件）及年度继续教育记录（复印件）；

（9）专职安全员安全生产考核合格证书（复印件）、年度继续教育记录（复印件）。

2. 安全组织与安全生产责任制及管理制度

（1）项目安全生产委员会名单；

（2）公司安全生产责任制；

（3）各级各部门安全生产责任制；

（4）项目施工现场安全生产管理制度；

（5）项目施工现场治安保卫工作制度；

（6）项目领导安全值班职责；

（7）项目领导安全值班记录；

（8）项目领导安全值班表。

3. 安全目标管理

（1）安全生产工作计划；

（2）安全管理目标分解示意图；

（3）项目部年度安全生产文明施工达标规划；

（4）各级安全生产文明施工责任书；

（5）安全生产目标管理责任书；

（6）生产班组长目标管理责任书；

（7）安全责任目标考核记录表；

（8）管理人员责任制考核表。

4. 施工组织设计、方案及审批和验收

（1）施工组织设计（方案、技术措施）目录表；

（2）总安全施工组织设计；

（3）施工组织设计审批会签表；

（4）各种防护设施和特殊、高大、异型脚手架的施工方案；

（5）各种防护设施和高大异型脚手架的审批、验收表；

（6）冬期、雨期施工方案；

（7）安全施工技术措施；

（8）安全事故救援应急预案。

5. 安全技术交底

（1）安全技术交底目录表；

（2）安全技术交底规定；

（3）总包对分包的安全技术交底；

（4）分部工程安全技术交底；

（5）分项工程安全技术交底 ；

（6）临时用电安全技术交底；

（7）施工机具安全技术交底；

（8）垂直运输机械安全技术交底；

（9）脚手架工程安全技术交底；

（10）钢结构安全技术交底；

（11）电气安装安全技术交底。

6. 安全操作规程

（1）各工种安全操作规程；

（2）各种机械设备、主要机具安全操作规程。

7. 安全检查

（1）公司安全检查制度；

（2）安全检查评分表；

（3）项目部定期安全检查记录；

（4）安全隐患整改通知书及复查意见；

（5）事故隐患整改情况回执报告书；

（6）处罚通知书；

（7）违章违纪人员教育记录表；

（8）施工现场安全管理检查表；

（9）工地安全日检表。

8. 安全教育

（1）安全教育培训制度；

（2）职工安全教育花名册；

（3）三级安全教育登记表；

（4）安全教育记录；

（5）变换工种工人安全教育记录；

（6）特种作业人员安全教育记录；

（7）施工管理人员安全培训登记表；

（8）安全教育测试试卷；

（9）安全教育资料。

9. 班前安全活动

（1）班前安全活动制度安全例会制度；

（2）班前安全活动记录；

（3）专职安全工作日志。

10. 现场管理人员及特种作业人员管理

（1）特种作业人员管理办法；

（2）现场管理人员名单；

（3）现场管理人员证件；

（4）特种作业人员登记表；

（5）特种作业人员操作证（复印件）；

（6）特种作业人员岗前培训记录表。

11. 工伤事故处理

（1）工伤事故调查和处理制度；

（2）工伤事故记录；

（3）工伤事故快报表；

（4）企业职工伤亡事故月（年）报表；

（5）企业职工死亡事故月（年）报表；

（6）职工意外伤害保险；

（7）其他有关资料。

12. 施工现场安全管理与安全标志

（1）施工现场安全生产管理制度；

（2）施工现场安全检查评分现场管理部分；

（3）施工现场安全标志牌登记；

（4）施工现场安全标志平面布置图。

13. 各类设备、设施验收检测

（1）现场施工机械设备登记表；

（2）现场安全防护用具登记表；

（3）机械设备安装验收表；

（4）机电测试记录表；

（5）防护设施验收表；

（6）模板工程验收表。

14. 遵章守纪

（1）安全生产奖罚办法；

（2）安全生产奖罚登记表；

（3）施工现场违章教育记录表；

（4）安全生产奖罚通知单。

15. 三级动火申请记录

施工现场三级动火申请审批表。

16. 临时用电资料

（1）电工安全操作规程；

（2）电工操作证复印件；

（3）临时用电方案；

（4）临时用电安全书面交底；

（5）临时用电检查验收表、施工现场临时用电检查评分表；

（6）电气绝缘电阻测试记录；

（7）接地电阻测定记录表；

（8）电工维修、交接班工作记录；

（9）配电箱及箱内电器、器件检验记录表。

17. 机械安全管理

（1）中小型机械使用的管理程序；

（2）各种中小型机械安装验收表；

（3）大型机械（塔式起重机）验收表；

（4）各种机械检查评分表；

（5）各种机械操作人员登记表及操作证复印件；

（6）施工现场机械平面布置图。

18. 外施队劳务管理

（1）外施队施工企业安全资格审查认可证；

（2）外施队企业法人营业执照；

（3）外施队负责人职责；

（4）外施队负责人安全生产责任状；

（5）公司与外施队劳务合作合同；

（6）外施队身份证、就业证、暂住证；

（7）外施队职工登记花名册；

（8）施工现场外施队管理制度。

1.5.2　常用表格

1. 职工安全生产教育记录卡

职工安全生产教育记录卡如图 1-10 所示，各种记录表见表 1-24～表 1-26。

教育日期		三级安全教育内容	教育者	受教育者
公司教育	年 月 日	1. 企业情况，本行业特点及安全生产意义； 2. 党和政府的安全生产方针、政策，企业安全生产、劳动防护方面规章制度； 3. 企业内外部典型安全事故教训； 4. 事故急救防护知识		
项目部教育	年 月 日	1. 本工程概况、生产特点； 2. 本工程生产中的主要危险因素，安全消防方面注意事项； 3. 具体宜讲本单位有关安全生产的规章制度和当地政府的规定； 4. 历年来本单位发生的重大事故和事故教训及防范措施		
班组教育	年 月 日	1. 根据岗位工作进行安全操作规程和正确使用劳动防护用品的教育； 2. 现场讲解岗位施工、机械、工具结构性能、操作要领； 3. 可能出现的不正常情况的判断和处理发生事故的应急处理方法； 4. 本岗位普发事故的教训和分析，本工地的安全生产制度教育； 5. 交接班管理制度等		

照片

工程名称：＿＿＿＿＿＿

姓　　名：＿＿＿＿＿＿

出生年月：＿＿＿＿＿＿

文化程度：＿＿＿＿＿＿

班组工种：＿＿＿＿＿＿

图 1-10　职工安全生产教育记录卡

安全考核成绩记录　　　　　　　　　　　　　　　　表 1-24

年度教育考核记录			转场、换岗教育考核记录		
日期	考核成绩	补考成绩	日期	考核成绩	补考成绩

安全生产奖罚记录　　　　　　　　　　　　　　　　表 1-25

日期	主要事由	奖惩内容	证人	日期	主要事由	奖惩内容	证人

事故及事故隐患记录　　　　　　　　　　表 1-26

日期	事故类别	事故主要原因	伤害部位	证人	日期	事故类别	事故主要原因	伤害部位	证人

2. 施工现场安全生产检查评分表

此处《建筑施工安全检查标准》JGJ 59 中的各种检查评分表略。

3. 安全生产责任检查

（1）安全生产责任制执行情况检查

安全生产责任制执行情况检查表见表 1-27。

安全生产责任制执行情况检查表　　　　　　　　　表 1-27

单位		受检人		职　备	
检查项目（条款）					
执行情况及存在问题					
检查者签字			受检查签字		

年　　月　　日

（2）安全、场容检查

安全、场容隐患通知单反馈表见表 1-28。

安全、场容隐患通知单反馈表

表 1-28

工地名称		项目经理		所 在 工程处	
通知单 编　号		签发日期		限改完 日　期	
反馈日期		隐患和 问题件数		已解决的 件　数	
未解决 件　数		是否向主管 领导请示汇报			
未解决的具体问题是什么					
什么原因					
采取什么措施					
备 注		项目经理 年　月　日			

（3）现场安全防护检查

现场安全防护检查整改记录表见表 1-29。

现场安全防护检查整改记录表

表 1-29

_____项目部   年　月　日

参加检查人员：
存在问题（隐患）：
整改措施：   落实人：
复查结论：   复查人：

记录：_____

1.6 安全色与安全标志

安全色标是特定的表达安全信息含义的颜色和标志，它以形象而醒目的形式向人们提供表达禁止、警告、指令、提示等安全信息。

安全色与安全标志是以防止灾害为指导思想而逐渐形成的，对于它的研究，大约始于第二次世界大战期间，盟国的部队来自语言和文字都各不相通的国家，因此，对于那些在军事上和交通上必须注意的安全要求或指示，如"这里有危险"、"禁止入内"、"当心车辆"等无法用文字或标语来表达，这就出现了安全色标的最初概念。1942 年，美国有名的颜料公司的菲巴比林氏统一制定了一种安全色的规则，虽未被美国国家标准协会（ASA）所采用，但广泛地为海军、杜邦公司和其他单位所应用。随着工业、交通业的发展，特别是第二次世界大战之后，一些工业发达的国家相继公布了本国的"安全色"和"安全标志"的国家标准。国际标准化组织（ISO）也在 1952 年设立了安全色标技术委员会（TC80），专门研究安全色与安全标志，力图使安全色与安全标志在国际上统一。这个组织在 1964 年和 1967 年先后公布了《安全色标准》ISO R408—64 和《安全标志的符号、尺寸和图形标准》ISO R577—67。以后又经过多次会议，讨论修改了所公布的两个标准，1978 年海牙会议上通过了修改稿，就是现在国际标准草案 3864-3 文件。

国际上安全色标保持一致是十分必要的。这样做可使各国人们具有共同的信息语言，以便在交往中注意安全，也能给对外贸易工作带来方便。

自从 ISO 公布了安全色标的国际标准草案之后，许多国家纷纷修改了本国的安全色标标准，以力求与国际标准统一。现在越来越多的国家采纳了国际标准草案中的三个基本内容，即：①都用红、蓝、黄、绿作为安全色；②基本上采用了国际标准草案规定的四种基本安全标志图形；③采纳了国际标准草案中制定的 19 个安全标志中的大部分。总之，各国的安全色标与国际标准正逐步取得一致。

我国也在 1982 年颁布了国家标准《安全色》GB 2893 和《安全标志》GB 2894，而后又陆续颁布了国家标准《安全色卡》GB 6527.1、《安全色使用导则》GB 6527.2 以及《安全标志使用导则》GB 16179。我国规定的安全色的颜色及其含义与国际标准草案中所规定的基本一致，安全标志的图形种类及其含义与国际标准草案中所规定的也基本一致。现行的国家标准《安全色》GB 2893 合并了《安全色使用导则》，《安全标志及其使用导则》GB 2894 合并了《激光安全标志》。现把安全色与安全标志分述如下。

1.6.1 安全色

各种颜色具有各自的特性，它给人们的视觉和心理以刺激，从而给人们以不同的感受，如冷暖、进退、轻重、宁静与刺激、活泼与忧郁等各种心理效应。

安全色就是根据颜色给予人们不同的感受而确定的，由于安全色是表达"禁止""警告""指令"和"提示"等安全信息含义的颜色，所以要求容易辨认和引人注目。

1. 含义及用途

国家标准《安全色》GB 2893 中规定了安全色是传递安全信息含义的颜色，包括红、蓝、黄、绿四种颜色，其含义和用途见表 1-30。

安全色的含义及用途 表 1-30

颜色	含义	用 途 举 例
红色	禁止、停止 危险、消防	禁止标志；交通禁令标志；消防设备标志；危险信号旗； 停止信号；机器、车辆上的紧急停止手柄或按钮，以及禁止人们触动的部位
蓝色	指令 必须遵守的规定	指令标志；如必须佩带个人防护用具道路指引车辆和行人行走方向的指令
黄色	警告 注意	警告标志；警告信号旗；道路交通标志和标线； 警戒标志；如厂内危险机器和坑池边周围的警戒线； 机械上齿轮箱的内部； 安全帽
绿色	提示安全	提示标志； 车间内的安全通道； 行人和车辆通行标志； 消防设备和其他安全防护装置的位置

注：1. 蓝色只有与几何图形同时使用时，才表示指令。

　　2. 为了不与道路两旁绿色行道树相混淆，道路上的提示标志用蓝色。

这四种颜色有如下的特性：

（1）红色：红色很醒目，使人们在心理上会产生兴奋感和刺激性。红色光波较长，不易被尘雾所散射，在较远的地方也容易辨认，即红色的注目性非常高，视认性也很好，所以用其表示危险、禁止和紧急停止的信号。

（2）蓝色：蓝色的注目性和视认性虽然都不太好，但与白色相配合使用效果不错，特别是在太阳光直射的情况下较明显，因而被选用为指令标志的颜色。

（3）黄色：黄色对人眼能产生比红色为高的明度，黄色与黑色组成的条纹是视认性最高的色彩，特别能引起人们的注意，所以被选用为警告色。

（4）绿色：绿色的视认性和注目性虽然都不高，但绿色是新鲜、年轻、青春的象征，具有和平、久远、生长、安全等心理效应，所以用绿色提示安全信息。

2. 对比色规定

为使安全色更加醒目，使用对比色为其反衬色。对比色为黑白两种颜色。对于安全色来说，什么颜色的对比色用白色，什么颜色的对比色用黑色决定于该色的明度。两色明度差别越大越好。所以黑白互为对比色；红、蓝、绿色的对比色定为白色；黄色的对比色定为黑色。

在运用对比色时，黑色用于安全标志的文字、图形符号和警告标志的几何边框。白色既可以用于红、蓝、绿的背景色，也可以用作安全标志的文字和图形符号。

3. 间隔条纹标示

用安全色和其对比色制成的间隔条纹标示，能显得更加清晰醒目。间隔的条纹标示有红色与白色相间隔的，黄色与黑色相间隔的，以及蓝色与白色相间隔的条纹。安全色与对比色相间的条纹宽度应相等，即各占 50%，这些间隔条纹标示的含义和用途见表 1-31。

间隔条纹标志的含义与用途 表 1-31

间隔条纹	含 义	用 途 举 例
红、白色相间	表示禁止或提示消防设备、设施位置的安全标记	道路上用的防护栏杆和隔离墩
黄、黑色相间	表示危险位置的安全标记	轮胎式起重机的外伸腿，吊车吊钩的滑轮架，铁路和通道交叉口上的防护栏杆
蓝、白色相间	表示指令的安全标记，传递必须遵守规定的信息	交通指示性导向标志
绿、白色相间	表示安全环境的安全标记	固定提示标志杆上的色带

4. 使用范围

安全色的使用范围和作用，按照《安全色》GB 2893 的规定，适用于公共场所、生产经营单位和交通运输、建筑、仓储等行业以及消防等领域所使用的信号和标志的表面色。

5. 注意事项

为了使人们对周围存在的不安全因素环境、设备引起注意，需要涂以醒目的安全色以提高人们对不安全因素的警惕是十分必要的。另外，统一使用安全色，能使人们在紧急情况下，借助于所熟悉的安全色含义，尽快识别危险部位，及时采取措施，提高自控能力，有助于防止事故的发生。但必须注意，安全色本身与安全标志一样，不能消除任何危险，也不能代替防范事故的其他措施。

（1）安全色和对比色的颜色范围：在使用安全色时，一定要严格执行《安全色》GB 2893 中规定的安全色和对比色的颜色范围和亮度因数。因为只有合乎要求，才能便于人们能准确而迅速地辨认。在使用安全色的场所，照明光源应接近于天然昼光，其照度应不低于《工业企业照明设计标准》GB 50034 的规定。

（2）安全色卡具有最佳的颜色辨认率，即使在傍晚或普通的人造光源下也比较容易识别，所以能更好地提高人们对不安全因素的警惕。

（3）凡涂有安全色的部位，每半年应检查一次，应经常保持整洁、明亮，如有变色、褪色等不符合安全色范围，逆反射系数低于 70% 或安全色的使用环境改变时，应及时重涂或更换，以保证安全色正确、醒目，达到安全警示的目的。

1.6.2 安全标志

安全标志是用以表达特定安全信息的标志，由图形符号、安全色、几何形状（边框）或文字构成。

制定安全标志的目的是引起人们对不安全因素的注意，预防事故的发生。因此要求安全标志含义简明、清晰易辨、引人注目。安全标志应尽量避免过多的文字说明，甚至不用文字说明，也能使人们一看就知道它所表达的信息含义。安全标志不能代替安全操作规程和保护措施。

根据国家有关标准，安全标志应由安全色、几何图形和图形符号构成。必要时，还需要补充一些文字说明与安全标志一起使用。

国家标准《安全标志及其使用导则》GB 2894 对安全标志的尺寸、衬底色、制作、设置位置、检查、维修以及各类安全标志的几何图形、标志数目、图形颜色及其辅助标志等都作了具体规定。安全标志的文字说明必须与安全标志同时使用。辅助标志应位于安全标志几何图形的下方，文字有横写、竖写两种形式。

1. 标志类型

（1）根据使用目的分类

安全标志根据其使用目的的不同，可以分为以下 9 种：

①防火标识（有发生火灾危险的场所，有易燃易爆危险的物质及位置，防火、灭火设备位置）；

②禁止标识（所禁止的危险行动）；

③危险标识（有直接危险性的物体和场所并对危险状态作警告）；

④注意标识（由于不安全行为或不注意就有危险的场所）；

⑤救护标识；

⑥小心标识；

⑦放射性标识；

⑧方向标识；

⑨指示标识。

（2）按用途分类

安全标志按其用途可分为禁止标志、警告标志、指令标志和提示标志四大类型。这四类标志用四个不同的几何图形来表示。

1）禁止标志

禁止标志的含义是禁止人们不安全行为的图形标志。

禁止标志的基本形式是带斜杠的圆边框。如图 1-11 所示，外径 $d_1=0.025L$，内径 $d_2=0.800d_1$，斜杠宽 $c=0.080d_1$，斜杠与水平线的夹角 $\alpha=45°$，L 为观察距离。带斜杠的圆环的几何图形，图形背景为白色，圆环和斜杠为红色，图形符号为黑色。

人们习惯用符号"×"表示禁止或不允许。但是，如果在圆环内画上"×"会使图像不清晰，影响视认效果，因此改用"＼"来表示"禁止"，这样做也与国际标准化组织的规定是一致的。

禁止标志有禁止吸烟、禁止烟火、禁止带火种、禁止用水灭火、禁止放置易燃物、禁止堆放、禁止启动、禁止合闸、禁止转动、禁止叉车和厂内机动车辆通过、禁止乘人、禁止靠近、禁止入内、禁止推动、禁止停留、禁止通行、禁止跨越、禁止攀登、禁止跳下、禁止伸出窗外、禁止依靠、禁止坐卧、禁止蹬踏、禁止触摸、禁止伸入、禁止饮用、禁止抛物、禁止戴手套、禁止穿化纤服装、禁止穿带钉鞋、禁止开启无线移动通信设备、禁止携带金属物或手表、禁止佩戴心脏起搏器者靠近、禁止植入金属材料者靠近、禁止游泳、禁止滑冰、禁止携带武器及仿真武器、禁止携带托运易燃及易爆物品、禁止携带托运有毒物品和有害液体、禁止携带托运放射性及磁性物品等。

2）警告标志

警告标志的含义是提醒人们对周围环境引起注意，以避免可能发生危险的图形标志。

警告标志的基本形式是正三角形边框，如图 1-12 所示，外边 $a_1 = 0.034L$，内边 $a_2 = 0.700a_1$，边框外角圆弧半径 $r = 0080a_2$，L 为观察距离。三角形几何图形，图形背景是黄色，三角形边框及图形符号均为黑色。

三角形引人注目，即使光线不佳时也比圆形清楚。国际标准草案 3864-3 文件中也把三角形作为"警告标志"的几何图形。

警告标志有：注意安全、当心火灾、当心爆炸、当心腐蚀、当心中毒、当心感染、当心触电、当心电缆、当心自动启动、当心机械伤人、当心塌方、当心冒顶、当心坑洞、当心落物、当心吊物、当心碰头、当心挤压、当心烫伤、当心伤手、当心夹手、当心扎脚、当心有犬、当心弧光、当心高温表面、当心低温、当心磁场、当心电离辐射、当心裂变物质、当心激光、当心微波、当心叉车、当心车辆、当心火车、当心坠落、当心障碍物、当心跌落、当心滑倒、当心落水、当心缝隙等。

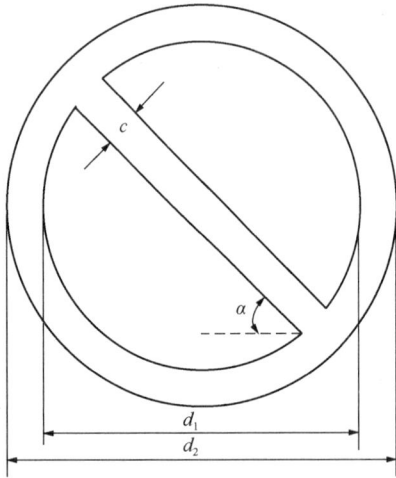

图 1-11　禁止标志的基本形式　　　　图 1-12　警告标志的基本形式

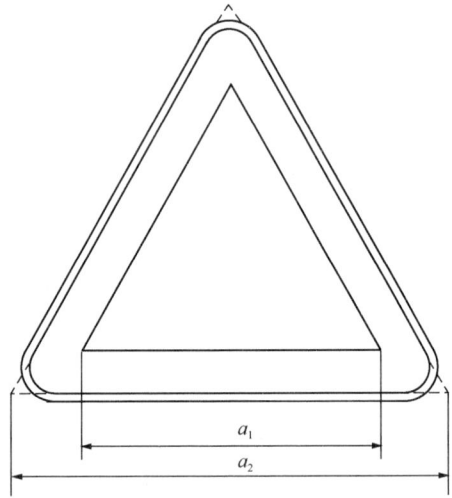

3）指令标志

指令标志的含义是强制人们必须做出某种动作或采用防范措施的图形标志。

指令标志是提醒人们必须要遵守某项规定的一种标志，基本形式是圆形边框。如图 1-13 所示，直径 $d = 0.025L$，L 为观察距离。圆形几何图形，背景为蓝色，图形符号为白色。

标有"指令标志"的地方，就是要求人们到达这个地方，必须遵守"指令标志"的规定。例如进入施工工地，工地附近有"必须戴安全帽"的指令标志，则必须将安全帽戴上，否则就是违反了施工工地的安全规定。

指令标志有：必须戴防护眼镜、必须佩戴遮光护目镜、必须戴防尘口罩、必须戴防毒面具、必须戴护耳器、必须戴安全帽、必须戴防护帽、必须系安全带、必须穿救生衣、必须穿防护服、必须戴防护手套、必须穿防护鞋、必须洗手、必须加锁、必须接地、必须拔出插头等。

4）提示标志

提示标志的含义是向人们提供某种信息（如标明安全设施或场所等）的图形标志。

提示标志是指示目标方向的安全标志。基本形式是正方形边框，如图 1-14 所示，边长 $a=0.025L$，L 为观察距离。长方形几何图形，图形背景为绿色，图形符号及文字为白色。

长方形给人以安定感，另外提示标志也需要有足够的地方书写文字和画出箭头以提示必要的信息，所以用长方形是适宜的。

提示标志有紧急出口、避险处、应急避难场所、可动火区、击碎板面、急救点、应急电话、紧急医疗站等。

提示标志提示目标的位置时要加方向辅助标志。按实际需要指示左向或下向时，辅助标志应放在图形标志的左方，如指示右向时，则应放在图形标志的右方。

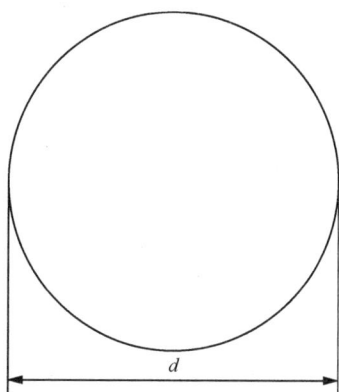

图 1-13　指令标志的基本形式　　　　　图 1-14　提示标志的基本形式

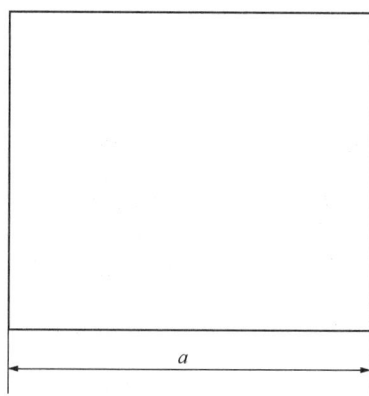

2. 辅助标志

有时候，为了对某一种标志加以强调而增设辅助标志。提示标志的辅助标志为方向辅助标志，其余三种采用文字辅助标志。

文字辅助标志就是在安全标志的下方标有文字补充说明安全标志的含义。基本形式是矩形边框，辅助标志的文字可以横写，也可以竖写。文字字体均为黑体字。一般来说，挂牌的辅助标志用横写，用杆竖立在特定地方的辅助标志，文字竖写在标志的立杆上。

各种辅助标志的背景颜色、文字颜色、字体，辅助标志放置的部位、形状与尺寸的规定等见表 1-32。

辅助标志的有关规定　　　　　　　　　　　　　　　　　　表 1-32

辅助标志写法	横写	竖写
背景颜色	禁止标志—红色 警告标志—白色 指令标志—蓝色 提示标志—绿色	白色

辅助标志写法	横写	竖写
文字颜色	禁止标志—白色 警告标志—黑色 指令标志—白色 提示标志—白色	黑色
字体	黑体字	黑体字
放置部位	在标志的下方，可以和标志连在一起，也可以分开	在标志杆的上方（标志杆下部色带的颜色应和标志的颜色相一致）
形状	矩形	矩形
尺寸	长 500mm	—

文字辅助标志横写和竖写的示例分别如图 1-15 和图 1-16 所示。

图 1-15　横写的文字辅助标志

安全标志在使用场所和视距上必须保证人们可以清楚地识别。为此，安全标志应当设置在它所指示的目标物附近，使人们一眼就能识别出它所提供的信息是属于哪一种象物。另外，安全标志应有充分的照明，为了保证能在黑暗地点或电源切断时也能看清标志，有些标志应带有应急照明电池或荧光。

安全标志所用的颜色应符合《安全色》GB 2893 规定的颜色。

3. 激光辐射窗口标志和说明标志

激光辐射窗口标志和说明标志应配合"当心激光"警告标志使用，说明标志包括激光产品辐射分类说明标志和激光辐射场所安全说明标志，激光辐射窗口标志和说明标志的图形、尺寸和使用方法符合规范规定。

4. 安全标志使用范围

安全标志的使用范围，按照《安全标志及其使用导则》GB 2894 的规定，适用于工矿企业、建筑工地、厂内运输和其他有必要提醒人们注意安全的场所。

5. 安全标志牌

（1）安全标志牌的要求

安全标志牌要有衬边。除警告标志边框用黄色勾边外，其余全部用白色将边框勾一窄边，即为安全标志的衬边，衬边宽度为标志边长或直径的 1/40 倍。

安全标志牌应采用坚固耐用的材料制作，一般不宜使用遇水变形、变质或易燃的材料。有触电危险的作业场所应使用绝缘材料。标志牌图形应清楚，无毛刺、孔洞和影响使用的任何弊病。

（2）标志牌的型号选用

1）工地、工厂等的入口处设 6 型或 7 型。

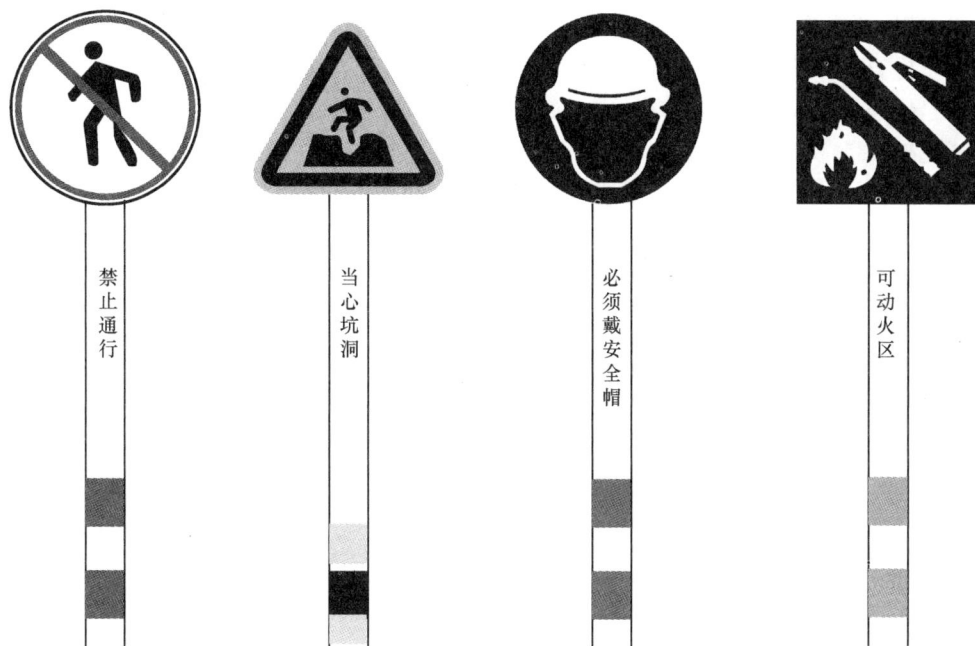

图 1-16　竖写在标志杆上部的文字辅助标志

2）车间入口处、厂区内和工地内设 5 型或 6 型。

3）车间内设 4 型或 5 型。

4）局部信息标志牌设 1 型、2 型或 3 型。

无论厂区或车间内，所设标志牌其观察距离不能覆盖全厂或全车间面积时，应多设几个标志牌。

（3）标志牌的设置高度

标志牌设置的高度，应尽量与人眼的视线高度相一致。悬挂式和柱式的环境信息标志牌的下缘距地面的高度不宜小于 2m；局部信息标志的设置高度应视具体情况确定。

（4）安全标志牌的使用要求

1）标志牌应设在与安全有关的醒目地方，并使大家看见后，有足够的时间来注意它所表示的内容。环境信息标志宜设在有关场所的入口处和醒目处，局部信息标志应设在所涉及的相应危险地点或设备（部件）附近的醒目处。

2）标志牌不应设在门、窗、架等可移动的物体上，以免标志牌随母体物体相应移动，影响认读。标志牌前不得放置妨碍认读的障碍物。

3）标志牌的平面与视线夹角应接近 90°，观察者位于最大观察距离时，最小夹角不低于 75°。

4）标志牌应设置在明亮的环境中。

5）多个标志牌在一起设置时，应按警告、禁止、指令、提示类型的顺序，先左后右、先上后下地排列。

6）标志牌的固定方式分附着式、悬挂式和柱式三种。悬挂式和附着式的固定应稳固不倾斜，柱式的标志牌和支架应牢固地连接在一起。

7）其他要求应符合《公共信息导向系统设置原则与要求》GB/T 15566 的规定。

（5）检查与维修

安全标志牌至少每半年检查一次，如发现有破损、变形、褪色等不符合要求时应及时修整或更换。

在修整或更换激光安全标志时应有临时的标志替换，以避免发生意外的伤害。

2 建设工程安全生产管理制度

　　本章要点：《建筑法》、《安全生产法》、《安全生产许可证条例》、《建筑施工企业安全生产许可证管理规定》等与建设工程有关的法律法规和部门规章，对政府部门、有关企业及相关人员的建设工程安全生产和管理行为进行了全面的规范，确立了一系列建设工程安全生产管理制度。本章主要介绍了建筑施工企业安全生产许可制度，建筑施工企业三类人员考核任职制度，安全监督检查制度，安全生产责任制度，安全生产教育培训制度，建筑工程和拆除工程备案制度，特种作业人员持证上岗制度，专项施工方案管理制度，建筑起重机械安全监督管理制度，危及施工安全的工艺、设备、材料淘汰制度，施工现场消防安全制度，生产安全事故报告制度，生产安全事故应急救援制度以及工伤保险制度。

2.1　建筑施工企业安全生产许可制度

为了严格规范建筑施工企业安全生产条件，进一步加强安全生产监督管理，防止和减少生产安全事故，住建部根据《安全生产许可证条例》等有关行政法规，制定了《建筑施工企业安全生产许可证管理规定》及《建筑施工企业安全生产许可证动态监管规定》。

国家对建筑施工企业实行安全生产许可制度，建筑施工企业未取得安全生产许可证的，不得参加建设工程施工投标活动。

主要内容如下：

2.1.1　安全生产许可证的申请条件

企业取得安全生产许可证，应当具备下列安全生产条件：

（1）建立、健全安全生产责任制，制定完备的安全生产规章制度和操作规程。

（2）安全投入符合安全生产要求。

（3）设置安全生产管理机构，配备专职安全生产管理人员。

（4）主要负责人和安全生产管理人员经考核合格。

（5）特种作业人员经有关业务主管部门考核合格，取得特种作业操作资格证书。

（6）从业人员经安全生产教育和培训合格。

（7）依法参加工伤保险，为从业人员缴纳保险费。

（8）厂房、作业场所和安全设施、设备、工艺符合有关安全生产法律、法规和标准的要求。

（9）有职业危害防治措施，并为从业人员配备符合国家标准或者行业标准的劳动防护用品。

（10）依法进行安全评价。

（11）有重大危险源检测、评估、监控措施和应急预案。

（12）有生产安全事故应急救援预案、应急救援组织或者应急救援人员，配备必要的应急救援器材、设备。

（13）法律、法规规定的其他条件。

2.1.2　安全生产许可证的申请与颁发

建筑施工企业从事建筑施工活动前，应当向省级以上建设行政主管部门申请领取安全生产许可证。中央管理的建筑施工企业（集团公司、总公司）应当向国务院建设行政主管部门申请领取安全生产许可证，其他的建筑施工企业，包括中央管理的建筑施工企业（集团公司、总公司）下属的建筑施工企业，应当向企业注册所在地省、自治区、直辖市人民政府建设行政主管部门申请领取安全生产许可证。

建设行政主管部门应当自受理建筑施工企业的申请之日起 45 日内审查完毕；经审查符合安全生产条件的，颁发安全生产许可证；不符合安全生产条件的，不予颁发安全生产许可证，书面通知企业并说明理由。企业自接到通知之日起应当进行整改，整改合格后方可再次提出申请。建设主管部门审查建筑施工企业安全生产许可证申请，涉及铁路、交通、水利等有关专业工程时，可以征求铁路、交通、水利等有关部门的意见。

安全生产许可证的有效期为 3 年。安全生产许可证有效期满需要延期的，企业应当于期满前三个月向原安全生产许可证颁发管理机关申请办理延期手续。企业在安全生产许可证有效期内，严格遵守有关安全生产的法律法规，未发生死亡事故的，安全生产许可证有效期届满时，经原安全生产许可证颁发管理机关同意不再审查，安全生产许可证有效期延期 3 年。建筑施工企业变更名称、地址、法定代表人等，应当在变更后 10 日内，到原安全生产许可证颁发管理机关办理安全生产许可证变更手续。

建筑施工企业破产、倒闭、撤销的，应当将安全生产许可证交回原安全生产许可证颁发管理机关予以注销。

建筑施工企业遗失安全生产许可证，应当立即向原安全生产许可证颁发管理机构报告，并在公众媒体上声明作废，方可申请补办。

安全生产许可证申请表采用住建部规定的统一式样。安全生产许可证采用国务院安全生产监督管理部门规定的统一式样。安全生产许可证分正本和副本，正、副本具有同等法律效力。

2.1.3　安全生产许可证的监督管理

建设单位或其委托的工程招标代理机构在编制资格预审文件和招标文件时，应当明确要求建筑施工企业提供安全生产许可证，以及企业主要负责人、拟担任该项目负责人和专职安全生产管理人员（以下简称"三类人员"）相应的安全生产考核合格证书。

建设行政主管部门在审核发放施工许可证时，应当对已经确定的建筑施工企业是否具有安全生产许可证以及安全生产许可证是否处于暂扣期内进行审查，对未取得安全生产许可证及安全生产许可证处于暂扣期内的，不得颁发施工许可证。

建设工程实行施工总承包的，建筑施工总承包企业应当依法将工程分包给具有安全生产许可证的专业承包企业或劳务分包企业，并加强对分包企业安全生产条件的监督检查。

工程监理单位应当查验承建工程的施工企业安全生产许可证和有关"三类人员"安全生产考核合格证书持证情况，发现其持证情况不符合规定的或施工现场降低安全生产条件的，应当要求其立即整改。施工企业拒不整改的，工程监理单位应当向建设单位报告。建设单位接到工程监理单位报告后，应当责令施工企业立即整改。

建筑施工企业应当加强对本企业和承建工程安全生产条件的日常动态检查，发现不符合法定安全生产条件的，应当立即进行整改，并作好自查和整改记录。

建筑施工企业在"三类人员"配备、安全生产管理机构设置及其他法定安全生产条件发生变化以及因施工资质升级、增项而使得安全生产条件发生变化时，应当向安全生产许可证颁发管理机关（以下简称颁发管理机关）和当地建设行政主管部门报告。

颁发管理机关应当建立建筑施工企业安全生产条件的动态监督检查制度，并将安全生产管理薄弱、事故频发的企业作为监督检查的重点。

颁发管理机关根据监管情况、群众举报投诉和企业安全生产条件变化报告，对相关建筑施工企业及其承建工程项目的安全生产条件进行核查，发现企业降低安全生产条件的，应当视其安全生产条件降低情况对其依法实施暂扣或吊销安全生产许可证的处罚。

市、县级人民政府建设行政主管部门或其委托的建筑安全监督机构在日常安全生产监督检查中，应当查验承建工程施工企业的安全生产许可证。发现企业降低施工现场安全生产条件的或存在事故隐患的，应立即提出整改要求；情节严重的，应责令工程项目停止施工并限期整改。

依据《建筑施工企业安全生产许可证动态监管规定》责令停止施工，符合下列情形之一的，市、县级人民政府建设行政主管部门应当于作出最后一次停止施工决定之日起 15 日内以书面形式向颁发管理机关（县级人民政府建设主管部门同时抄报设区市级人民政府建设行政主管部门；工程承建企业跨省施工的，通过省级人民政府建设主管部门抄告）提出暂扣企业安全生产许可证的建议，并附具企业及有关工程项目违法违规事实和证明安全生产条件降低的相关询问笔录或其他证据材料。

（1）在 12 个月内，同一企业同一项目被两次责令停止施工的。

（2）在 12 个月内，同一企业在同一市、县内 3 个项目被责令停止施工的。

（3）施工企业承建工程经责令停止施工后，整改仍达不到要求或拒不停工整改的。

颁发管理机关接到暂扣安全生产许可证建议后，应当于 5 个工作日内立案，并根据情节轻重依法给予企业暂扣安全生产许可证 30～60 日的处罚。

工程项目发生一般及以上生产安全事故的，工程所在地市、县级人民政府建设主管部门应当立即按照事故报告要求向本地区颁发管理机关报告。

工程承建企业跨省施工的，工程所在地省级建设主管部门应当在事故发生之日起 15 日内将事故基本情况书面通报颁发管理机关，同时附具企业及有关项目违法违规事实和证明安全生产条件降低的相关询问笔录或其他证据材料。

颁发管理机关接到规定的报告或通报后，应立即组织对相关建筑施工企业（含施工总承包企业和与发生事故直接相关的分包企业）安全生产条件进行复核，并于接到报告或通报之日起 20 日内复核完毕。

颁发管理机关复核施工企业及其工程项目安全生产条件，可以直接复核或委托工程所在地建设主管部门复核。被委托的建设行政主管部门应严格按照法规、规章和相关标准进行复核，并及时向颁发管理机关反馈复核结果。

依据规定复核，对企业降低安全生产条件的，颁发管理机关应当依法给予企业暂扣安全生产许可证的处罚；属情节特别严重的或者发生特别重大事故的，依法吊销安全生产许可证。

暂扣安全生产许可证处罚视事故发生级别和安全生产条件降低情况，按下列标准执行：

（1）发生一般事故的，暂扣安全生产许可证 30～60 日。

（2）发生较大事故的，暂扣安全生产许可证 60～90 日。

（3）发生重大事故的，暂扣安全生产许可证 90～120 日。

建筑施工企业在 12 个月内第二次发生生产安全事故的，视事故级别和安全生产条件降低情况，分别按下列标准进行处罚：

（1）发生一般事故的，暂扣时限为在上一次暂扣时限的基础上再增加 30 日。

（2）发生较大事故的，暂扣时限为在上一次暂扣时限的基础上再增加 60 日。

（3）发生重大事故的，或暂扣时限超过 120 日的，吊销安全生产许可证。

12 个月内同一企业连续发生 3 次生产安全事故的，吊销安全生产许可证。

建筑施工企业瞒报、谎报、迟报或漏报事故的，在处罚的基础上，再处延长暂扣期 30～60 日的处罚。暂扣时限超过 120 日的，吊销安全生产许可证。

建筑施工企业在安全生产许可证暂扣期内，拒不整改的，吊销其安全生产许可证。

建筑施工企业安全生产许可证被暂扣期间，企业在全国范围内不得承揽新的工程项目。发生问题或事故的工程项目停工整改，经工程所在地有关建设主管部门核查合格后方可继续施工。

建筑施工企业安全生产许可证被吊销后，自吊销决定作出之日起 1 年内不得重新申请安全生产许可证。

建筑施工企业安全生产许可证暂扣期满前 10 个工作日，企业需向颁发管理机关提出发还安全生产许可证申请。颁发管理机关接到申请后，应当对被暂扣企业安全生产条件进行复查，复查合格的，应当在暂扣期满时发还安全生产许可证；复查不合格的，增加暂扣期限直至吊销安全生产许可证。

颁发管理机关应建立建筑施工企业安全生产许可动态监管激励制度。对于安全生产工作成效显著、连续 3 年及以上未被暂扣安全生产许可证的企业，在评选各级各类安全生产先进集体和个人、文明工地、优质工程等时可以优先考虑，并可根据本地实际情况在监督管理时采取有关优惠政策措施。

颁发管理机关应将建筑施工企业安全生产许可证审批、延期、暂扣、吊销情况，于作出有关行政决定之日起 5 个工作日内录入全国建筑施工企业安全生产许可证管理信息系统，并对录入信息的真实性和准确性负责。

在建筑施工企业安全生产许可证动态监管中，涉及有关专业建设工程主管部门的，依照有关职责分工实施。

2.2　建筑施工企业三类人员考核任职制度

依据 2015 年 12 月住建部《建筑施工企业主要负责人、项目负责人和专职安全生产管理人员安全生产管理规定实施意见》的规定，为贯彻落实《安全生产法》、《建筑工程安全生产管理条例》和《安全生产许可条例》，提高建筑施工企业主要负责人、项目负责人和专职安全生产管理人员安全生产知识和技能，保证施工安全生产，对建筑施工企业三类人员进行考核认定。三类人员应当经建设行政主管部门或者其他有关部门考核合格后方可任职。

2.2.1　企业主要负责人的范围

企业主要负责人包括法定代表人、总经理（总裁）、分管安全生产的副总经理（副总裁）、分管生产经营的副总经理（副总裁）、技术负责人、安全总监等。

2.2.2 专职安全生产管理人员的分类

专职安全生产管理人员分为机械、土建、综合三类。机械类专职安全生产管理人员可以从事起重机械、土石方机械、桩工机械等安全生产管理工作。土建类专职安全生产管理人员可以从事除起重机械、土石方机械、桩工机械等安全生产管理工作以外的安全生产管理工作。综合类专职安全生产管理人员可以从事全部安全生产管理工作。

新申请专职安全生产管理人员安全生产考核只可以在机械、土建、综合三类中选择一类。机械类专职安全生产管理人员在参加土建类安全生产管理专业考试合格后，可以申请取得综合类专职安全生产管理人员安全生产考核合格证书。土建类专职安全生产管理人员在参加机械类安全生产管理专业考试合格后，可以申请取得综合类专职安全生产管理人员安全生产考核合格证书。

2.2.3 申请安全生产考核应具备的条件

1. 申请建筑施工企业主要负责人安全生产考核，应当具备下列条件：
(1) 具有相应的文化程度、专业技术职称（法定代表人除外）。
(2) 与所在企业确立劳动关系。
(3) 经所在企业年度安全生产教育培训合格。

2. 申请建筑施工企业项目负责人安全生产考核，应当具备下列条件：
(1) 取得相应注册执业资格。
(2) 与所在企业确立劳动关系。
(3) 经所在企业年度安全生产教育培训合格。

3. 申请专职安全生产管理人员安全生产考核，应当具备下列条件：
(1) 年龄已满 18 周岁未满 60 周岁，身体健康。
(2) 具有中专（含高中、中技、职高）及以上文化程度或初级及以上技术职称。
(3) 与所在企业确立劳动关系，从事施工管理工作两年以上。
(4) 经所在企业年度安全生产教育培训合格。

2.2.4 安全生产考核的内容与方式

安全生产考核包括安全生产知识考核和安全生产管理能力考核。

安全生产知识考核可采用书面或计算机答卷的方式；安全生产管理能力考核可采用现场实操考核或通过视频、图片等模拟现场考核方式。

机械类专职安全生产管理人员及综合类专职安全生产管理人员安全生产管理能力考核内容必须包括攀爬塔式起重机及起重机械隐患识别等。

2.2.5 安全生产考核合格证书的样式

建筑施工企业主要负责人、项目负责人和专职安全生产管理人员的安全生产考核合格证书由住建部统一规定样式。主要负责人证书封皮为红色，项目负责人证书封皮为绿色，专职安全生产管理人员证书封皮为蓝色。

2.2.6　安全生产考核合格证书的编号

建筑施工企业主要负责人、项目负责人安全生产考核合格证书编号应遵照《关于建筑施工企业主要负责人、项目负责人和专职安全生产管理人员安全生产考核合格证书有关问题的通知》（建办质〔2004〕23号）有关规定。

专职安全生产管理人员安全生产考核合格证书按照下列规定编号：

（1）机械类专职安全生产管理人员，代码为C1，编号组成：省、自治区、直辖市简称＋建安＋C1＋（证书颁发年份全称）＋证书颁发当年流水次序号（7位），如京建安C1（2015）0000001；

（2）土建类专职安全生产管理人员，代码为C2，编号组成：省、自治区、直辖市简称＋建安＋C2＋（证书颁发年份全称）＋证书颁发当年流水次序号（7位），如京建安C2（2015）0000001；

（3）综合类专职安全生产管理人员，代码为C3，编号组成：省、自治区、直辖市简称＋建安＋C3＋（证书颁发年份全称）＋证书颁发当年流水次序号（7位），如京建安C3（2015）0000001。

2.2.7　安全生产考核合格证书的延续

建筑施工企业主要负责人、项目负责人和专职安全生产管理人员应当在安全生产考核合格证书有效期届满前3个月内，经所在企业向原考核机关申请证书延续。

符合下列条件的准予证书延续：

（1）在证书有效期内未因生产安全事故或者安全生产违法违规行为受到行政处罚。

（2）信用档案中无安全生产不良行为记录。

（3）企业年度安全生产教育培训合格，且在证书有效期内参加县级以上住房城乡建设主管部门组织的安全生产教育培训时间满24学时。

不符合证书延续条件的应当申请重新考核。不办理证书延续的，证书自动失效。

2.2.8　安全生产考核合格证书的换发

在本意见实施前已经取得专职安全生产管理人员安全生产考核合格证书且证书在有效期内的人员，经所在企业向原考核机关提出换发证书申请，可以选择换发土建类专职安全生产管理人员安全生产考核合格证书或者机械类专职安全生产管理人员安全生产考核合格证书。

2.2.9　安全生产考核合格证书的跨省变更

建筑施工企业主要负责人、项目负责人和专职安全生产管理人员跨省更换受聘企业的，应到原考核发证机关办理证书转出手续。原考核发证机关应为其办理包含原证书有效期限等信息的证书转出证明。

建筑施工企业主要负责人、项目负责人和专职安全生产管理人员持相关证明通过新受聘企业到该企业工商注册所在地的考核发证机关办理新证书。新证书应延续原证书的有效期。

2.2.10 专职安全生产管理人员的配备

建筑施工企业应当按照《建筑施工企业安全生产管理机构设置及专职安全生产管理人员配备办法》（建质［2008］91号）的有关规定配备专职安全生产管理人员。建筑施工企业安全生产管理机构和建设工程项目中，应当既有可以从事起重机械、土石方机械、桩工机械等安全生产管理工作的专职安全生产管理人员，也有可以从事除起重机械、土石方机械、桩工机械等安全生产管理工作以外的安全生产管理工作的专职安全生产管理人员。

2.2.11 安全生产考核合格证书的暂扣和撤销

建筑施工企业专职安全生产管理人员未按规定履行安全生产管理职责，导致发生一般生产安全事故的，考核机关应当暂扣其安全生产考核合格证书六个月以上一年以下。建筑施工企业主要负责人、项目负责人和专职安全生产管理人员未按规定履行安全生产管理职责，导致发生较大及以上生产安全事故的，考核机关应当撤销其安全生产考核合格证书。

2.2.12 安全生产考核费用

建筑施工企业主要负责人、项目负责人和专职安全生产管理人员安全生产考核不得收取费用，考核工作所需相关费用，由省级人民政府住房城乡建设主管部门商同级财政部门予以保障。

2.3　安全监督检查制度

2.3.1 建筑安全生产监督管理的含义

依据《建筑安全生产监督管理规定》的内容，建筑安全生产监督管理，是指各级人民政府建设行政主管部门及其授权的建筑安全生产监督机构，对于建筑安全生产所实施的行业监督管理。凡从事房屋建筑、土木工程、设备安装、管线敷设等施工和构配件生产活动的单位及个人，都必须接受建设行政主管部门及其授权的建筑安全生产监督机构的行业监督管理，并依法接受国家安全监察。

建筑安全生产监督管理，应当根据"管生产必须管安全"的原则，贯彻"预防为主"的方针，依靠科学管理和技术进步，推动建筑安全生产工作的开展，控制人身伤亡事故的发生。

国务院建设行政主管部门主管全国建筑安全生产的行业监督管理工作。县级以上地方人民政府建设行政主管部门负责本行政区域建筑安全生产的行业监督管理工作。

建筑安全生产监督机构根据同级人民政府建设行政主管部门的授权，依据有关的法规、标准，对本行政区域内建筑安全生产实施监督管理。

2.3.2 《建设工程安全生产管理条例》中监督管理内容

1. 政府安全监督检查的管理体制

（1）国务院负责安全生产监督管理的部门依照《中华人民共和国安全生产法》的规

定，对全国建设工程安全生产工作实施综合监督管理。

（2）县级以上地方人民政府负责安全生产监督管理的部门依照《中华人民共和国安全生产法》的规定，对本行政区域内建设工程安全生产工作实施综合监督管理。

（3）国务院建设行政主管部门对全国的建设工程安全生产实施监督管理。国务院铁路、交通、水利等有关部门按照国务院规定的职责分工，负责有关专业建设工程安全生产的监督管理。

（4）县级以上地方人民政府建设行政主管部门对本行政区域内的建设工程安全生产实施监督管理。县级以上地方人民政府交通、水利等有关部门在各自的职责范围内，负责本行政区域内的专业建设工程安全生产的监督管理。

2. 政府安全监督检查的职责与权限

（1）建设行政主管部门和其他有关部门应当将依法批准开工报告的建设工程和拆除工程的有关资料的主要内容抄送同级负责安全生产监督管理的部门。

（2）建设行政主管部门在审核发放施工许可证时，应当对建设工程是否有安全施工措施进行审查，对没有安全施工措施的，不得颁发施工许可证。

（3）建设行政主管部门或者其他有关部门对建设工程是否有安全施工措施进行审查时，不得收取费用。

（4）县级以上人民政府负有建设工程安全生产监督管理职责的部门在各自的职责范围内履行安全监督检查职责时，有权采取下列措施：

1）要求被检查单位提供有关建设工程安全生产的文件和资料。

2）进入被检查单位施工现场进行检查。

3）纠正施工中违反安全生产要求的行为。

4）对检查中发现的安全事故隐患，责令立即排除；重大安全事故隐患排除前或者排除过程中无法保证安全的，责令从危险区域内撤出作业人员或者暂时停止施工。

（5）建设行政主管部门或者其他有关部门可以将施工现场的监督检查委托给建设工程安全监督机构具体实施。

（6）国家对严重危及施工安全的工艺、设备、材料实行淘汰制度。具体目录由国务院建设行政主管部门会同国务院其他有关部门制定并公布。

（7）县级以上人民政府建设行政主管部门和其他有关部门应当及时受理对建设工程生产安全事故及安全事故隐患的检举、控告和投诉。

2.3.3　《建筑工程安全生产监督管理工作导则》的主要内容

建设行政主管部门应当依照有关法律法规，针对有关责任主体和工程项目，健全完善以下安全生产监督管理制度：

（1）建筑施工企业安全生产许可证制度。

（2）建筑施工企业"三类人员"安全生产任职考核制度。

（3）建筑工程安全施工措施备案制度。

（4）建筑工程开工安全条件审查制度。

（5）施工现场特种作业人员持证上岗制度。

（6）施工起重机械使用登记制度。

（7）建筑工程生产安全事故应急救援制度。

（8）危及施工安全的工艺、设备、材料淘汰制度。

（9）法律法规规定的其他有关制度。

各地区建设行政主管部门可结合实际，在本级机关建立以下安全生产工作制度：

（1）建筑工程安全生产形势分析制度。定期对本行政区域内建筑工程安全生产状况进行多角度、全方位分析，找出事故多发类型、原因和安全生产管理薄弱环节，制定相应措施，并发布建筑工程安全生产形势分析报告。

（2）建筑工程安全生产联络员制度。在本行政区域内各市、县及有关企业中设置安全生产联络员，定期召开会议，加强工作信息动态交流，研究控制事故的对策、措施，部署和安排重大工作。

（3）建筑工程安全生产预警提示制度。在重大节日、重要会议、特殊季节、恶劣天气到来和施工高峰期之前，认真分析和查找本行政区域建筑工程安全生产薄弱环节，深刻吸取以往年度同时期曾发生事故的教训，有针对性地提早作出符合实际的安全生产工作部署。

（4）建筑工程重大危险源公示和跟踪整改制度。开展本行政区域建筑工程重大危险源的普查登记工作，掌握重大危险源的数量和分布状况，经常性的向社会公布建筑工程重大危险源名录、整改措施及治理情况。

（5）建筑工程安全生产监管责任层级监督与重点地区监督检查制度。监督检查下级建设行政主管部门安全生产责任制的建立和落实情况、贯彻执行安全生产法规政策和制定各项监管措施情况；根据安全生产形势分析，结合重大事故暴露出的问题及在专项整治、监管工作中存在的突出问题，确定重点监督检查地区。

（6）建筑工程安全重特大事故约谈制度。上级建设行政主管部门领导要与事故发生地建设行政主管部门负责人约见谈话，分析事故原因和安全生产形势，研究工作措施。事故发生地建设行政主管部门负责人要与发生事故工程的建设单位、施工单位等有关责任主体的负责人进行约谈告诫，并将约谈告诫记录向社会公示。

（7）建筑工程安全生产监督执法人员培训考核制度。对建筑工程安全生产监督执法人员定期进行安全生产法律、法规和标准、规范的培训，并进行考核，考核合格的方可上岗。

（8）建筑工程安全监督管理档案评查制度。对建筑工程安全生产的监督检查、行政处罚、事故处理等行政执法文书、记录、证据材料等立卷归档。

（9）建筑工程安全生产信用监督和失信惩戒制度。将建筑工程安全生产各方责任主体和从业人员安全生产不良行为记录在案，并利用网络、媒体等向全社会公示，加大安全生产社会监督力度。

2.4　安全生产责任制度

安全生产责任制度就是对各级负责人、各职能部门以及各类施工人员在管理和施工过程中，应当承担的责任作出明确的规定。具体来说，就是将安全生产责任分解到施工单位的主要负责人、项目负责人、班组长以及每个岗位的作业人员身上。安全生产责任制度是施工企业最基本的安全管理制度，是施工企业安全生产管理的核心和中心环节。依据《建设工程安全生产管理条例》和《建筑施工安全检查标准》JGJ 59 的相关规定，安全生产责任制度的主要内容如下：

（1）安全生产责任制度主要包括施工企业主要负责人的安全责任、负责人或其他副职的安全责任、项目负责人（项目经理）的安全责任，生产、技术、材料等各职能管理负责人及其工作人员的安全责任，技术负责人（工程师）的安全责任、专职安全生产管理人员的安全责任、施工员的安全责任、班组长的安全责任和岗位人员的安全责任等。

（2）项目对各级、各部门安全生产责任制应规定检查和考核办法，并按规定期限进行考核，对考核结果及兑现情况应有记录。

（3）项目独立承包的工程在签订承包合同中必须有安全生产工作的具体指标和要求。工地由多单位施工时，总分包单位在签订分包合同的同时要签订安全生产合同（协议），签订合同前要检查分包单位的营业执照、企业资质证、安全资格证等。分包队伍的资质应与工程要求相符，在安全合同中应明确总分包单位各自的安全职责，原则上，实行总承包的由总承包单位负责，分包单位向总包单位负责，服从总包单位对施工现场的安全管理。分包单位在其分包范围内建立施工现场安全生产管理制度，并组织实施。

（4）项目的主要工种应有相应的安全技术操作规程，一般应包括：砌筑、拌灰、混凝土、木作、钢筋、机械、电气焊、起重司索、信号指挥、塔司、架子、水暖、油漆等工种，特种作业应另行补充。应将安全技术操作规程列为日常安全活动和安全教育的主要内容，并应悬挂在操作岗位前。

（5）施工现场应按工程项目大小配备专（兼）职安全人员。

2.5　安全生产教育培训制度

《建筑法》第四十六条规定："建筑施工企业应当建立健全劳动安全教育培训制度，加强对企业安全生产的教育培训，未经安全生产教育培训的人员，不得上岗作业。"住房城乡建设部依据《建设工程安全生产管理条例》制定了《建筑施工企业主要负责人、项目负责人和专职安全生产管理人员安全生产管理规定》，从而在国家法律、法规中确立了安全生产教育培训的重要地位。除进行一般安全教育外，特种作业人员培训还要执行《特种作业人员安全技术培训考核管理规定》的有关规定，按国家、行业、地方和企业规定进行本工种专业培训、资格考核、取得《特种作业人员操作证》后上岗。

2.5.1　安全教育培训的方法

（1）工作现场的安全教育。工作场所内，上级给下级传授安全生产经验，或由老工人对新工人传授安全操作的方法和注意事项。边看，边听，边模仿操作，不间断生产。

（2）离开工作现场脱产的系统的安全教育。通过系统的安全教育，传授全面系统的安全知识，这是企业安全教育的基础性工作。这些教育内容随不同行业，不同企业有很大的差异。须由企业组织教学，使职工掌握本企业所需的全部安全知识。

（3）安全操作技能的培训。在实际操作过程或使用模拟器进行操作技能的培训，使操作技能形成之初就完成规程的操作习惯之后，再纠正就要花费 2 倍以上的精力和时间。

（4）演讲法。其优点是听讲人数不受限制，越多越好，气氛的感染力越浓。效果取决于演讲人和演讲内容，演讲人的威望是一个重要因素。

采用职工进行演讲比赛的方法效果很好，提高了职工的参与感、亲切感。自己讲安全，知道自己的行动，更具有主动精神。

（5）讨论法。一般先确定主题，选择适当的案例，结合具体操作情境，讨论解决安全问题的对策。讨论的议题必须是大家最关心的安全问题，或者是多数人暂时还没有意识但却是客观存在的关键问题。通过讨论可以集思广益，互相启迪，提高安全意识，交流安全经验，达成共识，统一安全步调。

（6）脑力激荡法。为了防止讨论中群体限制个人的发挥，对讨论过程定下一些新的规则：主要是不允许对别人的意见提出反对或批评性意见。不能使用"这是不可能的、这是错误的、这是有矛盾的、不够的、不完善的"等否定性的用语。每个人只讲自己的想法，思路尽可能开阔一些，不怕别人怎么说，但在别人启发下，可以修正或完善自己的看法，也可以自动放弃原来看法，提出新的思路。会议主持人的责任是促使每个人尽可能发挥其聪明才智，把每个人的头脑激荡活跃起来，记录下各种意见想法。

（7）角色扮演法。以不安全操作的场面为素材，制作成剧本，并在现场进行演出，也可以只设情境，要求扮演者即兴表演。担任角色的扮演者和观众都能通过表演，理解什么是安全行为，什么是不安全行为。通过角色扮演可以促使操作人员互相理解，提高他们之间的协调意识。角色扮演之后，把大家集中起来进行简短的讨论，能进一步提高教育效果。角色扮演法强调实用性和参与性。

（8）视听方法。随着现代科技的发展和视听器材的普及，以及各种视听教材的出版发行，通过视听方法进行安全教育已经被广泛采用。这种教育方法直观易懂，可以让人们看到平时看不到或忽略了的细节，了解酿成事故的来龙去脉，传授防止事故的方法和技巧。

（9）安全培训体验法。通过模拟建筑施工现场可能发生的各种安全事故，让体验者亲身体验不安全操作行为所带来的危害。通过体验，让体验者熟练掌握安全操作规程以及紧急情况的安全对策，达到提升职业技能、提高安全意识达到的目的。

（10）安全活动。也就是集中一段时间开展各种形式的安全活动（如安全周、安全月）。提出活动的中心口号，围绕中心口号开展强有力的宣传活动，做到人人皆知。设计多种形式的有关安全的宣传教育活动，开展评比、竞赛、交流、展览、办报、广播、录像、讲座、参观等多种活动，吸引尽可能多的人参加到活动中来。通过安全运动增强每一个人和群体的安全意识，营造出企业的安全生产气氛，使之成为企业文化的重要组成部分。

（11）安全检查。检查不仅是纠正种种不安全现象的强制性工作过程，也是进行有针对性的安全教育的过程。为加强教育效果，提倡自检和互检，以及再次学习安全规章制度的活动。

2.5.2 教育和培训的时间

根据《建筑业企业职工安全培训教育暂行规定》的要求如下：
（1）企业法人代表、项目经理每年不少于30学时。
（2）专职管理和技术人员每年不少于40学时。

（3）其他管理和技术人员每年不少于 20 学时。

（4）特殊工种每年不少于 20 学时。

（5）其他职工每年不少于 15 学时。

（6）待、转、换岗重新上岗前，接受一次不少于 20 学时的培训。

（7）新工人的公司、项目、班组三级培训教育时间分别不少于 15、15、20 学时。

2.5.3　教育和培训的形式与内容

教育和培训按等级、层次和工作性质分别进行，管理人员的重点是安全生产意识和安全管理水平，操作者的重点是遵章守纪、自我保护和提高防范事故的能力。新工人（包括合同工、临时工、学徒工、实习和代培人员）必须进行公司、工地和班组的三级安全教育。教育内容包括安全生产方针、政策、法规、标准及安全技术知识、设备性能、操作规程、安全制度、严禁事项及本工种的安全操作规程。电工、焊工、架工、司炉工、爆破工、机操工及起重工、打桩机和各种机动车辆司机等特殊工种工人，除进行一般安全教育外，还要经过本工程的专业安全技术教育。采用新工艺、新技术、新设备施工调换工作岗位时，对操作人员进行新技术、新岗位的安全教育。

1. 新工人三级安全教育

对新工人或调换工种的工人，必须按规定进行安全教育和技术培训，经考核合格，方准上岗。

三级安全教育是每个刚进企业的新工人必须接受的首次安全生产方面的基本教育，三级安全教育是指公司（即企业）、项目（或工程处、施工处、工区）、班组这三级。对新工人或调换工种的工人，必须按规定进行安全教育和技术培训，经考核合格，方准上岗。

（1）公司级。新工人在分配到施工队之前，必须进行初步的安全教育。教育内容如下：

1）劳动保护的意义和任务的一般教育；

2）安全生产方针、政策、法规、标准和安全知识；

3）企业安全规章制度等。

（2）项目（或工程处、施工处、工区）级。项目教育是新工人被分配到项目以后进行的安全教育。教育内容如下：

1）建安工人安全生产技术操作一般规定；

2）施工现场安全管理规章制度；

3）安全生产纪律和文明生产要求；

4）在施工程基本情况，包括现场环境、施工特点，可能存在不安全因素的危险作业部位及必须遵守的事项。

（3）班组级。岗位教育是新工人分配到班组后，开始工作前的一级教育。教育内容如下：

1）本人从事施工生产工作的性质，必要的安全知识，机具设备及安全防护设施的性能和作用；

2）本工种安全操作规程；

3）班组安全生产、文明施工基本要求和劳动纪律；

4）本工种事故案例剖析、易发事故部位及劳防用品的使用要求。

（4）三级教育的要求：

1）三级教育一般由企业的安全、教育、劳动、技术等部门配合进行。

2）受教育者必须经过考试合格后才准予进入生产岗位。

3）给每一名职工建立职工劳动保护教育卡，记录三级教育、变换工种教育等教育考核情况，并由教育者由受教育者双方签字后入册。

2. 特种作业人员培训

除进行一般安全教育外，还要执行《特种作业人员安全技术培训考核管理规定》的有关规定，按国家、行业、地方和企业规定进行本工种专业培训、资格考核，取得《特种作业人员操作证》后上岗。

3. 特定情况下的适时安全教育

1）季节性，如冬期、夏期、雨雪大、汛台期施工；

2）节假日前后；

3）节假日加班或突击赶任务；

4）工作对象改变；

5）工种变换；

6）新工艺、新材料、新技术、新设备施工；

7）发现事故隐患或发生事故后；

8）新进入现场等。

4. "三类人员"安全培训教育

施工单位的主要负责人是安全生产的第一责任人，必须经过考核合格后，做到持证上岗。在施工现场，项目负责人是施工项目安全生产的第一责任者，也必须持证上岗，加强对队伍的培训，使安全管理规范化。

5. 安全生产的经常性教育

企业在做好新工人入场教育、特种作业人员安全生产教育和各级领导干部、安全管理干部的安全生产培训的同时，还必须把经常性的安全教育贯穿于管理工作的全过程，并根据接受教育对象的不同特点，采取多层次、多渠道和多种方法进行。安全生产宣传教育多种多样，应贯彻及时性、严肃性、真实性、做到简明、醒目，具体形式如下：

1）施工现场（车间）入口处设置安全纪律牌；

2）举办安全生产训练班、讲座、报告会、事故分析会；

3）建立安全保护教育室，举办安全保护展览；

4）举办安全保护广播，印发安全保护简报、通报等，办安全保护黑板报、宣传栏；

5）张挂安全保护挂图或宣传画、安全标志和标语口号；

6）举办安全保护文艺演出、放映安全保护音像制品；

7）组织家属做职工安全生产思想工作。

6. 班前安全活动

班组长在班前进行上岗交流、上岗教育，作好上岗记录。

（1）上岗交底。交当天的作业环境，气候情况、主要工作内容和各个环节的操作安全要求，以及特殊工种的配合等。

（2）上岗检查。查上岗人员的劳动防护情况，每个岗位周围作业环境是否安全无患，机械设备的安全保险装置是否完好有效，以及各类安全技术措施的落实情况等。

2.5.4 建筑施工企业"三类人员"安全教育培训

为规范对建筑施工企业主要负责人、项目负责人、专职安全生产管理人员的安全生产考核工作，住房城乡建设部制定了《中央管理的建筑施工企业（集团公司、总公司）主要负责人、项目负责人和专职安全生产管理人员安全生产考核管理实施细则》。由于不同的对象对掌握的知识和内容有所区别，因此对于"三类人员"安全教育内容、方式应依对象的不同而不同。

1. 建筑施工企业负责人的安全教育培训

（1）建筑企业负责人的安全教育培训内容

1）国家有关安全生产的方针、政策、法律和法规及有关行业的规章、规范和标准；

2）建筑施工企业安全生产管理的基本知识、方法与安全生产技术，有关行业安全生产管理专业知识；

3）重、特大事故防范、应急救援措施及调查处理方法，重大危险源管理与应急救援预案编制原则；

4）企业安全生产责任制和安全生产规章制度的内容、制定和方法；

5）国内外先进的安全生产管理经验；

6）典型事故案例分析。

（2）建筑企业负责人安全教育培训的目标

通过对建筑施工企业的负责人进行安全教育培训，使他们在思想和意识上树立安全第一的哲学观、尊重人的情感观、安全是效益的经济观、预防为主的科学观。

1）安全第一的哲学观：在思想认识上高于其他工作；在组织机构上赋予其一定的责、权、利；在资金安排上，其规划程度和重视程度，重于其他工作所需的资金；在知识的更新上，安全知识学习先于其他知识培训和学习；在检查考核上，安全的检查评比严于其他考核工作；当安全与生产、安全与经济、安全与效益发生矛盾时，安全优先。

2）尊重人的情感观：企业负责人在具体的管理与决策过程中，应树立"以人为本，尊重与爱护职工"的情感观。

3）安全是效益的经济观：实现安全生产，保护职工的生命安全与健康，不仅是企业的工作责任和任务，而且是保障生产顺利进行、企业经济效益实现的基本条件。"安全就是效益"，安全不仅能"减损"而且能"增值"。

4）预防为主的科学观：要高效、高质量地实现企业的安全生产，必须采用现代的科学技术和安全管理技术，变纵向单因素管理为横向综合管理；变事后处理为预先分析；变事故管理为隐患管理；变静态被动管理为动态主动管理，实现本质安全化。

2. 项目负责人的安全教育培训

（1）建筑施工企业项目负责人的安全教育培训内容

1）国家有关安全生产的方针政策、法律法规、部门规章、标准规范，本地区有关安全生产的法规、规章、标准及规范性文件；

2）工程项目安全生产管理的基本知识和相关专业知识；

3）重大事故防范、应急救援措施，报告制度及调查处理方法；

4）企业和项目安全生产责任制和安全生产规章制度的内容、制定方法；

5）施工现场安全生产监督检查的内容和方法；

6）国内外安全生产管理经验；

7）典型事故案例分析。

（2）建筑施工企业项目负责人的安全教育培训目标

1）掌握多学科的安全技术知识。建筑施工企业项目负责人除必须具备的建筑生产知识外，在安全方面还必须具备一定的知识、技能，应该具有企业安全管理、劳动保护、机械安全、电气安全、防火防爆、工业卫生、环境保护等多学科的知识。

2）提高安全生产管理水平的方法。如何不断提高安全生产管理水平，是建筑施工企业项目负责人工作重点之一。

3）熟悉国家的安全生产法规、规章制度体系。

4）具备安全系统理论、现代安全管理、安全决策技术、安全生产规律、安全生产基本理论和安全规程的知识。

3. 专职安全生产管理人员的安全教育培训

（1）专职安全管理人员安全教育培训的内容

1）国家有关安全生产的法律、法规、政策及有关行业安全生产的规章、规程、规范和标准；

2）安全生产管理知识、安全生产技术、劳动卫生知识和安全文化知识，有关行业安全生产管理专业知识；

3）工伤保险的法律、法规、政策；

4）伤亡事故和职业病统计、报告及调查处理方法；

5）事故现场勘验技术，以及应急处理措施；

6）重大危险源管理与应急救援预案编制方法；

7）国内外先进的安全生产管理经验；

8）典型事故案例。

（2）专职安全管理人员安全教育培训的目标

随着建筑业的不断发展，建筑施工企业对安全专职管理人员的要求越来越高。仅会照章检查的安全员，已不能满足企业生产、经营、管理和发展的需要。通过对企业专职安全管理人员的安全教育，除了具有系列安全知识体系外，还应该要有广博的知识和敬业精神。

2.5.5 培训效果检查

对安全教育与培训效果的检查主要有以下几个方面：

（1）检查施工单位的安全教育制度。建筑施工单位要广泛开展安全生产的宣传教育，使各级领导和广大职工真正认识到安全生产的重要性、必要性，懂得安全生产、文明施工的科学知识，牢固树立安全第一的思想，自觉地遵守各项安全生产法令和规章制度。因此，企业要建立健全安全教育和培训考核制度。

（2）检查新入厂工人三级安全教育。现在临时劳务工多，发生伤亡事故的多在临时劳务工之中，因此在三级安全教育上，应把临时劳务工作为新入厂工人对待。新工人（包括合同工、临时工、学徒工、实习和代培人员）都必须进行三级安全教育。主要检查施工单位、工区、班组对新入厂工人的三级教育考核记录。

（3）检查安全教育内容。安全教育要有具体内容，要把建筑安装工人安全技术操作作为安全教育的重要内容，做到人手一册，除此以外，企业、工程处、项目经理部、班组都要有具体的安全教育内容。电工、焊工、架工、司炉工、爆破工、机械工及起重工、打桩机和各种机动车辆司机等工种经教育合格后，方准独立操作，每年还要复审。对从事有尘毒危害作业的工人，要进行尘毒危害和防治知识教育，也应有安全教育内容。

（4）检查变换工种时是否进行安全教育。各工种工人及特殊工种工人除懂得一般安全生产知识外，尚要懂各自的安全技术操作规程，当采用新技术、新工艺、新设备施工和调换工作岗位时，要对操作人员进行新技术操作和新岗位的安全教育，未经教育不得上岗操作。主要检查变换工种的工人在调换工种时重新进行安全教育的记录；检查采用新技术、新工艺、新设备施工时，应有进行新技术操作安全教育的记录。

（5）检查工人对本工种安全技术操作规程的熟悉程度。该条是考核各工种工人掌握建筑工人安全技术操作的熟悉程度，也是施工单位对各工种工人安全教育效果的检验。按建筑工人安全技术操作的内容，到施工现场（车间），随机抽查工人对本工种安全技术操作规程的问答，每工种宜抽2人以上进行问答。

（6）检查施工管理人员的年度培训。各级建设行政主管部门若明文规定施工单位的管理人员进行年度有关安全生产方面的培训，施工单位应按各级建设行政主管部门文件规定，安排施工管理人员去培训。施工单位内部也要规定施工管理人员每年进行一次有关安全生产工作的培训学习，主要检查施工管理人员是否有年度培训的记录。

（7）检查专职安全员的年度培训考核情况。住建部、各省、自治区、直辖市建设行政主管部门规定专职安全员要进行年度培训考核，具体出县级、地区（市）级建设行政主管部门经办。建筑企业应根据上级建设行政主管部门的规定，对本企业的专职安全员进行年度培训考核，提高专职安全员的专业技术水平和安全生产工作的管理水平。按上级建设行政管理部门和本企业有关安全生产管理文件，核查专职安全员是否进行年度培训考核及考核是否合格，未进行安全培训的或考核不合格的，是否仍在岗工作等。

2.6 建筑工程和拆除工程备案制度

2.6.1 建设工程备案制度

开工报告经依法批准的建设工程，建设单位应当自开工报告批准之日起15日内，将保证安全施工的措施报送建设工程所在地的县级以上地方人民政府建设行政主管部门或者其他有关部门备案。

2.6.2 拆除工程备案制度

建设单位应当将拆除工程发包给具有相应资质等级的施工单位。建设单位应当在拆除工程施工15日前，将下列资料报送建设工程所在地的县级以上地方人民政府建设行政主管部门或者其他有关部门备案：

（1）施工单位资质等级证明；

(2) 拟拆除建筑物、构筑物及可能危及毗邻建筑的说明；

(3) 拆除施工组织方案；

(4) 堆放、清除废弃物的措施。

实施爆破作业的，应当遵守国家有关民用爆炸物品管理的规定。

2.7　特种作业人员持证上岗制度

《建设工程安全生产管理条例》第二十五条规定：垂直运输机械作业人员、起重机械安装拆卸工、爆破作业人员、起重信号工、登高架设作业人员等特种作业人员，必须按照国家有关规定经过专门的安全作业培训，并取得特种作业操作资格证书后，方可上岗作业。

生产经营单位特种作业人员的安全技术培训、考核、发证、复审及其监督管理工作，必须符合《特种作业人员安全技术培训考核管理规定》。特种作业人员必须经专门的安全技术培训并考核合格，取得《中华人民共和国特种作业操作证》（以下简称特种作业操作证）后，方可上岗作业。

2.7.1　特种作业的定义

根据《特种作业人员安全技术培训考核管理规定》，特种作业是指容易发生事故，对操作者本人、他人的安全健康及设备、设施的安全可能造成重大危害的作业。

2.7.2　特种作业人员的基本条件

特种作业人员，是指直接从事特种作业的从业人员。应当符合下列条件：

(1) 年满 18 周岁且符合相关工种规定的年龄要求；

(2) 经医院体检合格且无妨碍从事相应特种作业的疾病和生理缺陷；

(3) 初中及以上学历；

(4) 符合相应特种作业需要的其他条件。

2.7.3　考核、发证、复审

特种作业人员的安全技术培训、考核、发证、复审工作实行统一监管、分级实施、教考分离的原则。

国家安全生产监督管理总局（以下简称安全监管总局）指导、监督全国特种作业人员的安全技术培训、考核、发证、复审工作；省、自治区、直辖市人民政府安全生产监督管理部门负责本行政区域特种作业人员的安全技术培训、考核、发证、复审工作。

省、自治区、直辖市人民政府安全生产监督管理部门或者指定的机构可以委托设区的市人民政府安全生产监督管理部门和负责煤矿特种作业人员考核发证工作的部门或者指定的机构实施特种作业人员的安全技术培训、考核、发证、复审工作。

特种作业人员的考核包括考试和审核两部分。考试由考核发证机关或其委托的单位负责；审核由考核发证机关负责。

特种作业操作资格考试包括安全技术理论考试和实际操作考试两部分。考试不及格的，允许补考 1 次。经补考仍不及格的，重新参加相应的安全技术培训。

特种作业操作证每 3 年复审 1 次。特种作业人员在特种作业操作证有效期内，连续从事本工种 10 年以上，严格遵守有关安全生产法律法规的，经原考核发证机关或者从业所在地考核发证机关同意，特种作业操作证的复审时间可以延长至每 6 年 1 次。

离开特种作业岗位 6 个月以上的特种作业人员，应当重新进行实际操作考试，经确认合格后方可上岗作业。

2.8　专项施工方案管理制度

依据《建设工程安全生产管理条例》第二十六条和《危险性较大的分部分项工程安全管理办法》的规定，施工单位应当在危险性较大的分部分项工程施工前编制专项方案；对于超过一定规模的、危险性较大的分部分项工程，施工单位应当组织专家对专项方案进行论证。危险性较大的分部分项工程是指建筑工程在施工过程中存在的、可能导致作业人员群死群伤或造成重大不良社会影响的分部分项工程。危险性较大的分部分项工程安全专项施工方案（以下简称"专项方案"），是指施工单位在编制施工组织（总）设计的基础上，针对危险性较大的分部分项工程单独编制的安全技术措施文件。

建设单位在申请领取施工许可证或办理安全监督手续时，应当提供危险性较大的分部分项工程清单和安全管理措施。施工单位、监理单位应当建立危险性较大的分部分项工程安全管理制度。施工单位应当在危险性较大的分部分项工程施工前编制专项方案；对于超过一定规模的危险性较大的分部分项工程，施工单位应当组织专家对专项方案进行论证。建筑工程实行施工总承包的，专项方案应当由施工总承包单位组织编制。其中，起重机械安装拆卸工程、深基坑工程、附着式升降脚手架等专业工程实行分包的，其专项方案可由专业承包单位组织编制。

专项方案应当由施工单位技术部门组织本单位施工技术、安全、质量等部门的专业技术人员进行审核。经审核合格的，由施工单位技术负责人签字。实行施工总承包的，专项方案应当由总承包单位技术负责人及相关专业承包单位技术负责人签字。不需专家论证的专项方案，经施工单位审核合格后报监理单位，由项目总监理工程师审核签字。超过一定规模的危险性较大的分部分项工程专项方案应当由施工单位组织召开专家论证会。实行施工总承包的，由施工总承包单位组织召开专家论证会。

下列人员应当参加专家论证会：

（1）专家组成员；

（2）建设单位项目负责人或技术负责人；

（3）监理单位项目总监理工程师及相关人员；

（4）施工单位分管安全的负责人、技术负责人、项目负责人、项目技术负责人、专项方案编制人员、项目专职安全生产管理人员；

（5）勘察、设计单位项目技术负责人及相关人员。

专家组成员应当由 5 名及以上符合相关专业要求的专家组成。本项目参建各方的人员不得以专家身份参加专家论证会。

施工单位应当根据论证报告修改完善专项方案，并经施工单位技术负责人、项目总监理工程师、建设单位项目负责人签字后，方可组织实施。实行施工总承包的，应当由施工总承包单位、相关专业承包单位技术负责人签字。

专项方案经论证后需做重大修改的，施工单位应当按照论证报告修改，并重新组织专家进行论证。

施工单位应当严格按照专项方案组织施工，不得擅自修改、调整专项方案。如因设计、结构、外部环境等因素发生变化确需修改的，修改后的专项方案应当按《危险性较大的分部分项工程安全管理办法》重新审核。对于超过一定规模的危险性较大工程的专项方案，施工单位应当重新组织专家进行论证。

专项方案实施前，编制人员或项目技术负责人应当向现场管理人员和作业人员进行安全技术交底。

施工单位应当指定专人对专项方案实施情况进行现场监督和按规定进行监测。发现不按照专项方案施工的，应当要求其立即整改；发现有危及人身安全紧急情况的，应当立即组织作业人员撤离危险区域。施工单位技术负责人应当定期巡查专项方案实施情况。

对于按规定需要验收的危险性较大的分部分项工程，施工单位、监理单位应当组织有关人员进行验收。验收合格的，经施工单位项目技术负责人及项目总监理工程师签字后，方可进入下一道工序。

监理单位应当将危险性较大的分部分项工程列入监理规划和监理实施细则，应当针对工程特点、周边环境和施工工艺等，制定安全监理工作流程、方法和措施。监理单位应当对专项方案实施情况进行现场监理；对不按专项方案实施的，应当责令整改，施工单位拒不整改的，应当及时向建设单位报告；建设单位接到监理单位报告后，应当立即责令施工单位停工整改；施工单位仍不停工整改的，建设单位应当及时向住房城乡建设主管部门报告。

建设单位未按规定提供危险性较大的分部分项工程清单和安全管理措施，未责令施工单位停工整改的；未向住房城乡建设主管部门报告的；施工单位未按规定编制、实施专项方案的；监理单位未按规定审核专项方案或未对危险性较大的分部分项工程实施监理的；住房城乡建设主管部门应当依据有关法律法规予以处罚。

2.9　建筑起重机械安全监督管理制度

建筑起重机械，是指纳入特种设备目录，在房屋建筑工地和市政工程工地安装、拆卸、使用的起重机械。《建设工程安全生产管理条例》第三十五条规定："施工单位应当自施工起重机械和整体提升脚手架、模板等自升式架设设施验收合格之日起三十日内，向建设行政主管部门或者其他有关部门登记。登记标志应当置于或者附着于该设备的显著位置。"该条内容规定了施工起重机械使用时必须进行登记的管理制度。《建筑起重机械安全监督管理规定》中，对建筑起重机械的租赁、安装、拆卸、使用及其监督管理进行了详细规定。

国务院建设主管部门对全国建筑起重机械的租赁、安装、拆卸、使用实施监督管理。县级以上地方人民政府建设主管部门对本行政区域内的建筑起重机械的租赁、安装、拆卸、使用实施监督管理。

出租单位出租的建筑起重机械和使用单位购置、租赁、使用的建筑起重机械应当具有特种设备制造许可证、产品合格证、制造监督检验证明。出租单位在建筑起重机械首次出租前，自购建筑起重机械的使用单位在建筑起重机械首次安装前，应当持建筑起重机械特种设备制造许可证、产品合格证和制造监督检验证明到本单位工商注册所在地县级以上地方人民政府建设主管部门办理备案。出租单位应当在签订的建筑起重机械租赁合同中，明确租赁双方的安全责任，并出具建筑起重机械特种设备制造许可证、产品合格证、制造监督检验证明、备案证明和自检合格证明，提交安装使用说明书。

有下列情形之一的建筑起重机械，不得出租、使用：

1）属国家明令淘汰或者禁止使用的；

2）超过安全技术标准或者制造厂家规定的使用年限的；

3）经检验达不到安全技术标准规定的；

4）没有完整安全技术档案的；

5）没有齐全有效的安全保护装置的。

建筑起重机械有1）、2）、3）项情形之一的，出租单位或者自购建筑起重机械的使用单位应当予以报废，并向原备案机关办理注销手续。

出租单位、自购建筑起重机械的使用单位，应当建立建筑起重机械安全技术档案。建筑起重机械安全技术档案应当包括以下资料：

1）购销合同、制造许可证、产品合格证、制造监督检验证明、安装使用说明书、备案证明等原始资料；

2）定期检验报告、定期自行检查记录、定期维护保养记录、维修和技术改造记录、运行故障和生产安全事故记录、累计运转记录等运行资料；

3）历次安装验收资料。

从事建筑起重机械安装、拆卸活动的单位（以下简称安装单位）应当依法取得建设主管部门颁发的相应资质和建筑施工企业安全生产许可证，并在其资质许可范围内承揽建筑起重机械安装、拆卸工程。

建筑起重机械使用单位和安装单位应当在签订的建筑起重机械安装、拆卸合同中明确双方的安全生产责任。实行施工总承包的，施工总承包单位应当与安装单位签订建筑起重机械安装、拆卸工程安全协议书。

安装单位应当履行下列安全职责：

1）按照安全技术标准、建筑起重机械性能要求，编制建筑起重机械安装、拆卸工程专项施工方案，并由本单位技术负责人签字；

2）按照安全技术标准、安装使用说明书等检查建筑起重机械及现场施工条件；

3）组织安全施工技术交底并签字确认；

4）制定建筑起重机械安装、拆卸工程生产安全事故应急救援预案；

5）将建筑起重机械安装、拆卸工程专项施工方案，安装、拆卸人员名单，安装、拆卸时间等材料报施工总承包单位和监理单位审核后，告知工程所在地县级以上地方人民政府建设主管部门。

安装单位应当按照建筑起重机械安装、拆卸工程专项施工方案及安全操作规程组织安装、拆卸作业。安装单位的专业技术人员、专职安全生产管理人员应当进行现场监督，技术负责人应当定期巡查。建筑起重机械安装完毕后，安装单位应当按照安全技术标准及安装使用说明书的有关要求对建筑起重机械进行自检、调试和试运转。自检合格的，应当出具自检合格证明，并向使用单位进行安全使用说明。

安装单位应当建立建筑起重机械安装、拆卸工程档案。建筑起重机械安装、拆卸工程档案应当包括以下资料：

1）安装、拆卸合同及安全协议书；

2）安装、拆卸工程专项施工方案；

3）安全施工技术交底的有关资料；

4）安装工程验收资料；

5）安装、拆卸工程生产安全事故应急救援预案。

建筑起重机械安装完毕后，使用单位应当组织出租、安装、监理等有关单位进行验收，或者委托具有相应资质的检验检测机构进行验收。建筑起重机械经验收合格后方可投入使用，未经验收或者验收不合格的不得使用。实行施工总承包的，由施工总承包单位组织验收。

建筑起重机械在验收前应当经有相应资质的检验检测机构监督检验合格。检验检测机构和检验检测人员对检验检测结果、鉴定结论依法承担法律责任。

使用单位应当自建筑起重机械安装验收合格之日起 30 日内，将建筑起重机械安装验收资料、建筑起重机械安全管理制度、特种作业人员名单等，到工程所在地县级以上地方人民政府建设主管部门办理建筑起重机械使用登记。登记标志置于或者附着于该设备的显著位置。使用单位应当履行下列安全职责：

1）根据不同施工阶段、周围环境以及季节、气候的变化，对建筑起重机械采取相应的安全防护措施；

2）制定建筑起重机械生产安全事故应急救援预案；

3）在建筑起重机械活动范围内设置明显的安全警示标志，对集中作业区做好安全防护；

4）设置相应的设备管理机构或者配备专职的设备管理人员；

5）指定专职设备管理人员、专职安全生产管理人员进行现场监督检查；

6）建筑起重机械出现故障或者发生异常情况的，立即停止使用，消除故障和事故隐患后，方可重新投入使用。

使用单位应当对在用的建筑起重机械及其安全保护装置、吊具、索具等进行经常性和定期的检查、维护和保养，并作好记录。使用单位在建筑起重机械租期结束后，应当将定期检查、维护和保养记录移交出租单位。

建筑起重机械租赁合同对建筑起重机械的检查、维护、保养另有约定的，从其约定。建筑起重机械在使用过程中需要附着的，使用单位应当委托原安装单位或者具有相应资质的安装单位按照专项施工方案实施，并按照规定组织验收。验收合格后方可投入使用。建筑起重机械在使用过程中需要顶升的，使用单位委托原安装单位或者具有相应资质的安装单位按照专项施工方案实施后，即可投入使用。禁止擅自在建筑起重机械上安装非原制造厂制造的标准节附着装置。

施工总承包单位应当履行下列安全职责：向安装单位提供拟安装设备位置的基础施工

资料，确保建筑起重机械进场安装、拆卸所需的施工条件；审核建筑起重机械的特种设备制造许可证、产品合格证、制造监督检验证明、备案证明等文件；审核安装单位、使用单位的资质证书、安全生产许可证和特种作业人员的特种作业操作资格证书；审核安装单位制定的建筑起重机械安装、拆卸工程专项施工方案和生产安全事故应急救援预案；审核使用单位制定的建筑起重机械生产安全事故应急救援预案；指定专职安全生产管理人员监督检查建筑起重机械安装、拆卸、使用情况；施工现场有多台塔式起重机作业时，应当组织制定并实施防止塔式起重机相互碰撞的安全措施。

监理单位应当履行下列安全职责：审核建筑起重机械特种设备制造许可证、产品合格证、制造监督检验证明、备案证明等文件；审核建筑起重机械安装单位、使用单位的资质证书、安全生产许可证和特种作业人员的特种作业操作资格证书；审核建筑起重机械安装、拆卸工程专项施工方案；监督安装单位执行建筑起重机械安装、拆卸工程专项施工方案情况；监督检查建筑起重机械的使用情况；发现存在生产安全事故隐患的，应当要求安装单位、使用单位限期整改，对安装单位、使用单位拒不整改的，及时向建设单位报告。

依法发包给两个及两个以上施工单位的工程，不同施工单位在同一施工现场使用多台塔式起重机作业时，建设单位应当协调组织制定防止塔式起重机相互碰撞的安全措施。

建筑起重机械安装拆卸工、起重信号工、起重司机、司索工等特种作业人员应当经建设主管部门考核合格，并取得特种作业操作资格证书后，方可上岗作业。建筑起重机械特种作业人员应当遵守建筑起重机械安全操作规程和安全管理制度，在作业中有权拒绝违章指挥和强令冒险作业，有权在发生危及人身安全的紧急情况时立即停止作业或者采取必要的应急措施后撤离危险区域。

建设行政主管部门履行安全监督检查职责时，有权采取下列措施：要求被检查的单位提供有关建筑起重机械的文件和资料；进入被检查单位和被检查单位的施工现场进行检查；对检查中发现的建筑起重机械生产安全事故隐患，责令立即排除；重大生产安全事故隐患排除前或者排除过程中无法保证安全的，责令从危险区域撤出作业人员或者暂时停止施工。

出租单位、自购建筑起重机械的使用单位、安装单位、使用单位、施工总承包单位、监理单位、建设单位、建设行政主管部门的工作人员等对建筑起重机械的安全使用和管理具有相应的责任和职责，违反相关规定，会受到相应的处罚。

2.10　危及施工安全的工艺、设备、材料淘汰制度

《建设工程安全生产管理条例》第四十五条规定："国家对严重危及施工安全的工艺、设备、材料实行淘汰制度。具体目录由我部会同国务院其他有关部门制定并公布。"本条是关于对严重危及施工安全的工艺、设备、材料实行淘汰制度的规定。

严重危及施工安全的工艺、设备、材料是指不符合生产安全要求，极可能导致生产安全事故发生，致使人民生命和财产遭受重大损失的工艺、设备和材料。工艺、设备和材料在建设活动中属于物的因素，相对于人的因素来说，这种因素对安全生产的影响是一种"硬约束"，即使用了严重危及施工安全的工艺、设备和材料，即使安全管理措施再严格，人的作用发挥得再充分，也仍旧难以避免安全生产事故的发生。因此，工艺、设备和材料

和建设施工安全息息相关。为了保障人民群众生命和财产安全，本条明确规定，国家对严重危及施工安全的工艺、设备和材料实行淘汰制度。这一方面有利于保障安全生产；另一方面也体现了优胜劣汰的市场经济规律，有利于提高生产经营单位的工艺水平，促进设备更新。

根据本条的规定，对严重危及施工安全的工艺、设备和材料，实行淘汰制度，需要国务院建设行政主管部门会同国务院其他有关部门确定哪些是严重危及施工安全的工艺、设备和材料，并且以明示的方法予以公布。

对于已经公布的严重危及施工安全的工艺、设备和材料，建设单位和施工单位都应当严格遵守和执行，不得继续使用此类工艺和设备，也不得转让他人使用。

2.11 施工现场消防安全制度

2.11.1 施工现场防火基本要求

（1）施工现场的消防工作，应遵照国家有关法律、法规开展消防安全工作。

（2）施工单位的负责人应全面负责施工现场的防火安全工作，履行《中华人民共和国消防条例实施细则》规定的主要职责。

实行施工总承包的，由总承包单位负责。分包单位应向总承包单位负责，并应服从总承包单位的管理，同时应承担国家法律、法规规定的消防责任和义务。

（3）施工现场都要建立、健全防火检查制度，发现火险隐患，必须立即消除；一时难以消除的隐患，要定人员、定项目、定措施限期整改。

（4）施工现场要有明显的防火宣传标志。施工现场的义务消防人员，要定期组织教育培训，并将培训资料存入内业档案中。

（5）施工现场发生火警或火灾，应立即报告公安消防部门，并组织力量扑救。

（6）根据"四不放过"的原则，在火灾事故发生后，施工单位和建设单位应共同做好现场保护和会同消防部门进行现场勘察的工作。对火灾事故的处理提出建议，并积极落实防范措施。

（7）施工单位在承建工程项目签订的"工程合同"中，必须有防火安全的内容，会同建设单位做好防火工作。

（8）各单位在编制施工组织设计时，施工总平面图，施工方法和施工技术均要符合消防安全要求。

（9）施工现场必须配备足够的消防器材，做到布局合理。要害部位应配备不少于4个灭火器，要有明显的防火标志，指定专人经常检查、维护、保养、定期更新，保证灭火器材灵敏有效。

（10）施工现场夜间应有照明设备，并要安排力量加强值班巡逻。

（11）施工现场必须设置临时消防车道。其宽度不得小于4m，并保证临时消防车道的畅通，禁止在临时消防车道上堆物、堆料或挤占临时消防车道。

（12）施工现场的重点防火部位或区域，应设置防火警示标识。

（13）临时消防车道、临时疏散通道、安全出口应保持畅通，不得遮挡、挪动疏散指示标识，不得挪用消防设施。

（14）施工单位应做好施工现场临时消防设施的日常维护工作，对已失效、损坏或丢失的消防设施，应及时更换、修复或补充。

（15）施工材料的存放、使用应符合防火要求。库房应采用非燃材料支搭。易燃易爆物品必须有严格的防火措施，应专库储存，分类单独存放，保持通风，配备灭火器材，指定防火负责人，确保施工安全。不准在工程内、库房内调配油漆、稀料。

（16）不准在高压架空线下面搭设临时性建筑物或堆放可燃物品。

（17）在建工程内不准作为仓库使用，不准存放易燃、可燃材料，不得设置宿舍。

（18）因施工需要进入工程内的可燃材料，要根据工程计划限量进入并采取可靠的防火措施。废弃材料应及时清除。

（19）从事油漆粉刷或防水等危险作业时，要有具体的防火要求，必要时派专人看护。

（20）施工现场严禁吸烟。

（21）施工现场和生活区，未经保卫部门批准不得使用电热器具。严禁工程中明火保温施工及宿舍内明火取暖。

（22）生活区的设置必须符合消防管理规定，严禁使用可燃材料搭设。

（23）生活区的用电要符合防火规定。用火要经保卫部门审批，食堂使用的燃料必须符合使用规定，用火点和燃料不能在同一房间内，使用时要有专人管理，停火时要将总开关关闭，经常检查有无泄漏。

（24）施工现场应明确划分用火作业、易燃可燃材料堆场、仓库、易燃废品集中站和生活区等区域。

2.11.2　消防安全管理制度

施工单位应针对施工现场可能导致火灾发生的施工作业及其他活动，制定消防安全管理制度。消防安全管理制度应包括下列主要内容：

1. 消防安全教育与培训制度

（1）施工人员进场前，施工现场的消防安全管理人员应向施工人员进行消防安全教育和培训。

（2）施工单位编制的施工现场防火技术方案，应根据现场情况变化及时对其修改、完善。

（3）施工作业前，施工现场的施工管理人员应向作业人员进行消防安全技术交底。

2. 可燃及易燃易爆危险品管理制度

（1）用于在建工程的保温、防水、装饰及防腐等材料的燃烧性能等级，应符合设计要求。

（2）可燃材料及易燃易爆危险品应按计划限量进场。进场后，可燃材料宜存放于库房内，如露天存放时，应分类成垛堆放，垛高不应超过 2m，单垛体积不应超过 $50m^3$，垛与垛之间的最小间距不应小于 2m，且采用不燃或难燃材料覆盖；易燃易爆危险品应分类专库储存，库房内通风良好，并设置严禁明火标志。

（3）室内使用油漆及其有机溶剂、乙二胺、冷底子油或其他可燃、易燃易爆危险品的物资作业时，应保持良好通风，作业场所严禁明火，并应避免产生静电。

（4）施工产生的可燃、易燃建筑垃圾或余料，应及时清理。

3. 用火、用电、用气管理制度

（1）施工现场用火，应符合下列要求：

1）动火作业应办理动火许可证

施工现场的动火作业，必须根据不同等级执行审批制度。动火许可证的签发人收到动火申请后，应前往现场查验并确认动火作业的防火措施落实后，方可签发动火许可证。用火地点变换，要重新办理用火证手续。

①一级动火作业应由所在单位行政负责人填写动火申请表，编制安全技术措施方案，报公司安全部门审查批准后，方可动火。动火期限为 1 天。

②二级动火作业由所在工地负责人填写动火申请表，编制安全技术措施方案，报本单位主管部门审查批准后，方可动火。动火期限为 3 天。

③三级动火作业由所在班组填写动火申请表，经工地负责人审查批准后，方可动火。动火期限为 7 天。在非固定的、无明显危险因素的场所进行用火作业，均属三级动火作业。

④古建筑和重要文物单位等场所作业，按一级动火手续上报审批。

2）动火操作人员应具有相应资格

电焊工、气焊工从事电气设备安装和电、气焊切割作业，要有操作证和用火证。

3）焊接、切割、烘烤或加热等动火作业前，应对作业现场的易燃、可燃物进行清理；作业现场及其附近无法移走的可燃物，应采用不燃材料对其覆盖或隔离。

4）施工作业安排时，宜将动火作业安排在使用可燃建筑材料的施工作业前进行。确需在使用可燃建筑材料的施工作业之后进行动火作业，应采取可靠防火措施。

5）裸露的可燃材料上严禁直接进行动火作业。

6）焊接、切割、烘烤或加热等动火作业，应配备灭火器材，并设动火监护人进行现场监护，每个动火作业点均应设置一个监护人。

7）五级（含五级）以上风力时，应停止焊接、切割等室外动火作业，否则应采取可靠的挡风措施。

8）动火作业后，应对现场进行检查，确认无火灾危险后，动火操作人员方可离开。

9）具有火灾、爆炸危险的场所严禁明火。

10）施工现场不应采用明火取暖。

11）厨房操作间炉灶使用完毕后，应将炉火熄灭，排油烟机及油烟管道应定期清理油垢。

（2）施工现场用电，应符合下列要求：

施工现场用电，应严格执行施工现场电气安全管理有关规定，加强电源管理，防止发生电气火灾。施工现场存放易燃、可燃材料的库房、木工加工场所、油漆配料房及防水作业场所不得使用明露高热强光源灯具。

1）施工现场供用电设施的设计、施工、运行、维护应符合现行国家标准《建设工程施工现场供用电安全规范》GB 50194 的要求。

2）电气线路应具有相应的绝缘强度和机械强度，严禁使用绝缘老化或失去绝缘性能的电气线路，严禁在电气线路上悬挂物品。破损、烧焦的插座、插头应及时更换。

3）电气设备与可燃、易燃易爆和腐蚀性物品应保持一定的安全距离。

4）有爆炸和火灾危险的场所，按危险场所等级选用相应的电气设备。

5）配电屏上每个电气回路应设置漏电保护器、过载保护器，距配电屏 2m 范围内不应堆放可燃物，5m 范围内不应设置可能产生较多易燃、易爆气体、粉尘的作业区。

6）可燃材料库房不应使用高热灯具，易燃易爆危险品库房内应使用防爆灯具。

7）普通灯具与易燃物距离不宜小于 300mm；聚光灯、碘钨灯等高热灯具与易燃物距离不宜小于 500mm。

8）电气设备不应超负荷运行或带故障使用。

9）禁止私自改装现场供用电设施。

10）应定期对电气设备和线路的运行及维护情况进行检查。

（3）施工现场用气，应符合下列要求：

1）储装气体的罐瓶及其附件应合格、完好和有效；严禁使用减压器及其他附件缺损的氧气瓶，严禁使用乙炔专用减压器、回火防止器及其他附件缺损的乙炔瓶。

2）气瓶运输、存放、使用时，应符合下列规定：

①气瓶应保持直立状态，并采取防倾倒措施，乙炔瓶严禁横躺卧放；

②严禁碰撞、敲打、抛掷、滚动气瓶；

③气瓶应远离火源，距火源距离不应小于 10m，并应采取避免高温和防止暴晒的措施；

④燃气储装瓶罐应设置防静电装置。

3）气瓶应分类储存，库房内通风良好；空瓶和实瓶同库存放时，应分开放置，两者间距不应小于 1.5m。

4）气瓶使用时，应符合下列规定：

①使用前，应检查气瓶及气瓶附件的完好性，检查连接气路的气密性，并采取避免气体泄漏的措施，严禁使用已老化的橡皮气管；

②氧气瓶与乙炔瓶的工作间距不应小于 5m，气瓶与明火作业点的距离不应小于 10m；

③冬期使用气瓶，如气瓶的瓶阀、减压器等发生冻结，严禁用火烘烤或用铁器敲击瓶阀，禁止猛拧减压器的调节螺栓；

④氧气瓶内剩余气体的压力不应小于 0.1MPa；

⑤气瓶用后，应及时归库。

4. 消防安全检查制度

施工过程中，施工现场的消防安全负责人应定期组织消防安全管理人员对施工现场的消防安全进行检查。

5. 应急预案演练制度

施工单位应编制施工现场灭火及应急疏散预案。

2.12　生产安全事故报告制度

《建设工程安全生产管理条例》第五十条对建设工程生产安全事故报告制度的规定

为："施工单位发生生产安全事故，应当按照国家有关伤亡事故报告和调查处理的规定，及时、如实地向负责安全生产监督管理的部门、建设行政主管部门或者其他有关部门报告；特种设备发生事故的，还应当同时向特种设备安全监督管理部门报告。接到报告的部门应当按照国家有关规定，如实上报。"本条是关于发生伤亡事故时的报告义务的规定。

一旦发生安全事故，及时报告有关部门是及时组织抢救的基础，也是认真进行调查分清责任的基础。因此，施工单位在发生安全事故时，不能隐瞒事故情况。

对于生产安全事故报告制度，《安全生产法》、《建筑法》等对生产安全事故报告作了相应的规定。如《安全生产法》第八十条规定："生产经营单位发生生产安全事故后，事故现场有关人员应当立即报告本单位负责人。""单位负责人接到事故报告后，应当迅速采取有效措施，组织抢救，防止事故扩大，减少人员伤亡和财产损失，并按照国家有关规定立即如实报告当地负有安全生产监督管理职责的部门，不得隐瞒不报、谎报或者迟报，不得故意破坏事故现场、毁灭有关证据。"《建筑法》第五十一条规定："施工中发生事故时，建筑施工企业应当采取紧急措施减少人员伤亡和事故损失，并按照国家有关规定及时向有关部门报告。"

施工单位发生生产安全事故，应当按照国家有关伤亡事故报告和调查处理的规定，及时、如实地向负责安全生产监督管理的部门、建设行政主管部门或者其他有关部门报告。负责安全生产监督管理的部门对全国的安全生产工作负有综合监督管理的职能，因此，其必须了解企业事故的情况。同时，有关调查处理的工作也需要由其来组织，所以施工单位应当向负责安全生产监督管理的部门报告事故情况。建设行政主管部门是建设安全生产的监督管理部门，对建设安全生产实行的是统一的监督管理，因此，各个行业的建设施工中出现了安全事故，都应当向建设行政主管部门报告。对于专业工程的施工中出现生产安全事故的，由于有关的专业主管部门也承担着对建设安全生产的监督管理职能，因此，专业工程出现安全事故，还需要向有关行业主管部门报告。

《生产安全事故报告和调查处理条例》对安全事故的报告和调查处理进行了明确的规定。事故报告应当及时、准确、完整，任何单位和个人对事故不得迟报、漏报、谎报或者瞒报。县级以上人民政府应当依照本条例的规定，严格履行职责，及时、准确地完成事故调查处理工作。事故发生地有关地方人民政府应当支持、配合上级人民政府或者有关部门的事故调查处理工作，并提供必要的便利条件。参加事故调查处理的部门和单位应当互相配合，提高事故调查处理工作的效率。

生产安全事故报告程序如下：

（1）事故发生后，事故现场有关人员应当立即向本单位负责人报告；单位负责人接到报告后，应当于1小时内向事故发生地县级以上人民政府安全生产监督管理部门和负有安全生产监督管理职责的有关部门报告。

（2）情况紧急时，事故现场有关人员可以直接向事故发生地县级以上人民政府安全生产监督管理部门和负有安全生产监督管理职责的有关部门报告。

（3）安全生产监督管理部门和负有安全生产监督管理职责的有关部门接到事故报告后，应当依照下列规定上报事故情况，并通知公安机关、劳动保障行政部门、工会和人民检察院：

1) 特别重大事故、重大事故逐级上报至国务院安全生产监督管理部门和负有安全生产监督管理职责的有关部门；

2) 较大事故逐级上报至省、自治区、直辖市人民政府安全生产监督管理部门和负有安全生产监督管理职责的有关部门；

3) 一般事故上报至设区的市级人民政府安全生产监督管理部门和负有安全生产监督管理职责的有关部门。

（4）安全生产监督管理部门和负有安全生产监督管理职责的有关部门依照前款规定上报事故情况，应当同时报告本级人民政府。国务院安全生产监督管理部门和负有安全生产监督管理职责的有关部门以及省级人民政府接到发生特别重大事故、重大事故的报告后，应当立即报告国务院。

（5）必要时，安全生产监督管理部门负有安全生产监督管理职责的有关部门可以越级上报事故情况。

（6）安全生产监督管理部门和负有安全生产监督管理职责的有关部门逐级上报事故情况，每级上报的时间不得超过2小时。

（7）报告事故应当包括下列内容：

1) 事故发生单位概况；

2) 事故发生的时间、地点以及事故现场情况；

3) 事故的简要经过；

4) 事故已经造成或者可能造成的伤亡人数（包括下落不明的人数）和初步估计的直接经济损失；

5) 已经采取的措施；

6) 其他应当报告的情况。

事故报告后出现新情况的，应当及时补报。

（8）自事故发生之日起30日内，事故造成的伤亡人数发生变化的，应当及时补报。道路交通事故、火灾事故自发生之日起7日内，事故造成的伤亡人数发生变化的，应当及时补报。

（9）事故发生单位负责人接到事故报告后，应当立即启动事故相应应急预案，或者采取有效措施，组织抢救，防止事故扩大，减少人员伤亡和财产损失。

（10）事故发生地有关地方人民政府、安全生产监督管理部门和负有安全生产监督管理职责的有关部门接到事故报告后，其负责人应当立即赶赴事故现场，组织事故救援。

（11）事故发生后，有关单位和人员应当妥善保护事故现场以及相关证据，任何单位和个人不得破坏事故现场、毁灭相关证据。

因抢救人员、防止事故扩大以及疏通交通等原因，需要移动事故现场物件的，应当做出标志，绘制现场简图并作出书面记录，妥善保存现场重要痕迹、物证。

（12）事故发生地公安机关根据事故的情况，对涉嫌犯罪的，应当依法立案侦查，采取强制措施和侦查措施。犯罪嫌疑人逃匿的，公安机关应当迅速追捕归案。

（13）安全生产监督管理部门和负有安全生产监督管理职责的有关部门应当建立值班制度，并向社会公布值班电话，受理事故报告和举报。

《建设工程安全生产管理条例》还规定了实行施工总承包的施工单位发生安全事故时的报告义务主体。本条例第二十四条规定:"建设工程实行施工总承包的,由总承包单位对施工现场的安全生产负总责。"因此,一旦发生安全事故,施工总承包单位应当负起及时报告的义务。

2.13 生产安全事故应急救援制度

2.13.1 应急救援预案的主要规定

(1)县级以上地方人民政府建设行政主管部门应当根据本级人民政府的要求,制定本行政区域内建设工程特大生产安全事故应急救援预案。

(2)施工单位应当制定本单位生产安全事故应急救援预案,建立应急救援组织或者配备应急救援人员,配备必要的应急救援器材、设备,并定期组织演练。

(3)施工单位应当根据建设工程施工的特点、范围,对施工现场易发生重大事故的部位、环节进行监控,制定施工现场生产安全事故应急救援预案。实行施工总承包的,由总承包单位统一组织编制建设工程生产安全事故应急救援预案,工程总承包单位和分包单位按照应急救援预案,各自建立应急救援组织或者配备应急救援人员,配备救援器材、设备,并定期组织演练。

(4)工程项目经理部应针对可能发生的事故制定相应的应急救援预案。准备应急救援的物资,并在事故发生时组织实施,防止事故扩大,以减少与之有关的伤害和不利环境影响。

2.13.2 现场应急预案的编制和管理

1.编制、审核和确认

(1)现场应急预案的编制

应急预案的编制应与安保计划同步编写。根据对危险源与不利环境因素的识别结果,确定控制措施失效时所采取的补充措施和抢救行动,以及针对可能随之引发的伤害和其他影响所采取的措施。

应急预案是规定事故应急救援工作的全过程。应急预案适用于项目部施工现场范围内可能出现的事故或紧急情况的救援和处理。应急预案中应明确:应急救援组织、职责和人员的安排,应急救援器材、设备的准备和平时的维护保养。

在作业场所发生事故时,如何组织抢救,保护事故现场的安排,其中应明确如何抢救,使用什么器材、设备。

明确内部和外部联系的方法、渠道、根据事故性质,明确在多少时间内由谁如何向企业上级、政府主管部门和其他有关部门报告,以及有关近邻及消防、救险、医疗等单位的联系方式。

明确工作场所内全体人员如何疏散的要求。

制定应急救援的方案(在上级批准以后),项目部还应该根据实际情况定期和不定期举行应急救援的演练,检验应急准备工作的能力。

（2）现场应急预案的审核和确认

由施工现场项目经理部的上级有关部门，对应急预案的适宜性进行审核和确认。

2. 现场应急救援预案的内容

应急救援预案可以包括下列内容，但不局限于下列内容：

（1）目的。

（2）适用范围。

（3）引用的相关文件。

（4）应急准备：

1）领导小组组长、副组长及联系电话，组员、办公场所（指挥中心）及电话；

2）项目经理部应急救援指挥流程图；

3）急救工具、用具（列出急救的用途、名称）。

（5）应急响应：

1）一般事故的应急响应

当事故或紧急情况发生后，应明确由谁向谁汇报，同时采取什么措施防止事态扩大。现场领导如何组织处理，在多少时间内向公司领导或主管部门汇报。

2）重大事故的应急响应

重大事故发生后，由谁在最短时间内向项目领导汇报，如何组织抢救，由谁指挥，配合对伤员、财物的急救处理，防止事故扩大。

项目部立即汇报：向内汇报时，多少时间，报告哪个部门，报告的内容；向外报告时，什么事故可以由项目部门直接向外报警，什么事故应由项目部门上级公司向有关部门上报。

（6）演练和预案的评价及修改：

项目部还应规定平时定期演练的要求和具体项目。演练或事故发生后，对应急救援预案的实际效果进行评价和修改预案的要求。

2.14 工 伤 保 险 制 度

根据《建筑法》第四十八条规定："建筑施工企业应当依法为职工参加工伤保险缴纳工伤保险费。鼓励企业为从事危险作业的职工办理意外伤害保险，支付保险费。"这是保护建筑业从业人员合法权益，转移企业事故风险，增强企业预防和控制事故能力，促进企业安全生产的重要手段。

为贯彻落实党中央、国务院关于切实保障和改善民生的要求，依据《社会保险法》、《建筑法》、《安全生产法》、《职业病防治法》和《工伤保险条例》等法律法规，人力资源和社会保障部、住房和城乡建设部、安全监管总局、全国总工会等部委联合下发了《关于进一步做好建筑业工伤保险工作的意见》，就建筑业工伤保险相关纠纷问题作出了具体而细致的规定。

（1）完善符合建筑业特点的工伤保险参保政策，大力扩展建筑企业工伤保险参保覆盖面。建筑施工企业应依法参加工伤保险。针对建筑行业的特点，建筑施工企业对相对固定的职工，应按用人单位参加工伤保险；对不能按用人单位参保、建筑项目使用的建筑业职工特别是农民工，按项目参加工伤保险。房屋建筑和市政基础设施工程实行以建设项目为单位参加工伤保险的，可在各项社会保险中优先办理参加工伤保险手续。建设单位在办理施工许可手续时，应当提交建设项目工伤保险参保证明，作为保证工程安全施工的具体措施之一；安全施工措施未落实的项目，各地住房城乡建设主管部门不予核发施工许可证。

（2）完善工伤保险费计缴方式。按用人单位参保的建筑施工企业应以工资总额为基数依法缴纳工伤保险费。以建设项目为单位参保的，可以按照项目工程总造价的一定比例计算缴纳工伤保险费。

（3）科学确定工伤保险费率。各地区人力资源和社会保障部门应参照本地区建筑企业行业基准费率，按照以支定收、收支平衡原则，商住房城乡和建设主管部门合理确定建设项目工伤保险缴费比例。要充分运用工伤保险浮动费率机制，根据各建筑企业工伤事故发生率、工伤保险基金使用等情况适时、适当调整费率，促进企业加强安全生产，预防和减少工伤事故。

（4）确保工伤保险费用来源。建设单位要在工程概算中将工伤保险费用单独列支，作为不可竞争费，不参与竞标，并在项目开工前由施工总承包单位一次性代缴本项目工伤保险费，覆盖项目使用的所有职工，包括专业承包单位、劳务分包单位使用的农民工。

（5）健全工伤认定所涉及劳动关系确认机制。建筑施工企业应依法与其职工签订劳动合同，加强施工现场劳务用工管理。施工总承包单位应当在工程项目施工期内督促专业承包单位、劳务分包单位建立职工花名册、考勤记录、工资发放表等台账，对项目施工期内全部施工人员实行动态实名制管理。施工人员发生工伤后，以劳动合同为基础确认劳动关系。对未签订劳动合同的，由人力资源和社会保障部门参照工资支付凭证或记录、工作证、招工登记表、考勤记录及其他劳动者证言等证据，确认事实劳动关系。相关方面应积极提供有关证据；按规定应由用人单位负举证责任而用人单位不提供的，应当承担不利后果。

（6）规范和简化工伤认定和劳动能力鉴定程序。职工发生工伤事故，应当由其所在用人单位在 30 日内提出工伤认定申请，施工总承包单位应当密切配合并提供参保证明等相关材料。用人单位未在规定时限内提出工伤认定申请的，职工本人或其近亲属、工会组织可以在 1 年内提出工伤认定申请，经社会保险行政部门调查确认工伤的，在此期间发生的工伤待遇等有关费用由其所在用人单位负担。各地社会保险行政部门和劳动能力鉴定机构要优化流程，简化手续，缩短认定、鉴定时间。对于事实清楚、权利义务关系明确的工伤认定申请，应当自受理工伤认定申请之日起 15 日内作出工伤认定决定。探索建立工伤认定和劳动能力鉴定相关材料网上申报、审核和送达办法，提高工作效率。

（7）完善工伤保险待遇支付政策。对认定为工伤的建筑业职工，各级社会保险经办机构和用人单位应依法按时足额支付各项工伤保险待遇。对在参保项目施工期间发生工伤、项目竣工时尚未完成工伤认定或劳动能力鉴定的建筑业职工，其所在用人单位要继续保证其医疗救治和停工期间的法定待遇，待完成工伤认定及劳动能力鉴定后，依法享受参保职工的各项工伤保险待遇；其中应由用人单位支付的待遇，工伤职工所在用人单位要按时足额支付，也可根据其意愿一次性支付。针对建筑业工资收入分配的特点，对相关工伤保险待遇中难以按本人工资作为计发基数的，可以参照统筹地区上年度职工平均工资作为计发基数。

（8）落实工伤保险先行支付政策。未参加工伤保险的建设项目，职工发生工伤事故，依法由职工所在用人单位支付工伤保险待遇，施工总承包单位、建设单位承担连带责任；用人单位和承担连带责任的施工总承包单位、建设单位不支付的，由工伤保险基金先行支付，用人单位和承担连带责任的施工总承包单位、建设单位应当偿还，不偿还的，由社会保险经办机构依法追偿。

（9）建立健全工伤赔偿连带责任追究机制。建设单位、施工总承包单位或具有用工主体资格的分包单位将工程（业务）发包给不具备用工主体资格的组织或个人，该组织或个人招用的劳动者发生工伤的，发包单位与不具备用工主体资格的组织或个人承担连带赔偿责任。

（10）加强工伤保险政策宣传和培训。施工总承包单位应当按照项目所在地人力资源和社会保障部门统一规定的式样，制作项目参加工伤保险情况公示牌，在施工现场显著位置予以公示，并安排有关工伤预防及工伤保险政策讲解的培训课程，保障广大建筑业职工特别是农民工的知情权，增强其依法维权意识。各地人力资源和社会保障部门要会同有关部门加大工伤保险政策宣传力度，让广大职工知晓其依法享有的工伤保险权益及相关办事流程。开展工伤预防试点的地区可以从工伤保险基金提取一定比例用于工伤预防，各地人力资源社会保障部门应会同住房和城乡建设部门积极开展建筑业工伤预防的宣传和培训工作，并将建筑业职工特别是农民工作为宣传和培训的重点对象。建立健全政府部门、行业协会、建筑施工企业等多层次的培训体系，不断提升建筑业职工的安全生产意识、工伤维权意识和岗位技能水平，从源头上控制和减少安全事故。

（11）严肃查处谎报瞒报事故的行为。发生生产安全事故时，建筑施工企业现场有关人员和企业负责人要严格依照《生产安全事故报告和调查处理条例》等规定，及时、如实地向安全监管、住房城乡建设和其他负有监管职责的部门报告，并做好工伤保险相关工作。事故报告后出现新情况的，要及时补报。对谎报、瞒报事故和迟报、漏报的有关单位和人员，要严格依法查处。

（12）积极发挥工会组织在职工工伤维权工作中的作用。各级工会要加强基层组织建设，通过项目工会、托管工会、联合工会等多种形式，努力将建筑施工一线职工纳入工会组织，为其提供维权依托。提升基层工会组织在职工工伤维权方面的业务能力和服务水平。具备条件的企业工会要设立工伤保障专员，学习掌握工伤保险政策，介入工伤事故处理的全过程，了解工伤职工需求，跟踪工伤待遇支付进程，监督工伤职工各项权益落实情况。

（13）齐抓共管合力维护建筑工人工伤权益。人力资源和社会保障部门要积极会同相关部门，把大力推进建筑施工企业参加工伤保险作为当前扩大社会保险覆盖面的重要任务和重点工作领域，对各类建筑施工企业和建设项目进行摸底排查，力争尽快实现全面覆盖。各地人力资源和社会保障、住房和城乡建设、安全监管等部门要认真履行各自职能，对违法施工、非法转包、违法用工、不参加工伤保险等违法行为依法予以查处，进一步规范建筑市场秩序，保障建筑业职工工伤保险权益。人力资源和社会保障、住房和城乡建设、安全监管等部门和总工会要定期组织开展建筑业职工工伤维权工作情况的联合督查。有关部门和工会组织要建立部门间信息共享机制，及时沟通项目开工、项目用工、参加工伤保险、安全生产监管等信息，实现建筑业职工参保等信息互联互通，为维护建筑业职工工伤权益提供有效保障。

3 安全专项施工方案

　　本章要点：依据《建设工程安全生产管理条例》和《危险性较大的分部分项工程安全管理办法》，对达到一定规模的危险性较大的分部分项工程编制专项施工方案。本章重点介绍了危险性较大的分部分项工程以及超过一定规模的危险性较大的分部分项工程范围、安全专项施工方案的编制要求和程序以及安全专项施工方案的主要内容和编制要点。

3.1　安全专项施工方案的编制范围

依据《建设工程安全生产管理条例》和《危险性较大的分部分项工程安全管理办法》，对达到一定规模的危险性较大的分部分项工程编制专项施工方案。

3.1.1　危险性较大的分部分项工程范围

1. 基坑支护、降水工程

开挖深度超过 3m（含 3m）或虽未超过 3m 但地质条件和周边环境复杂的基坑（槽）支护、降水工程。

2. 土方开挖工程

开挖深度超过 3m（含 3m）的基坑（槽）的土方开挖工程。

3. 模板工程及支撑体系

（1）各类工具式模板工程：包括大模板、滑模、爬模、飞模等工程。

（2）混凝土模板支撑工程：搭设高度 5m 及以上，搭设跨度 10m 及以上，施工总荷载 $10kN/m^2$ 及以上，集中线荷载 15kN/m 及以上，高度大于支撑水平投影宽度且相对独立无联系构件的混凝土模板支撑工程。

（3）承重支撑体系：用于钢结构安装等满堂支撑体系。

4. 起重吊装及安装拆卸工程

（1）采用非常规起重设备、方法，且单件起吊重量在 10kN 及以上的起重吊装工程。

（2）采用起重机械进行安装的工程。

（3）起重机械设备自身的安装、拆卸。

5. 脚手架工程

（1）搭设高度 24m 及以上的落地式钢管脚手架工程。

（2）附着式整体和分片提升脚手架工程。

（3）悬挑式脚手架工程。

（4）吊篮脚手架工程。

（5）自制卸料平台、移动操作平台工程。

（6）新型及异型脚手架工程。

6. 拆除、爆破工程

（1）建筑物、构筑物拆除工程

（2）采用爆破拆除的工程。

7. 其他

（1）建筑幕墙安装工程。

（2）钢结构、网架和索膜结构安装工程。

（3）人工挖扩孔桩工程。

（4）地下暗挖、顶管及水下作业工程。

（5）预应力工程。

（6）采用新技术、新工艺、新材料、新设备及尚无相关技术标准的危险性较大的分部分项工程。

3.1.2 超过一定规模的危险性较大的分部分项工程范围

1. 深基坑工程

（1）开挖深度超过5m（含5m）的基坑（槽）的土方开挖、支护、降水工程。

（2）开挖深度虽未超过5m，但地质条件、周围环境和地下管线复杂，或影响毗邻建筑（构筑）物安全的基坑（槽）的土方开挖、支护、降水工程。

2. 模板工程及支撑体系

（1）工具式模板工程：包括滑模、爬模、飞模工程。

（2）混凝土模板支撑工程：搭设高度8m及以上；搭设跨度18m及以上；施工总荷载15kN/m² 及以上；集中线荷载20kN/m 及以上。

（3）承重支撑体系：用于钢结构安装等满堂支撑体系，承受单点集中荷载700kg以上。

3. 起重吊装及安装拆卸工程

（1）采用非常规起重设备、方法，且单件起吊重量在100kN及以上的起重吊装工程。

（2）起重量300kN及以上的起重设备安装工程；高度200m及以上内爬起重设备的拆除工程。

4. 脚手架工程

（1）搭设高度50m及以上落地式钢管脚手架工程。

（2）提升高度150m及以上附着式整体和分片提升脚手架工程。

（3）架体高度20m及以上悬挑式脚手架工程。

5. 拆除、爆破工程

（1）采用爆破拆除的工程。

（2）码头、桥梁、高架、烟囱、水塔或拆除中容易引起有毒有害气（液）体或粉尘扩散、易燃易爆事故发生的特殊建、构筑物的拆除工程。

（3）可能影响行人、交通、电力设施、通信设施或其他建（构）筑物安全的拆除工程。

（4）文物保护建筑、优秀历史建筑或历史文化风貌区控制范围的拆除工程。

6. 其他

（1）施工高度50m及以上的建筑幕墙安装工程。

（2）跨度大于36m及以上的钢结构安装工程；跨度大于60m及以上的网架和索膜结构安装工程。

（3）开挖深度超过16m的人工挖孔桩工程。

（4）地下暗挖工程、顶管工程、水下作业工程。

（5）采用新技术、新工艺、新材料、新设备及尚无相关技术标准的危险性较大的分部分项工程。

3.2　安全专项施工方案的编制要求和程序

3.2.1　安全专项方案的编制要求

安全专项施工方案编制必须遵循以下要求：

1. 依规性

安全专项施工方案必须依据现行安全生产法律、法规和安全技术标准、规范进行编制，安全专项施工方案内容不得与现行安全生产法律、法规和安全技术标准、规范要求相违背。

2. 针对性

安全专项施工方案编制要根据工程施工组织设计、工程施工安全技术规范和工程质量验收规范，结合危险性较大分部分项工程的概况、施工现场作业环境、具体施工工艺和施工方法、劳动力组织和所投入的设备、设施等情况，开展危险源辨识和风险分析，并制定有针对性的各项安全措施。不得仅罗列一般的施工工艺、施工方法以及日常的安全生产管理制度、劳动作业纪律，防止安全专项施工方案编制一般化。

3. 可行性

安全专项施工方案编制要坚持风险分级控制，遵循"消除、降低、减小、个体防护"的控制原则，最大限度地使施工作业活动存在的风险降低到可接受的范围之内。特别要重点关注安全施工所需的资源提供或方法措施是否具有可操作性，把企业的技术、经济等多种因素和各种不利条件综合考虑，确保安全专项施工方案有效可行。

4. 科学性

安全专项施工方案中涉及模板支撑、脚手架、支架等临时性设施必须建立相关的结构力学模型，并进行局部和整体的强度、刚度、稳定性计算、验算。力学模型必须与实际构造情况相符合。需要计算、验算的必须进行设计计算和验算，计算、验算所应用的方法和采用的相关数据，必须注明其来源和科学依据，并且计算、验算内容不能出现漏项、错算等低级错误，确保安全专项施工方案的科学性。

3.2.2　安全专项施工方案的编制程序

一般来讲，建设工程安全专项施工方案的编制程序如图 3-1 所示。

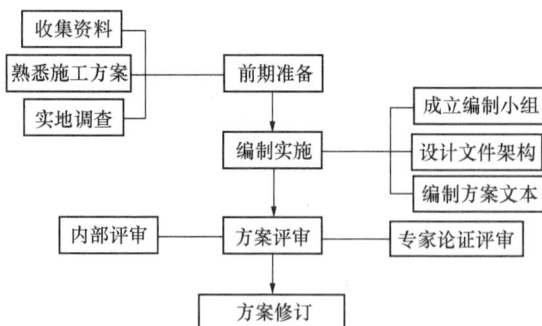

图 3-1　建设工程安全专项施工方案编制程序图

安全专项施工方案的编制是一项涉及面广、专业性强的工作，主要包括前期准备、编制实施、方案评审、方案修订。

1. 前期准备

编制安全专项施工方案好比行军打仗，前期准备工作非常重要，因此，必须扎扎实实做好前期准备工作，主要包括资料收集、熟悉施工方案、实地调查。

（1）资料收集

一个好的安全专项施工方案的编制必须有充分的资料作支撑，否则方案编制显得头重脚轻，空洞无物。必须努力收集相关资料，充分地占有资料。资料收集包括：

1）收集国家相关工程施工质量检验验收和职业健康安全法律、法规、标准、规范，建筑施工企业及项目的安全规章制度、作业指导书。

2）收集工程项目施工组织设计、施工方案及工程项目设计施工图纸。

3）收集类似工程施工的经验和工程施工所在地自然人文地理情况及现场的环境和作业条件。

（2）熟悉施工方案

熟悉施工方案是编制安全专项施工方案的前提。施工方案是工程施工的重要指导性文件。在安全专项施工方案编制之前，必须充分了解和熟悉工程施工方案。重点熟悉工程施工的工序和工艺方法、人员、机具材料设施设备及进度安排，方案的关键部位和关键节点的内容。只有了解和熟悉了工程施工的人、机，施工安排和作业环境条件，才能有针对性地辨识工程施工过程中存在的危险源和存在的风险，才能更加准确地采取控制措施，使方案更有针对性，贴近施工实际，满足工程施工安全要求。

（3）实地调查

实地调查是编制安全专项施工方案最好的办法和途径。施工现场环境条件具体是什么样子，必须亲赴现场具体查看，是否与施工方案描述的不一致，是否还有出现的新情况、新变化。只有实地调查，才能更好地掌握第一手资料，使编制的方案更加符合施工要求，采取的控制措施更有针对性。

2. 编制实施

安全专项施工方案编制实施的主要工作包括：

（1）成立编制小组。成立由建筑施工企业工程项目部技术负责人任组长，工程技术部和其他有关部门人员组成的编制小组，并对编制小组成员进行明确分工，做到职责清晰，分工合理，责任到人。

（2）设计文件架构。针对安全专项施工方案的基本要素，从安全专项施工方案的结构框架进行设计，确定结构层次，编写目录和内容提纲。

（3）编写方案文本。按照安全专项施工方案的文本格式，组织编写文本内容，进行排版修饰，装订成册。

3. 方案评审

安全专项施工方案编制完成后，首先应当由建筑施工企业项目技术负责人组织本项目技术、安全、质量等相关部门的专业技术人员进行内部审核。必要时，建筑施工企业技术、安全、质量等相关部门的专业技术人员参与审核，或者由建筑施工企业技术负责人组织本单位技术、安全、质量等相关部门的专业技术人员再进行内部审核。通过内部审核，查找不足。评审的内容主要包括：

（1）确定的分部分项工程施工的安全目标是否合理。

（2）编制依据引用的法律、法规、标准、规范是否过期。

（3）危险源辨识和风险分析是否符合工程施工实际。

（4）采取的方法措施是否有针对性，是否可行。

4. 方案修订

出现下列情况之一，建筑施工企业应对安全专项施工方案进行修订完善：

（1）建筑施工企业内部方案评审意见要求修订的。

（2）专家论证报告要求修订的。

3.3 安全专项施工方案的主要内容

安全专项施工方案是用于指导建设工程安全施工的重要文件，其编制质量和水平的高低对建设工程施工安全有很大的影响。安全专项施工方案编制质量与水平高低的关键因素，取决于安全专项施工方案的内容。因此，做好安全专项施工方案的编制工作，首先要理解和掌握安全专项施工方案的基本内容。

《危险性较大的分部分项工程安全管理办法》规定，专项方案编制应当包括以下内容：

（1）工程概况：危险性较大的分部分项工程概况、施工平面布置、施工要求和技术保证条件。

（2）编制依据：相关法律、法规、规范性文件、标准、规范及图纸（国标图集）、施工组织设计等。

（3）施工计划：包括施工进度计划、材料与设备计划。

（4）施工工艺技术：技术参数、工艺流程、施工方法、检查验收等。

（5）施工安全保证措施：组织保障、技术措施、应急预案、监测监控等。

（6）劳动力计划：专职安全生产管理人员、特种作业人员等。

（7）计算书及相关图纸。

《危险性较大的分部分项工程安全管理办法》规定了安全专项施工方案编制内容的框架。如果仅仅按照《危险性较大的分部分项工程安全管理办法》规定的内容编制，那么编制的方案只能说是基本符合安全专项施工方案的要求。

通常来讲，一份合理而且完整的安全专项施工方案内容应当包括：

（1）编制说明。

（2）工程概况。

（3）施工方案。

（4）危险源辨识及风险分析。

（5）施工安全保障措施。

（6）施工安全应急措施。

（7）检查和纠正。

（8）方案管理。

以上要素是构成安全专项施工方案主体架构并体现其基本功能的核心要素。每个核心要素包括若干个对主体架构起支撑作用并为实现其基本功能起保证作用的辅助要素，它们共同构成了方案的整体。

安全专项施工方案作为一个有机的整体，其本身自成体系。整体上看，安全专项施工方案内容体现了"PDCA"系统化管理思路。

安全专项施工方案的内容架构如图 3-2 所示。

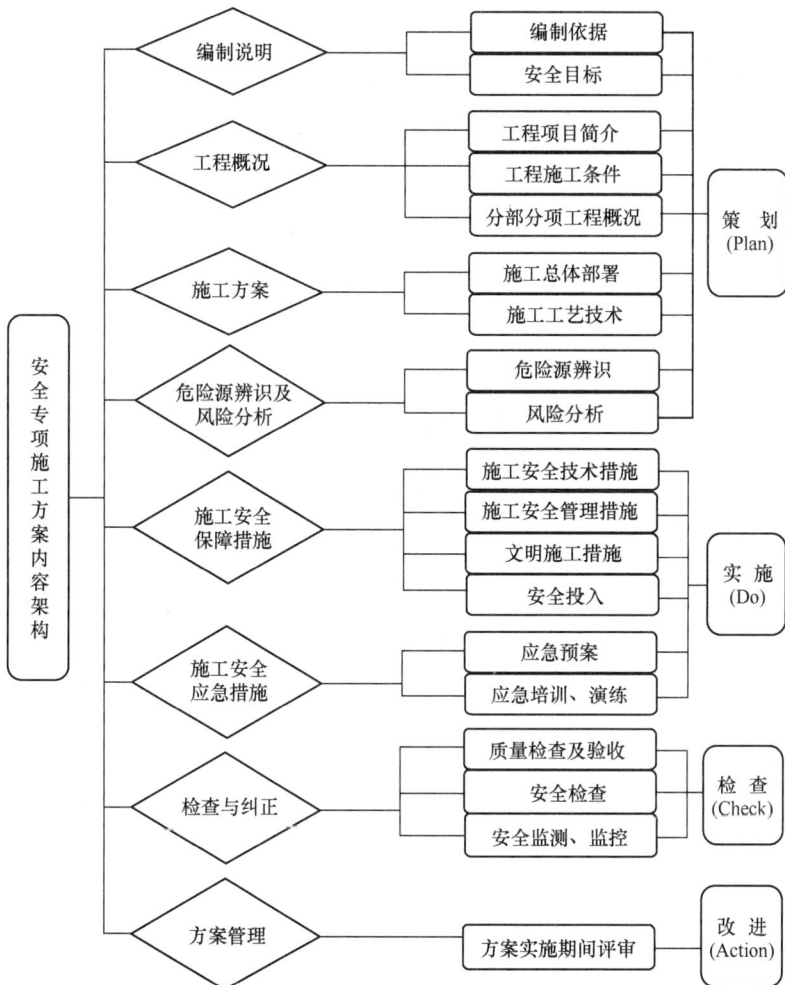

图 3-2 安全专项施工方案内容架构图

3.4 安全专项施工方案的编制要点

3.4.1 编制说明

1. 编制依据

简述方案编制所依据的国家法律法规、行政规章、地方性法规和规章、有关行业管理规定、技术规范及图纸（国标图集）、施工组织设计及编制依据的版本、编号等。采用软件的，应说明方案计算使用的软件名称、版本。

2. 安全目标

说明方案所要实现的安全事故指标、管理目标、创优达标、文明施工等具体目标和指标。

3.4.2 工程概况

简明、清晰地简述危险性较大分部分项工程的性质和作用、工程结构特点、施工要求，以及技术保证条件等，重点说明危险性较大分部分项工程的位置、内容以及工程周边交通、重要设施、场所、地下基础状况等所处地段和周围环境情况。

例如，建筑基坑支护工程概况应包括基坑所处的地段，周边的环境；四周市政道路、管、沟、电力电缆和通信光缆等情况；基础类型、基坑边坡支护形式、基坑开挖深度、降水条件、施工季节、支护结构使用期限及其他要求等。

3.4.3 施工方案

针对危险性较大的分部分项工程，重点简述工程的施工总体部署、施工工艺技术和施工方法、工序。合理确定危险性较大分部分项工程的施工进度，满足工期要求；精心安排人员、施工设备设施、材料；精选施工方法、施工工艺和技术保证条件等。

3.4.4 危险源辨识及风险分析

1. 危险源辨识

针对工程的特点，对危险性较大分部分项工程施工过程中存在的潜在危险源进行辨识，说明可能存在的导致人员伤亡、财产损失、环境破坏的各种危险因素。

2. 风险分析

根据危险源辨识结果，说明可能发生的事故类型，一旦发生危险事故，哪些位置和环节容易受到影响，事故发生造成破坏（或伤害）的可能性，以及这些破坏（或伤害）可能导致的严重程度。

3.4.5 施工安全保障措施

说明根据危险性较大分部分项工程危险源辨识和风险分析的结果，针对存在的风险，结合施工环境、设计要求、施工方法所采取的综合治理措施。

1. 施工安全技术措施

针对危险性较大分部分项工程，为控制施工安全风险，从施工安全技术上制定具体安全技术措施。

2. 施工安全管理措施

针对危险性较大分部分项工程，为控制施工安全风险，从现场组织、安全教育培训、安全技术交底、风险告知、现场管理等方面制定具体安全管理措施。

3. 文明施工措施

针对危险性较大分部分项工程，为控制施工可能带来的一系列环境保护、文明施工问题，制定具体措施。

4. 安全投入

针对危险性较大分部分项工程的施工特点，根据国家有关规定，说明在现场安全防护、人员教育培训、现场应急管理、文明施工措施等方面拟投入的经费具体预算情况。

3.4.6　施工安全应急措施

简述针对危险性较大分部分项工程施工过程中可能发生的紧急情况，采取相应降低损失和伤害的应急措施，包括现场应急预案制定及培训演练情况。

3.4.7　检查和纠正

说明为保证工程施工保障措施的实施，严格按照相关法律法规和相关技术文件要求，对危险性较大分部分项工程施工现场进行质量和验收以及安全检查、监测监控。明确施工过程采取的监控、监测措施和检查的手段和方式方法。

3.4.8　方案管理

明确方案实施期间具体的方案评审人员、评审方式、评审内容、评审间隔和评审要求等。

3.4.9　附件

详细列出有关计算书、相关图纸及其他需要说明的材料等。

（1）计算书包括：计算依据、计算公式、计算参数、计算和验算结果等。

（2）相关图纸包括：施工平面图、立面图、剖面图、工况图、节点详图、监测点平面布置图等相关图纸。

（3）其他需要说明的材料包括：应急救援设施及道路平面布置图、应急医疗急救路线图、应急救援指挥流程图等未在正文列出需要补充说明的图表、资料。

4 危险源的辨识与风险评价

本章要点：危险源是可能导致人身伤害和（或）健康损害的根源、状态、行为，或其组合。本章重点介绍了危险源的概念和分类、危险源识别、危险源的安全风险评价、危险源的安全风险控制策划和危险源的防范对策等内容。通过识别、评价、防范和控制等手段减少和规避项目风险。

4.1　危险源的基本知识

4.1.1　危险源的概念和分类

1. 概念

《职业健康安全管理体系　要求》GB/T 28001 中危险源的定义为：可能导致人身伤害和（或）健康损害的根源、状态、行为，或其组合。危险源是指一个系统中具有潜在能量和物质释放危险的、可造成人员伤害、在一定的触发因素作用下可转化为事故的部位、区域、场所、空间、岗位、设备及其位置。它的实质是具有潜在危险的源点或部位，是爆发事故的源头，是能量、危险物质集中的核心，是能量从那里传出来或爆发的地方。

危险源由三个要素构成：潜在危险性、存在条件和触发因素。

2. 分类

根据危险源在事故发生发展过程中的作用，按安全科学理论把危险源分为两大类。

（1）两类危险源

1）生产过程中存在的，可能发生意外释放的能量（能源或能量载体）或危险物质称作第一类危险源。为了防止第一类危险源导致事故，必须采取措施约束、限制能量或危险物质，控制危险源。

2）导致能量或危险物质约束或限制措施破坏或失效的各种因素称作第二轮危险源。第二类危险源主要包括物的故障、人的失误和环境因素（环境因素引起物的故障和人的失误）。

（2）两类危险源的关系

第一类危险源是伤亡事故发生的能量主体，决定事故发生的严重程度；第二类危险源是第一类危险源造成事故的必要条件，决定事故发生的可能性。

第一类危险源的存在是第二类危险源出现的前提，第二类危险源的出现是第一类危险源导致事故的必要条件。

4.1.2　危险源识别、评价、控制策划的过程和基本步骤

危险源是导致项目工程发生安全事故的根源，所以必须把危险源作为项目工程安全控制的主要对象。项目经理部在项目施工管理总策划时必须对施工现场的危险源进行识别、评价和控制策划，识别与施工现场相关的所有危险源，评价出重大危险源，以此为基础，制定针对性的控制措施，并在项目施工过程中根据法律法规、标准规范、施工工艺、相关方要求与投诉的变化，定期或不定期地及时对原有识别、评价和控制策划结果进行评审，必要时进行更新，并加以改进。

项目经理部对危险源安全风险的控制主要包括识别、评价、控制策划三个基本环节，其过程是一个随施工进度而动态发展、不断更新的过程，如图 4-1 所示，需要项目经理部全体员工的共同参与。

项目经理部对危险源识别、评价、控制策划主要分三个步骤，如图 4-2 所示。

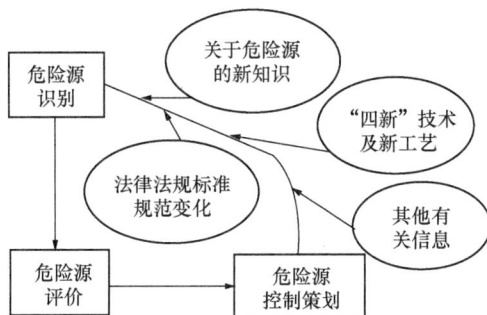

图 4-1　危险源安全风险控制的基本环节

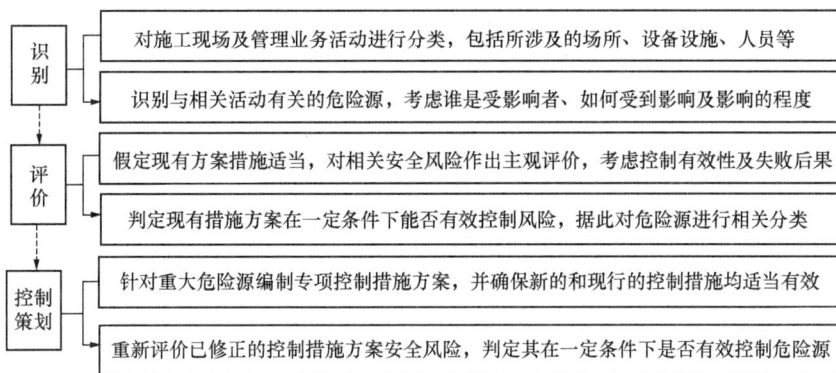

图 4-2　危险源安全风险控制的基本步骤

4.1.3　施工现场作业与管理业务活动分类

辨识项目工程危险源的首要步骤就是先对施工现场作业与管理业务活动进行分类，目的是为了便于组织危险源的识别和评价，内容主要包括施工现场作业与管理各类业务活动所涉及的场所、设施、设备、人员、工序、作业活动、管理活动，既包括日常的施工生产和管理活动，又包括不常见的维修任务等。在对施工现场作业与管理业务活动进行分类时应考虑全面，应准确选择具有危险源的业务活动。其分类方法如下：

1. 按施工现场内外的不同场所分类

可分为施工作业区、辅助生产区、生活区、办公区、毗邻社区等。这些场所又可分为若干个更小的场所，如生活区可分为食堂、宿舍、厕所等场所，辅助生产区又可分为钢筋加工棚、木工加工棚、搅拌站等场所。

2. 按施工阶段、施工工序、作业活动分类

可分为地基与基础阶段、主体结构阶段、装饰装修阶段、屋面施工阶段等，这些施工阶段又可分为若干个更小的施工工序，如地基与基础施工阶段可分为土方开挖、降水排水、基坑支护等分项工程，主体结构阶段又可分为钢筋工程、模板工程、混凝土工程等分项工程。

4.2 危险源的识别

项目经理部识别施工现场危险源的方法常见的有现场调查、工作任务分析、危险与可操作性分析、安全检查表、故障树分析等。

4.2.1 现场调查法识别危险源的形式

（1）现场观察：由具备一定安全知识，掌握一定职业健康与环保方面法律法规、标准规范的调查者通过对施工现场作业环境的观察，发现施工现场所存在的危险源。

（2）询问、交谈：调查者通过对项目经理部某项工作或作业中有经验的人进行交谈，从中初步分析出该项工作或作业中所存在的危险源。

（3）安全检查表：调查者运用已经编制好的安全检查表对施工现场进行系统的安全环境检查、分析，可识别出现场所存在的危险源。

（4）获取外部信息：从有关类似企业、类似项目、文献资料、专家咨询等方面获取有关危险源方面的信息，加以分析研究，结合本工程实际情况，进行归纳总结，可识别出现场存在的危险源。

4.2.2 现场调查法识别危险源的步骤

（1）组织相关人员进行危险源识别方面的知识培训，并结合现场进行实地练习。

（2）针对本项目作业现场及管理业务的活动进行统一分类，并制定相应的调查和识别表格，分别由相关人员逐类进行调查，找出所存在的危险源，并填写表格做好记录。

（3）由专人负责对调查和识别表格内的内容进行汇总、确认、登记，建立项目经理部危险源识别清单（表4-1），以便于进行下一步的重大危险源评价工作。

项目工程施工现场危险源识别、评价结果一览表　　　　　　　　表4-1

施工现场危险源辨识、评价结果一览表				编号		
工程名称				施工单位		
序号	施工阶段	作业活动	危险源	可能导致的事故	风险级别	现有控制措施

（4）项目经理部应根据现场施工进度及内外环境因素的变化，继续辨识新出现的危险源，并及时对项目部危险源识别清单进行更新。

（5）定期对危险源辨识结果的充分性进行评审，并视具体情况予以修订调整。

4.3 危险源的安全风险评价

项目经理部应对所识别出的危险源采取相应的技术和管理措施，针对这些计划采取或已经实施的措施是否能有效地控制危险源，围绕可能性及后果两个方面进行安全风险综合评价，其目的是对工程项目施工过程中的全部安全风险进行评价分级，以便于根据评价分级结果进行有针对性的安全风险控制，从而取得良好的安全生产业绩，达到持续改进的目的。

项目经理部可组织有系统安全工程知识的安全专家、有丰富知识且熟悉本项目施工生产工艺的技术和管理人员组成评价组，通过定量和定性结合的方法，结合评价组人员的经验和判断能力，对管理、人员、工艺、设备、设施等方面已识别的危险源进行评价分级，并确定出对本项目工程施工安全有重大影响的重大危险源。

工程项目部危险源安全风险评价结果应形成评价记录，通常情况下，可把危险源安全风险评价结果与危险源识别清单合并为同一表格进行记录，对所确定的重大危险源应另外列表形成重大危险源汇总表（表4-2），并按优先考虑的顺序进行排列。

施工现场重大危险源及控制措施汇总表　　　　　表 4-2

施工现场重大危险源及控制措施汇总表			编号		
工程名称			施工单位		
序号	施工阶段	作业活动	重大危险源	可能导致的事故	控制措施要点

4.4 危险源的安全风险控制策划

4.4.1 控制措施选择顺序的基本要求

应按标本兼治、治本为主的原则，从导致事故发生的人、机、料、法、环、检等因素按以下顺序优先选择危险源安全风险控制措施：

1. 优先选择能完全消除危险源的控制措施

通过停止使用某些设备、材料，改用无安全风险的设备和材料以完全消除危险源。

2. 其次选择能有效降低危险源影响程度的控制措施

通过采取使用低压电器、搭设防护工棚、改进施工工艺、设置机械防护装置等技术和管理措施，能有效降低安全风险的影响程度。

3. 不能消除或降低危险源而只能单方面防止人员伤害的被动性措施

在既不能有效消除危险源又不能有效降低危险源安全风险影响程度的情况下，只能采取通过使用个人防护用品，防止人员受到更大程度的伤害。

4.4.2 重大危险源控制策划原则

通常情况下，应按危险源的安全风险评价分级来确定控制措施，如被确定为一般危险源，则可由项目经理部相关责任部门或人员，运行现有技术措施或控制措施，加强管理。若被确定为重大危险源，则应制定专项控制措施。制定重大危险源专项控制措施可考虑以下几个方面：

（1）制定控制目标、控制指标和专项技术方案及管理措施。

（2）制定重大危险源管理程序、规章制度、安全操作规程。

（3）组织相关人员进行有针对性的知识培训，并结合现场进行实地练习。

（4）制定应急预案并组织演练。

（5）对现有控制措施的充分性进行评审，改进现有控制措施。

（6）加强对现场的监督和监测，以便能及时启动相应控制程序。

4.4.3 重大危险源风险控制策划记录

控制措施策划过程中应广泛听取项目部员工及有关方面的意见（必要时寻求企业和社会帮助），并结合项目工程实际情况，不断优化危险源风险控制措施策划。策划结果应形成记录，通常情况下可把重大危险源控制措施要点与重大危险源汇总表合并为同一表格进行记录。针对某些重大危险源应编制专项控制措施，并应单独形成记录（表 4-3），每张表格只能记录一种危险源。

施工现场重大危险源专项控制措施 表 4-3

施工现场重大危险源专项控制措施		编号	
工程名称		施工单位	
重大危险源			
作业/活动/设施/场所		可能导致的事故	
责任部门		相关部门	
控制目标			
专项控制措施			
培训负责人		责任部门负责人	

4.4.4　安全风险控制措施的评审

项目经理部在实施拟采取的安全风险控制措施之前应先对其按以下要求进行充分性评审，评审通过后方可组织实施：

（1）该安全风险控制措施是否会产生新的危险源。

（2）该安全风险控制措施是否有较强的针对性和可操作性，结合项目工程进度、成本压力等情况能否被应用于工程实际。

（3）受到危险源安全风险影响的相关方如何评价该预防措施的必要性和可行性。

（4）结合法律法规、标准规范及相关方的要求和项目经理部的安全目标，该安全风险控制措施是否能使安全风险影响程度降低到可接受或可容许的水平。

（5）该安全风险控制措施是否选定了标本兼治或投资效果最佳的解决方案，资金是否能够保证。

4.5　危险源的防范对策

4.5.1　技术控制措施

主要运用的技术控制措施包括距离防护、时间防护、屏蔽危险源、坚固防护设施、消除薄弱环节、避免靠近危险源、控制危险源触发因素、取代操作、警告警示、冗余技术、个人防护等。在施工系统中，要根据危险源的性质、存在状态、触发条件等方面的特征，以及施工企业能够采用的技术、人力、物力，有选择地采用上述技术措施，以达到消除、控制、防护、转移危险源的目的。危险源控制的技术措施包括施工作业中的危险源控制技术和安全设施两个方面的内容：

（1）危险源控制技术是根据现有的工艺技术的安全要求和标准，一方面对施工过程中的第一类危险源，如机械设备、物质材料等的危险属性如温度、压力、强度等加以控制，避免在触发因素的影响下，一旦约束失效引发安全事故；另一方面，加强紧急情况下的控制装置执行能力，如紧急过电保护装置、机械突发事件紧急停车系统等。

（2）安全设施是指一些施工现场预防危险源引发事故的设备和手段。如工地消防设施（消防水、消防车、灭火器、其他灭火装置、消防通道等）、危险源监控系统、检测报警系统和防静电设施等。技术层面的措施在开展危险源控制的工作中有着十分重要的作用，只有充分发挥技术措施的效用，才可能有效地规避管理失误导致的第一类危险源能量意外释放，避免事故的发生。

4.5.2　管理控制措施

做好应急准备要从容地应付紧急情况，需要周密的应急计划、严密的应急组织、精干的应急队伍、灵敏的报警系统和完备的应急救援设施。单位根据实际需要，应建立各种不脱产的专业救援队伍，包括：抢险抢修队、医疗救护队、义务消防队、通信保障队、治安队等，救援队伍是应急救援的骨干力量，担负单位各类重大事故的处置任务。可以从以下几个方面来建立管理控制程序：

1. 建立健全危险源控制管理的规章制度

在对危险源进行辨识和评价的基础上，有针对性地建立健全各项危险源管理的规章制度。危险源管理制度包括安全生产责任制、重大危险源控制实施细则、安全操作规程、培训制度、交接班制度、检查制度、信息反馈制度、危险作业审批制度、异常情况紧急措施和安全考核奖惩制度等各项管理制度。

2. 明确安全责任，定期安全检查

对施工过程中的各项危险源管理工作确定各级负责人，并明确他们各自应负的具体责任，做到安全责任到人。特别要明确各级单位对归属区域的危险源定期检查的责任，包括施工人员的每天自查、职能部门的定期检查、企业领导的不定期督查等。

3. 加强危险源的日常管理控制

做好安全值班工作、日常安全检查工作并按操作规程进行正确作业，所有活动均应认真做好记录，使危险源控制工作时刻处在有序进行之中，保证对危险源及其触发因素的有效控制。

4. 建立安全信息反馈制度

抓好信息反馈工作，及时处理所发现的问题，建立健全信息反馈系统，制定信息反馈制度。对检查所发现的问题，应根据其性质和严重程度，按规定实行各级信息反馈和整改，并作好整改记录；发现重大危险隐患，及时报告主管领导，组织紧急处置。

5. 搞好危险源控制管理的考核评价和奖惩工作

对危险源控制管理的各方面工作应当制定相关的考核标准，定期进行严格的考核评价，给予奖励或处罚，并逐年提高要求，促使企业和项目组织在危险源管理水平上实现不断地提高。

4.5.3 人的行为控制措施

1. 加强教育培训

增强施工人员的安全意识和自我保护能力，增强各个流程施工作业人员的安全意识和安全知识，熟练操作技能，对涉及危险源管理的相关领导和人员进行定期专门的安全教育和培训。培训内容包括：危险源管理的意义；施工项目危险源的辨识和评价；危险源触发条件及控制措施；危险源管理的日常工作和事故应急处理等。

2. 岗位操作标准化

根据各个工种和各个施工阶段所涉及的危险源及其特征，制定合理的安全操作规程、作业指导书，通过专门的培训教育，使岗位安全操作规程和作业指导书，真正落到实处。施工企业对岗位安全操作规程和作业指导书，要根据施工进度和实际状况进行定期检查和修正。

5　安全事故防范、救援与处理

　　本章要点：安全生产事故，是指生产经营单位在生产经营活动中发生的造成人身伤亡安全生产事故或者直接经济损失的事故。本章重点介绍了施工现场安全事故的类型、事故的预防、安全事故应急救援预案、施工现场安全急救、应急处理和应急设施以及事故的调查与处理等内容。

5.1 建筑施工安全事故的分类

安全生产事故有四原则：一是严格依法认定、适度从严的原则；二是从实际出发，适应我国当前安全管理的体制机制，事故认定范围不宜作大的调整；三是有利于保护事故伤亡人员及其亲属的合法权益，维护社会稳定；四是有利于加强安全生产监管职责的落实，消灭监管"盲点"，促进安全生产形势的稳定好转。

5.1.1 按事故的原因及性质分类

从建筑活动的特点及事故的原因和性质来看，建筑安全事故可以分为四类，即生产事故、质量事故、技术事故和环境事故。

1. 生产事故

生产事故主要是指在建筑产品的生产、维修、拆除过程中，操作人员违反有关施工操作规程等而直接导致的安全事故。这种事故一般都是在施工作业过程中出现的，事故发生的次数比较频繁，是建筑安全事故的主要类型之一。目前我国对建筑安全生产的管理主要是针对生产事故。

2. 质量事故

质量事故主要是指由于设计不符合规范或施工达不到要求等原因而导致建筑结构实体使用功能存在瑕疵，进而引起安全事故的发生。在设计不符合规范标准方面，主要是一些没有相应资质的单位或个人私自出图和设计本身存在安全隐患。在施工达不到设计要求方面，一是施工过程违反有关操作规程留下的隐患；二是由于有关施工主体偷工减料的行为而导致的安全隐患。质量事故可能发生在施工作业过程中，也可能发生在建筑实体的使用过程中。特别是在建筑实体的使用过程中，质量事故带来的危害是极其严重的，如果在外加灾害（如地震、火灾）发生的情况下，其危害后果是不堪设想的。质量事故也是建筑安全事故的主要类型之一。

3. 技术事故

技术事故主要是指由于工程技术原因而导致的安全事故，技术事故的结果通常是毁灭性的。技术是安全的保证，曾被确信无疑的技术可能会在突然之间出现问题，起初微不足道的瑕疵可能导致灾难性的后果，很多时候正是由于一些不经意的技术失误才导致了严重的事故。在工程技术领域，人类历史上曾发生过多次技术灾难，包括人类和平利用核能过程中的俄罗斯切尔诺贝利核事故、美国"挑战者"号爆炸事故等。

4. 环境事故

环境事故主要是指建筑实体在施工或使用的过程中，由于使用环境或周边环境原因而导致的安全事故。使用环境原因主要是对建筑实体的使用不当，比如荷载超标、静荷载设计而动荷载使用以及使用高污染建筑材料或放射性材料等。对于使用高污染建筑材料或放射性材料的建筑物，一是给施工人员造成职业病危害，二是对使用者的身体带来伤害。周边环境原因主要是一些自然灾害方面的，比如山体滑坡等。在一些地质灾害频发的地区，应该特别注意环境事故的发生。环境事故的发生，往往归咎于自然灾害，其实是缺乏对环境事故的预判和防治能力。

5.1.2　按事故类别分类

按事故类别分，可以分为 14 类，即物体打击、车辆伤害、机械伤害、起重伤害、触电、灼烫、火灾、高处坠落、坍塌、透水、爆炸、中毒、窒息、其他伤害等。

5.1.3　按事故严重程度分类

可以分为轻伤事故、重伤事故和死亡事故三类。

根据生产安全事故造成的人员伤亡或者直接经济损失，一般分为以下等级：

（1）特别重大事故，是指造成 30 人以上死亡，或者 100 人以上重伤（包括急性工业中毒，下同），或者 1 亿元以上直接经济损失的事故。

（2）重大事故，是指造成 10 人以上 30 人以下死亡，或者 50 人以上 100 人以下重伤，或者 5000 万元以上 1 亿元以下直接经济损失的事故。

（3）较大事故，是指造成 3 人以上 10 人以下死亡，或者 10 人以上 50 人以下重伤，或者 1000 万元以上 5000 万元以下直接经济损失的事故。

（4）一般事故，是指造成 3 人以下死亡，或者 10 人以下重伤，或者 1000 万元以下直接经济损失的事故。

上述条款所称的"以上"包括本数，所称的"以下"不包括本数。

5.2　安全事故的预防

事故是人的不安全行为和物的不安全状态的直接后果，而这两者都是可以用管理来控制的。严格的管理和严厉的法治是必需也是必要的，但并不是安全生产的目的和工作的全部。安全生产的目的是减少以至消除人身伤害和财产损失事故，提高效益。因此，安全管理和技术人员还应该学习事故预防知识，掌握事故预防对策。

5.2.1　施工现场不安全因素

1. 事故潜在的不安全因素

著名的海因里希法则（1∶29∶300 法则）显示，通过大量的事故调查，海因里希发现，每 330 起事故中，死亡或重伤仅为 1 起，占 0.3%，轻伤事故 29 起，占 8.8%，无伤害 300 起，占 90.9%。在生产过程的事故中，未遂事故的数量远远大于人身伤亡和财产损失事故的数量。可见仅仅关注伤害事故是不够的，要对所有的事故给予足够的重视。

分析大量事故的原因可以得知，只有少量的事故仅由人的不安全行为或物的不安全状态引起，绝大多数的事故是与二者同时相关的。当人的不安全行为和物的不安全状态在各自发展过程中，在一定时间、空间发生了接触，伤害事故就会发生。而人的不安全行为和物的不安全状态之所以产生和发展，又是受多种因素作用的结果。

2. 人的不安全行为

人的不安全行为，通俗地讲，就是指能造成事故的人的失误。

人的不安全行为是指能造成事故的人为错误，是人为地使系统发生故障或发生性能不

171

良事件，是违背设计和操作规程的错误行为。

3. 施工现场物的不安全状态

物的不安全状态是指能导致事故发生的物质条件，包括机械设备等物质或环境所存在的不安全因素，通常人们将其称为物的不安全状态或物的不安全条件，也有直接称其为不安全状态的。人的生理、心理状态能适应物质、环境条件，而物质、环境条件又能满足劳动者生理、心理需要时，则不会产生不安全行为；反之，就可能导致伤害事故的发生。

4. 管理上的不安全因素

管理上的不安全因素，通常也可称为管理上的缺陷，它也是事故潜在的不安全因素。

5.2.2 建筑施工现场伤亡事故的预防

1. 构成事故的主要原因

（1）事故发生的结构

事故的直接原因是物的不安全状态和人的不安全行为，事故的间接原因是管理上的缺陷。事故发生的背景就是因为客观上存在着发生事故的条件，若能消除这些条件，事故是可以避免的。如已知的事故条件继续存在就会发生同类同种事故，尚且未知的事故条件也有存在的可能性，这是伤亡事故的一大特点。

（2）潜在危害性的存在

人类的任何活动都具有潜在的危害，所谓危险性，并非它一定会发展成为事故，但由于某些意外情况，它会使发生事故的可能性增加，在这种危害性中既存在着人的不安全行为，也存在着物质条件的缺陷。

事实上，重要的不仅是要知道潜在的危害，而且应了解存在危害性的劳动对象、生产工具、劳动产品、生产环境、工作过程、自然条件、人的劳动和行为，以此为基础、及时高效率地解决任何潜在危害的预测。在特定的生产条件下，消除不安全因素构成的危害和可能性具有重要意义。

2. 安全生产的五条规律

（1）在一定的社会条件下生产的安全规律

这种规律的实质是，承认生产中的潜在危险，这为制定安全法规、制度、措施及其实施创造了原则上的可能性，这一规律的作用受到社会的基本经济规律的制约。在我国安全生产和劳动保护是有组织、有系统的，应当在有目的的活动中付诸实现。

（2）劳动条件适应人的特点的规律

人适应环境的可能性具有一定限度，这则规律要求策划、计划、组织劳动生产、构思新技术或设计新工艺、工序，以及解决其他任务时，必须树立以人为中心（即以人为本）的观点，必须以保证操作者能安全作业活动为出发点。要重点研究以人为主体的危险及其消除措施方法。

（3）不断地有计划地改善劳动条件的规律

随着我国社会主义现代化建设和生产方式的完善，应努力消除和降低生产中的不安全、不卫生因素。这一规律是我国在社会主义条件下有计划、按比例发展国民经济的具体体现。从国家、地方、行业乃至一个企业、一个工地，劳动条件理所当然地应有所改善、好转，而不能有所恶化、倒退。劳动条件得不到改善而恶化、倒退，尤其是产生恶果的，则是国家的安全法规所不能允许的。

（4）物质技术基础与劳动条件适应的规律

科学技术的进步从根本上改善着劳动条件，但不能排除新的重要的危险因素的出现，或者有扩大其有害影响的可能性，如不重视这一规律将导致新技术效果的下降。这一规律的实质是劳动条件的改善，在时间上要与物质技术基础的发展阶段相适应。

（5）安全管理科学化的规律

事故预防科学是一门以经验为基础而建立起来的管理科学，经验是掌握客观事物所必需的，将个别的已经证明行之有效的经验加以科学总结，而形成的一门知识体系。安全的科学管理，其目的是以个人或集体作为一个系统，科学地探讨人的行为，排除妨碍完成安全生产任务的不安全因素，使之按计划实现安全生产的目标。

安全生产的实现，必须建立在安全管理是科学的有计划的、目标明确的、措施方法正确的基础之上，这一规律揭示形成劳动安全计划指标是可能的，指标（目标）必须满足：现实对象明确，定量清楚，与客观条件相符，经济而有效，可以整体检查，并能显示以确保安全为目的的作用的整体性。

3. 事故预防措施

事故预防，就是要消除人和物的不安全因素，弥补管理上的缺陷，实现作业行为和作业条件安全化。

（1）消除人的不安全行为，实现作业行为安全化的主要措施

1）开展安全思想教育和安全规章制度教育；

2）推行安全知识岗位培训，提高职工的安全技术素质；

3）推广安全标准化管理操作和安全确认制度活动，严格按安全操作规程和程序进行各项作业；

4）重点加强重点要害设备、人员作业的安全管理和监控，搞好均衡生产；

5）注意劳逸结合，使作业人员保持充沛的精力，从而避免产生不安全行为。

（2）消除物的不安全状态，实现作业条件安全化的主要措施

1）采取新工艺、新技术、新设备，改善劳动条件；

2）加强安全技术研究，采用安全防护装置，隔离危险部位；

3）采用安全适用的个人防护用具；

4）开展安全检查，及时发现和整改安全隐患；

5）定期对作业条件（环境）进行安全评价，以便采取安全措施，保证符合作业的安全要求。

（3）实现安全措施必须加强安全管理

加强安全管理是实现安全生产的重要保证。建立、完善和严格执行安全生产规章制度，开展经常性的安全教育、岗位培训和安全竞赛活动，通过安全检查制定和落实防范措施等安全管理工作，是消除事故隐患，搞好事故预防的基础工作。因此，应当采取有力措施，加强安全施工管理，保障安全生产。

5.3 安全事故应急救援预案

《安全生产法》规定：生产经营单位应当制定本单位生产安全事故应急救援预案，与所在地县级以上地方人民政府组织制定的生产安全事故应急救援预案相衔接，并定期组织演练。县级以上地方各级人民政府应当组织有关部门制定本行政区域内生产安全事故应急救援预案，建立应急救援体系。

《建设工程安全生产管理条例》规定：县级以上地方人民政府建设行政主管部门应当根据本级人民政府的要求，制定本行政区域内建设工程特大生产安全事故应急救援预案。施工单位应当制定本单位生产安全事故应急救援预案，建立应急救援组织或者配备应急救援人员，配备必要的应急救援器材、设备，并定期组织演练。施工单位应当根据建设工程施工的特点、范围，对施工现场易发生重大事故的部位、环节进行监控，制定施工现场生产安全事故应急救援预案。实行施工总承包的，由总承包单位统一组织编制建设工程生产安全事故应急救援预案，工程总承包单位和分包单位按照应急救援预案，各自建立应急救援组织或者配备应急救援人员，配备救援器材、设备，并定期组织演练。为了预防和控制重大事故的发生，并能在重大事故发生后有条不紊地开展救援工作，各施工单位都应该制定和完善应急预案措施。

5.3.1 组织机构及职责

应急预案实施的组织机构和各小组的职责如图 5-1 所示。

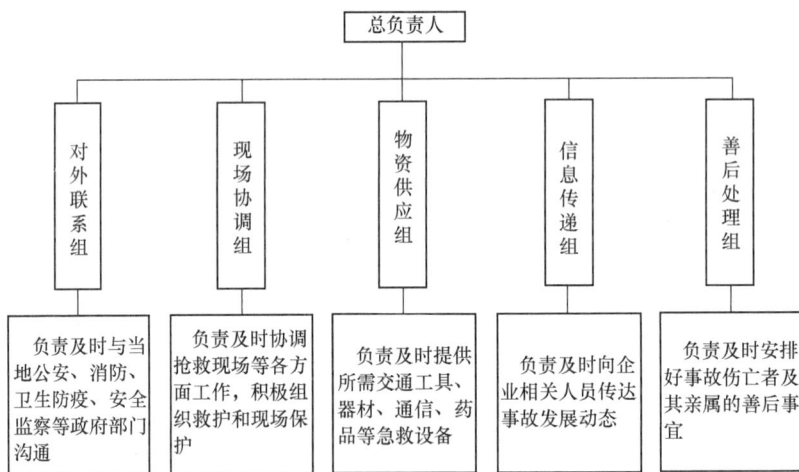

图 5-1 组织机构及职责

5.3.2 应急预案的内容

（1）应急防范重点区域和单位；

（2）应急救援准备和快速反应详细方案；

（3）应急救援现场处置和善后工作安排计划；

（4）应急救援物资保障计划；

（5）应急救援请示报告制度。

5.3.3 应急预案演习

（1）确定应急预案内容后告知所有职工；

（2）对应急预案要定期检查，不断完善；

（3）所有施工现场人员都应参加应急演习，以熟悉应急状态后的行动方案。

5.4 施工现场安全急救、应急处理和应急设施

5.4.1 现场急救概念和急救步骤

1. 现场急救概念

现场急救，就是应用急救知识和最简单的急救技术进行现场初级救生，最大程度上稳定伤病员的伤、病情，减少并发症，维持伤病员的最基本的生命体征，例如呼吸、脉搏、血压等。现场急救是否及时和正确，关系到伤病员生命和伤害的结果。

现场急救工作，还为下一步全面医疗救治作了必要的处理和准备。不少严重工伤和疾病，只有现场先进行正确的急救，及时做好伤病员的转送医院的工作，途中给予必须的监护，并将伤（病）情，以及现场救治的经过反映给接诊医生，保持急救的连续性，才能提高危重伤病员的生存率。如果坐等救护车或直接把伤病员送入医院，可能会浪费最关键的抢救时间，使伤病员的生命丧失。

2. 急救步骤

急救是对伤病员提供紧急的监护和救治，给伤病员以最大的生存机会，急救一定要遵循下述四个急救步骤：

（1）调查事故现场。调查时要确保对救护者、伤病员或其他人无任何危险，迅速使伤病员脱离危险场所，尤其在工地、工厂大型事故现场，更是如此。

（2）初步检查伤病员，判断其神志、气管、呼吸循环是否有问题。必要时立即进行现场急救和监护，使伤病员保持呼吸道通畅，视情况采取有效的止血，防止休克，包扎伤口，固定、保存好断离的器官或组织，预防感染，止痛等措施。

（3）呼救。应请人去呼叫救护车，救护者可继续施救，一直要坚持到救护人员或其他施救者到达现场接替为止。此时还应反映伤病员的伤病情和简单的救治过程。

（4）如果没有发现危及伤病员的体征，可作第二次检查，以免遗漏其他的损伤和病变，这样有利于现场施行必要的急救和稳定病情，降低并发症和伤残率。

5.4.2 紧急救护常识

1. 应急电话

工伤事故现场重病人抢救应拨打 120 救护电话，请医疗单位急救；火警、火灾事故应拨打 119 火警电话，请消防部门急救；发生抢劫、偷盗、斗殴等情况应拨打报警电话 110，向公安部门报警；煤气管道设备急修、自来水报修、供电报修，以及向上级单位汇

报情况争取支持，都可以通过电话联系。因此，在施工过程中保证通信的畅通，并正确利用好通信工具，可以为现场事故应急处理服务。

2. 施工现场常备的急救物品和应急设备

施工现场按要求一般应配备急救箱，以简单、适用为原则，保证现场急救的基本需要，并可根据不同情况予以增减，定期检查、更换超过消毒期的敷料和过潮药品，每次急救后要及时补充。确保随时可供急救使用。急救箱应有专人保管，但不要上锁。放置在合适的位置，使现场人员都知道。

3. 应了解的基本急救方法

施工现场易发生创伤性出血和心跳呼吸骤停，了解有关的基本急救方法非常必要。

（1）创伤性出血现场急救

创伤性出血现场急救是根据现场实际条件及时地、正确地采取暂时性地止血，清洁包扎，固定和运送等方面措施。

1）常用的止血方法

① 加压包扎止血：最常用的止血方法，在外伤出血时应首先采用。

适用范围：小静脉出血、毛细血管出血，动脉出血应与止血带配合使用；头部、躯体、四肢以及身体各处的伤口均可使用。

先抬高伤肢，然后用干净、消毒的较厚的纱布或棉垫覆盖在伤口表面。如无纱布，可用干净的毛巾、手帕或其他棉织品等替代。在纱布上方用绷带、三角巾紧紧缠绕住，加压包扎，即可达止血目的。尽量初步地清洁伤口，选用干净的替代品，减少伤口感染的机会。

② 指压动脉出血近心端止血法：按出血部位分别采用指压面动脉、颈总动脉、锁骨下动脉、颞动脉、股动脉、腔前后动脉止血法。该方法简便、迅速有效，但不持久。

③ 止血带止血法：用加压包扎止血法不能奏效的四肢大血管出血，应及时采用止血带止血。

适用范围：受伤肢体有大而深的伤口，血流速度快；多处受伤，出血量大；受伤同时伴有开放性骨折；肢体已完全离断或部分离断；受伤部位可见到喷泉样出血；不能用于头部和躯干部出血的止血。

止血用品：最合适的止血带是有弹性的空心皮管或橡皮条。紧急情况下，可就地取材用宽布条、三角巾、毛巾、衣襟、领带、腰带等用做止血带的替代品。

不合适的替代品：电线、铁丝、绳索。

上止血带的位置：扎止血带的位置应在伤口的上方，医学上叫作"近心端"。应距离伤口越近越好，以减少缺血的区域。

上肢出血：上臂的上部和下部。

下肢出血：大腿的上部。

救治时，先抬高肢体，便静脉血充分回流，然后在创伤部位的近心端放上弹性止血带，在止血带与皮肤间垫上消毒纱布或棉垫，以免扎紧止血带时损伤局部皮肤。将有弹性的止血带缠绕肢体2周，然后在外侧打结（注意别在伤口上打结）。止血带必须扎紧，将该处动脉压闭。同时记录上止血带的具体时间，争取在上止血带后2h以内尽快将伤员转送到医院救治。若途中时间过长，则应暂时松开止血带数分钟，同时观察伤口出血情况。

若伤口出血已停止，可暂勿再扎止血带；若伤口仍继续出血，则再重新扎紧止血带加压止血，但要注意过长时间地使用止血带，肢体可能会因严重缺血而坏死。

2）包扎、固定

创伤处用消毒的敷料或清洁的医用纱布覆盖，再用绷带或布条包扎，既可以保护创口，预防感染，又可减少出血帮助止血。在肢体骨折时，又可借助绷带包扎夹板来固定受伤部位上下二个关节，减少损伤，减少疼痛，预防休克。

3）搬运

经现场止血、包扎、固定后的伤员，应尽快、正确地搬运转送医院抢救。不正确的搬运，可导致继发性的创伤，加重病痛，甚至威胁生命。搬运伤员要点：

① 在肢体受伤后局部出现疼痛、肿胀、功能障碍、畸形变化，表明可能发生骨折，宜在止血包扎固定后再搬运，防止骨折断端可能因搬运振动而移位，加重疼痛，再继发损伤附近的血管神经，使创伤加重。

② 在搬运严重创伤伴有大出血或已休克的伤员时，要平卧运送伤员，头部可放置冰袋或戴冰帽，路途中要尽量避免振动。

③ 在搬运高处坠落伤员时，若疑有脊椎受伤可能的，一定要使伤员平卧在硬板上搬运，切忌只抬伤的两肩与两腿或单肩背运伤员。因为这样会使伤员的躯干过分屈曲或过分伸展，致使已受伤了的脊椎移位，甚至断裂将造成截瘫，导致死亡。

4）创伤救护的注意事项

① 护送伤员的人员，应向医生详细介绍受伤经过，如受伤时间、地点，受伤时所受暴力的大小，现场场地情况。凡属高处坠落致伤时还要介绍坠落高度，伤员最先着落地部位或间接击伤的部位，坠落过程中是否有其他阻挡或转折。

② 高处坠落的伤员，在已确诊有颅骨骨折时，即便当时神志清楚，但若伴有头痛、头晕、恶心、呕吐等症状，仍应劝其留院观察。因为，从以往事故看，有相当一部分伤者往往忽视这些症状，有的伤者自我感觉较好，但不久就因抢救不及时导致死亡。

③ 在房屋倒塌、土方陷落、交通事故中，在肢体受到严重挤压后，局部软组织因缺血而呈苍白，皮肤温度降低，感觉麻木，肌肉无力。一般在解除肢体压迫后，应马上用弹性绷带缠绕伤肢，以免发生组织肿胀，还要给以固定，令其少动，以减少和延缓毒性分解产物的释放和吸收。这种情况下的伤肢就不应该抬高，不应该局部按摩，不应该施行热敷，不应该继续活动。

④ 胸部受损的伤员，实际损伤常比胸壁表面所显示的更为严重，有时甚至完全表里分离。例如伤员胸壁皮肤完好无伤痕，但可能已经肋骨骨折，甚至还伴有外伤性气胸和血胸，要高度提高警惕，以免误诊，影响救治。在下胸部受伤时，要想到腹腔内脏受击伤引起内出血的可能。例如左侧常可招致脾脏破裂出血，右侧又可能招致肝脏破裂出血，后背力量致伤可能引起肾脏损伤出血。

⑤ 人体创伤时，尤其在严重创伤时，常常是多种性质外伤复合存在。例如软组织外伤出血时，可伴有神经、肌腱或骨的损伤。肋骨骨折同时可伴有内脏损伤以致休克等，应提醒医院全面考虑，综合分析诊断。反之，往往会造成误诊，漏诊而错失抢救时机，断送伤员生命。如有的伤员因年轻力壮，耐受性强，即使遭受严重创伤休克时，也很安静或低声呻吟，并且能正确回答问题，甚至在血压已降到零时，还一直神志清楚。

⑥ 引起创伤性休克的主要原因是创伤后的剧烈疼痛、失血引起的休克以及软组织坏死后的分解产物被吸收而中毒。处于休克状态的伤员要让其安静、保暖、平卧、少动，并将下肢抬高约20°左右，及时止血、包扎、固定伤肢以减少创伤疼痛，尽快送医院进行抢救治疗。

（2）心跳呼吸骤停的急救

施工现场的伤病员心跳呼吸骤停，即突然意识丧失、脉搏消失、呼吸停止的，在颈部、喉头两侧摸不到大动脉搏动时的急救方法简述如下。

1）口对口（口对鼻）人工呼吸法

人工呼吸就是用人工的方法帮助病人呼吸。一旦确定病人呼吸停止，应立即进行人工呼吸，最常见、最方便的人工呼吸手法是口对口人工呼吸。

① 伤员取平卧位，冬季要保暖，解开衣领，松开围巾或紧身衣着，解松裤带，以利呼吸时胸廓的自然扩张。可以在伤员的肩背下方垫以软物，使伤员的头部充分后仰，呼吸道尽量畅通，减少气流时的阻力，确保有效通气量，同时也可以防止因舌根陷落而堵塞气流通道。然后将病人嘴巴掰开，用手指清除口腔内的异物。如假牙、分泌物、血块、呕吐物等，使呼吸道畅通。

② 抢救者跪卧在伤员的一侧，以近其头部的一手紧捏伤员的鼻子（避免漏气），并将手掌外缘压住额部，另一只手托在伤员颈后，将颈部上抬，头部充分后仰，呈鼻孔朝天位，使嘴巴张开准备接受吹气。

③ 急救者先深吸一口气，然后用嘴紧贴伤员的嘴巴大口将气吹入病人的口腔，经由呼吸道到肺部。一般先连续、快速向伤病员口内吹气四次，同时观察其胸部是否膨胀隆起，以确定吹气是否有效和吹气适度是否恰当。这时吹入病人口腔的气体，含氧气为18%，这种氧气浓度可以维持病人最低限度的需氧量。

④ 吹气停止后，口唇离开，急救者头稍侧转，并立即放松捏紧鼻孔的手，让气体从伤员肺部排出。此时应注意病人的胸部有无起伏，如果吹气时胸部抬起，说明气道畅通，口对口吹气的操作是正确的。同时还要倾听呼气声，观察有无呼吸道梗阻现象。

⑤ 如此反复而有节律地人工呼吸，不可中断。每次吹气量平均900ml，吹气的频率为每分钟12～16次。

采用口对口人工呼吸法要注意：

① 口对口吹气时的压力需掌握好，刚开始时可略大些，频率也可稍快一些，经10～20次人工吹气后逐步减小吹气压力，只要维持胸部轻度升起即可。对幼儿吹气时，不必捏紧鼻孔，应让其自然漏气，为防止压力过高，急救者仅用颊部力量即可。

② 如遇到口腔严重外伤、牙关紧闭时不宜做口对口人工呼吸，可采用口对鼻人工呼吸。吹气时可改为捏紧伤员嘴唇，急救者用嘴紧贴伤员鼻孔吹气，吹气时压力应稍大，时间也应稍长，效果相仿。

③ 整个动作要正确，力量要恰当，节律要均匀，不可中断。当伤员出现自主呼吸时方可停止人工呼吸，但仍需严密观察伤员，以防呼吸再次停止。

2）体外心脏按压法

体外心脏按压是指通过人工方法，有节律地对心脏按压，来代替心脏的自然收缩，从而达到维持血液循环的目的，进而求得恢复心脏的自主节律，挽救伤员生命。体外心脏按压法简单易学，效果好，不需设备，也不增加创伤，便于推广普及。

体外心脏按压通常适用于因电击引起的心跳骤停抢救。在日常生活中很多情况都可引起心跳骤停，都可以使用体外心脏按压法来进行心脏复苏抢救，如雷击、溺水、呼吸窘迫、窒息、自缢、休克、过敏反应、煤气中毒、麻醉意外，某些药物使用不当，胸腔手术或导管等特殊检查的意外，以及心脏本身的疾病如心肌梗塞、病毒性心肌炎等引起心跳骤停等。但对高处坠落和交通事故等损伤性按压伤，因伤员伤势复杂，往往同时伴有多种外伤存在，如肢体骨折，颅脑外伤，胸腹部外伤伴有内脏损伤，内出血，肋骨骨折等。这种情况下心跳停止的伤员就忌用体外心脏按压。此外，对于触电同时发生内伤，应分情况酌情处理，如不危及生命的外伤，可放在急救之后处理，而若伴创伤性出血者，还应进行伤口清理预防感染并止血，然后将伤口包扎好。

体外心脏按压法操作方法如下：

① 使伤员就近仰卧于硬板上或地上，以保证按压效果。注意保暖，解开伤员衣领，使头部后仰侧偏。

② 抢救者站在伤员左侧或跪跨在病人的腰部。

③ 抢救者以一手掌根部置于伤员胸骨下 1/3 段，即中指对准其颈部凹陷的下缘，另一手掌交叉重叠于该手背上，肘关节伸直，依靠体重和臂、肩部肌肉的力量，垂直用力，向脊柱方向冲击性地用力施压胸骨下段，使胸骨下段与其相连的肋骨下陷 3～4cm，间接压迫心脏，使心脏内血液搏出。

④ 按压后突然放松（要注意掌根不能离开胸壁）依靠胸廓的弹性使胸骨复位。此时心脏舒张，大静脉的血液就会回流到心脏。

采用体外心脏按压法要注意：

① 操作时定位要准确，用力要垂直适当，要有节奏地反复进行，要注意防止因用力过猛而造成继发性组织器官的损伤或肋骨骨折。

② 按压频率一般控制在 60～80 次/min 左右，但有时为了提高效果可增加按压频率到 100 次/min。

③ 抢救时必须同时兼顾心跳和呼吸，即使只有一个人，也必须同时进行口对口人工呼吸和体外心脏按压，此时可以先吸二口气，再按压，如此反复交替进行。

④ 抢救工作一般需要很长时间，必须耐心地持续进行，任何时刻都不能中止，即使在送往医院途中，也一定要继续进行抢救，边救边送。

⑤ 如果发现伤员嘴唇稍有启合、眼皮活动或有吞咽动作时，应注意伤员是否已有自动心跳和呼吸。

⑥ 如果伤员经抢救后，出现面色好转、口唇转红、瞳孔缩小、大动脉搏动触及、血压上升、自主心跳和呼吸恢复时，才可暂停数秒进行观察。如果停止抢救后，伤员仍不能维持正常的心跳和呼吸，则必须继续进行体外心脏按压，直到伤员身上出现尸斑或身体僵冷等生物死亡征象时，或接到医生生通知伤员已死亡时，方可停止抢救。一般在心肺同时复苏抢救 30min 后，若心脏自主跳动不恢复，瞳孔仍散大且光反射仍消失，说明伤员已进入组织死亡，可以停止抢救。

4. 急救车的使用

遇有紧急情况，必须及时拨打 120 急救电话，并简要地说明待救人的基本症状，以及报救点的准确方位。

5.4.3 施工现场应急处理措施

1. 塌方伤害

塌方伤害是由塌方、垮塌而造成的病人被土石方、瓦砾等压埋，发生掩埋窒息，土方石块埋压肢体或身体导致的人体损伤。急救要点如下：

（1）迅速挖掘抢救出压埋者。尽早将伤员的头部露出来，即刻清除其口腔、鼻腔内的泥土、砂石，保持呼吸道的通畅。

（2）救出伤员后，先迅速检查心跳和呼吸。如果心跳呼吸已停止，立即先连续进行 2 次人工呼吸。

（3）在搬运伤员中，防止肢体活动，不论有无骨折，都要用夹板固定，并将肢体暴露在凉爽的空气中。

（4）发生塌方意外事故后，必须打 120 急救电话报警。

（5）切忌对压埋受伤部位进行热敷或按摩。

（6）必须注意：脊椎骨折或损伤固定和搬运原则，应使脊椎保持平行，不要弯曲扭动，以防止损伤脊髓神经。

2. 高处坠落摔伤

高处坠落摔伤是指从高处坠落而导致受伤。急救要点如下：

（1）坠落在地的伤员，应初步检查伤情，不乱搬动摇晃，应立即呼叫 120 急救医生前来救治。

（2）采取初步救护措施：止血、包扎、固定。

（3）怀疑脊柱骨折，按脊柱骨折的搬运原则急救。切忌一人抱胸，一人扶腿搬运。伤员上下担架应由 3～4 人分别抱住头、胸、臀、腿，保持动作一致平稳，避免脊柱弯曲扭动，加重伤情。

3. 触电

触电急救要点如下：

（1）迅速关闭开关，切断电源，使触电者尽快脱离电源。确认自己无触电危险再进行救护。

（2）用绝缘物品挑开或切断触电者身上的电线、灯、插座等带电物品。绝缘物品有干燥的竹竿、木棍、扁担、擀面杖、塑料棒、带木柄的铲子、电工用绝缘钳子等。抢救者可站在绝缘物体上，如胶垫、木板，穿着绝缘的鞋，如塑料鞋、胶底鞋等进行抢救。

（3）触电者脱离电源后，立即将其抬至通风较好的地方，解开病人衣扣、裤带。轻型触电者在脱离电源后，应就地休息 1～2h 再活动。

（4）如果呼吸、心跳停止，必须争分夺秒进行口对口人工呼吸和胸外心脏按压。触电者必须坚持长时间的人工呼吸和心脏按压。

（5）立即呼叫 120 急救医生到现场救护，并在不间断抢救的情况下护送医院进一步急救。

4. 挤压伤害

挤压伤害是指因暴力、重力的挤压或土块、石头等的压埋引起的身体伤害，可造成肾脏功能衰竭的严重情况。急救要点如下：

（1）尽快解除挤压的因素，如被压埋，应先从废墟下扒救出来。

（2）手和足趾的挤压伤。指（趾）甲下血肿呈黑紫色，可立即用冷水冷敷，减少出血和减轻疼痛。

（3）怀疑已经有内脏损伤，应密切观察有无休克先兆。

（4）严重的挤压伤，应呼叫120急救医生前来处理，并护送到医院进行外科手术治疗。

（5）千万不要因为受伤者当时无伤口，而忽视治疗。

（6）在转运中，应减少肢体活动，不管有无骨折都要用夹板固定，并让肢体暴露在凉爽的空气中，切忌按摩和热敷，以免加重病情。

5. 硬器刺伤

硬器刺伤是指刀具、碎玻璃、铁丝、铁钉、铁棍、钢筋、木刺造成的刺伤。急救要点如下：

（1）较轻的、浅的刺伤，只需消毒清洗后，用干净的纱布等包扎止血，或就地取材使用替代品初步包扎后，到医院去进一步治疗。

（2）刺伤的硬器如钢筋等仍插在胸背部、腹部、头部时，切不可立即拨出来，以免造成大出血而无法止血。应将刃器固定好，并将病人尽快送到医院，在手术准备后，妥当地取出来。

（3）刃器固定方法：刃器四周用衣物或其他物品围好，再用绷带等固定住。路途中注意保护，使其不得脱出。

（4）刃器已被拔出，胸背部有刺伤伤口，伤员出现呼吸困难，气急、口唇紫绀，这时伤口与胸腔相通，空气直接进出，称为开放性气胸，非常紧急，处理不当，呼吸很快会停止。

（5）迅速按住伤口，可用消毒纱布或清洁毛巾覆盖伤口后送医院急救。纱布的最外层最好用不透气的塑料膜覆盖，以密闭伤口，减少漏气。

（6）刺中腹部后导致肠管等内脏脱出来，千万不要将脱出的肠管送回腹腔内，因为会使感染机会加大，可先包扎好。

（7）包扎方法：在脱出的肠管上覆盖消毒纱布或消毒布类，再用干净的盆或碗倒扣在伤口上，用绷带或布带固定，迅速送医院抢救。

（8）双腿弯曲，严禁喝水、进食。

（9）刺伤应注意预防破伤风。轻的、细小的刺伤，伤口深，尤其是铁钉、铁丝、木刺等刺伤，如不彻底清洗，容易引起破伤风。

6. 铁钉扎脚

铁钉扎脚急救要点如下：

（1）将铁钉拔除后，马上用双手拇指用力挤压伤口，使伤口内的污染物随血液流出。如果当时不挤，伤口很快封上，污染物留在伤口内形成感染源。

（2）洗净伤脚，有条件者用酒精消毒后包扎。伤后12h内到医院注射破伤风抗毒素，预防破伤风。

7. 火灾急救

（1）急救要点

1）施工现场发生火灾事故时，应立即了解起火部位，燃烧的物质等基本情况，拨打 119 报警，同时组织撤离和扑救。

2）在消防部门到达前，对易燃易爆的物质采取正确有效的隔离。如切断电源，撤离火场内的人员和周围易燃易爆物及一切贵重物品，根据火场情况，机动灵活地选择灭火器具。

3）在扑救现场，应统一行动，如火势扩大，一般扑救不可能时，应及时组织扑救人员撤退，避免不必要的伤亡。

4）扑灭火情可单独采用、也可同时采用几种灭火方法（冷却法、窒息法、隔离法、化学中断法）进行扑救。灭火的基本原理是破坏燃烧三条件（即可燃物、助燃物、火源）中的任一条件。

5）在扑救的同时要注意周围情况，防止中毒、坍塌、坠落、触电、物体打击等二次事故的发生。

6）灭火后，应保护火灾现场，以便事后调查起火原因。

（2）火灾现场自救要点

1）救火者应注意自我保护，使用灭火器材救火时应站在上风位置，以防因烈火、浓烟熏烤而受到伤害。

2）火灾袭来时要迅速疏散逃生，不要贪恋财物。

3）必须穿越浓烟逃走时，应尽量用浸湿的衣物披裹身体，用湿毛巾或湿布捂住口鼻，并贴近地面爬行。

4）身上着火时，可就地打滚，或用厚重衣物覆盖压灭火苗。

5）大火封门无法逃生时，可用浸湿的被褥衣物等堵塞门缝，泼水降温，呼救待援。

8. 烧伤

发生烧伤事故应立即在出事现场采取急救措施，使伤员尽快与致伤因素脱离接触，以免继续伤害深层组织。急救要点如下：

（1）防止烧伤。身体已经着火，应尽快脱去燃烧衣物。若一时难以脱下，可就地打滚或用浸湿的厚重衣物覆盖以压灭火苗，切勿奔跑或用手拍打，以免助长火势，要注意防止烧伤手。如附近有河沟或水池，可让伤员跳入水中。如果衣物与皮肤粘连在一起，应用冷水浇湿或浸湿后，轻轻脱去或剪去。

（2）冷却烧伤部位。如为肢体烧伤则可用冷水冲洗、冷敷或浸泡肢体，降低皮肤温度，以保护身体组织免受灼烧的伤害。

（3）用干净纱布或被单覆盖和包裹烧伤创面作简单包扎，避免创面污染。切忌不要随便把水泡弄破，更不要在烧伤处涂各种药水和药膏，如紫药水、红药水等，以免掩盖病情。

（4）为防止烧伤休克，烧伤伤员可口服自制烧伤饮料糖盐水。如在 500ml 开水中放入白糖 50g 左右、食盐 1.5g 左右制成。但是，切忌给烧伤伤员喝白开水。

（5）搬运烧伤伤员，动作要轻柔、平稳，尽量不要拖拉、滚动，以免加重皮肤损伤。

（6）经现场处理后的伤员要迅速转送医院救治，转送过程中要注意观察呼吸、脉搏、血压等的变化。

9. 化学烧伤

（1）强酸烧伤急救要点如下：

1）立即用大量温水或大量清水反复冲洗皮肤上的强酸，冲洗得越早越干净越彻底越好，一点儿残留也会使烧伤越来越重。

2）切忌不经冲洗，急急忙忙地将病人送往医院。

3）用水冲洗干净后，用清洁纱布轻轻覆盖创面，送往医院处理。

（2）强碱烧伤急救要点如下：

1）立即用大量清水反复冲洗，至少20min。碱性化学烧伤也可用食醋来清洗，以中和皮肤上的碱液。

2）用水冲洗干净后，用清洁纱布轻轻覆盖创面，送往医院处理。

（3）生石灰烧伤急救要点如下：

1）应先用手绢、毛巾揩净皮肤上的生石灰颗粒，再用大量清水冲洗。

2）切忌先用水洗，因为生石灰遇水会发生化学反应，产生大量热量灼伤皮肤。

3）冲洗彻底后快速送医院救治。

10. 急性中毒

急性中毒是指在短时间内，人体接触、吸入、食用大量毒物，进入人体后，突然发生的病变，是威胁生命的主要原因。在施工现场如一旦发生中毒事故，应争取尽快确诊，并迅速给予紧急处理。采取积极措施因地制宜、分秒必争地给予妥善的现场处理并及时转送医院，这对提高中毒人员的抢救有效率，尤为重要。

急性中毒现场救治，不论是轻度还是严重中毒人员，不论是自救还是互救、外来救护，均应设法尽快使中毒人员脱离中毒现场、中毒物源，排除吸收的和未吸收的毒物。

根据中毒的途径不同，采取以下相应措施：

（1）皮肤污染、体表接触毒物

包括在施工现场因接触油漆、涂料、沥青、外加剂、添加剂、化学制品等有毒物品中毒。急救要点如下：

1）应立刻脱去污染的衣物并用大量的微温水清洗污染的皮肤、头发以及指甲等。

2）对不溶于水的毒物用适宜的溶剂进行清洗。

（2）吸入毒物（有毒的气体）

此种情况包括在下水道、地下管道、地下的或密封的仓库、化粪池等密闭不通风的地方施工；环境中存在有毒、有害气体以及焊割作业，乙炔（电石）气中的磷化氢、硫化氢、煤气（一氧化碳）泄漏，二氧化碳过量；油漆、涂料、保温、粘合等施工时产生的苯气体、铅蒸气等有毒、有害气体。

急救要点如下：

1）应立即使中毒人员脱离现场，在抢救和救治时应加强通风及吸氧。

2）及早向附近的人求助或打120电话呼救。

3）神志不清的中毒病人必须尽快抬出中毒环境。平放在地上，将其头转向一侧。

4）轻度中毒患者应安静休息，避免活动后加重心肺负担及增加氧的消耗量。

5）病情稳定后，将病人护送到医院进一步检查治疗。

（3）食入毒物

包括误食腐蚀性毒物，河豚鱼、发芽土豆、未熟扁豆等动植物毒素，误食变质食物、混凝土添加剂中的亚硝酸钠、硫酸钠等，酒精中毒。急救要点如下：

1）立即停止食用可疑中毒物。

2）强酸、强碱物质引起的食入毒物中毒，应先饮蛋清、牛奶、豆浆或植物油 200ml 保护胃黏膜。

3）封存可疑食物，留取呕吐物、尿液、粪便标本，以备化验。

4）对一般神志清楚者应设法催吐，尽快排出毒物。一次饮 600ml 清水或稀盐水（一杯水中加一匙食盐），然后用压舌板、筷子等物刺激咽后壁或舌根部，造成呕吐的动作，将胃内食物吐出来，反复进行多次，直到吐出物呈清亮为止。已经发生呕吐的病人不要再催吐。

5）对催吐无效或神志不清者，则可给予洗胃，但由于洗胃有不少适应条件，故一般宜在送医院后进行。大量喝温水。

6）将病人送医院进一步检查。

急性中毒急救时要注意：

救护人员在将中毒人员脱离中毒现场的急救时，应注意自身的保护，在有毒、有害气体发生场所，应视情况，采用加强通风或用湿毛巾等捂着口、鼻，腰系安全绳，并有场外人控制、应急，如有条件的要使用防毒面具。

常见食物中毒的解救，一般应在医院进行，吸入毒物中毒人员尽可能送往有高压氧舱的医院救治。

在施工现场如发现心跳、呼吸不规则或停止呼吸、心跳的时间不长，则应把中毒人员移到空气新鲜处，立即施行口对口（口对鼻）呼吸法和体外心脏按压法。

5.5　安全事故的调查与处理

5.5.1　伤亡事故的范围

（1）企业发生火灾事故及在扑救火灾过程中造成本企业职工伤亡。

（2）企业内部食堂、医务室、俱乐部等部门职工或企业职工在企业的浴室、休息室、更衣室以及企业的倒班宿舍、临时休息室等场所发生的伤亡事故。

（3）职工乘坐本企业交通工具在企业外执行本企业的任务或乘坐本企业通勤机车、船只上下班途中，发生的交通事故，造成人员伤亡。

（4）职工乘坐本企业车辆参加企业安排的集体活动，如旅游、文娱体育活动等，因车辆失火、爆炸造成职工的伤亡。

（5）企业租赁及借用的各种运输车辆，包括司机或招聘司机，执行该企业的生产任务，发生的伤亡。

（6）职工利用业余时间，采取承包形式，完成本企业临时任务发生的伤亡事故（包括雇佣的外单位人员）。

（7）由于职工违反劳动纪律而发生的伤亡事故，其中属于在劳动过程中发生的，或者不在劳动过程中，但与企业设备有关的。

5.5.2　事故的报告

生产经营单位发生生产安全事故后，事故现场有关人员应当立即报告本单位负责人。

单位负责人接到事故报告后，应当迅速采取有效措施，组织抢救，防止事故扩大，减少人员伤亡和财产损失，并按照国家有关规定立即如实报告当地负有安全生产监督管理职责的部门，不得隐瞒不报、谎报或者迟报，不得故意破坏事故现场、毁灭有关证据。

负有安全生产监督管理职责的部门接到事故报告后，应当立即按照国家有关规定上报事故情况。负有安全生产监督管理职责的部门和有关地方人民政府对事故情况不得隐瞒不报、谎报或者迟报。

报告事故应当包括下列内容：

（1）事故发生单位概况；

（2）事故发生的时间、地点以及事故现场情况；

（3）事故的简要经过；

（4）事故已经造成或者可能造成的伤亡人数（包括下落不明的人数）和初步估计的直接经济损失；

（5）已经采取的措施；

（6）其他应当报告的情况。

有关地方人民政府和负有安全生产监督管理职责的部门的负责人接到生产安全事故报告后，应当按照生产安全事故应急救援预案的要求立即赶到事故现场，组织事故抢救。

参与事故抢救的部门和单位应当服从统一指挥，加强协同联动，采取有效的应急救援措施，并根据事故救援的需要采取警戒、疏散等措施，防止事故扩大和次生灾害的发生，减少人员伤亡和财产损失。

事故抢救过程中应当采取必要措施，避免或者减少对环境造成的危害。

5.5.3　事故的调查处理

事故调查处理应当按照科学严谨、依法依规、实事求是、注重实效的原则，及时、准确地查清事故原因，查明事故性质和责任，总结事故教训，提出整改措施，并对事故责任者提出处理意见。

事故调查报告应当依法及时向社会公布。

事故调查和处理的具体办法由国务院制定。

事故发生单位应当及时全面落实整改措施，负有安全生产监督管理职责的部门应当加强监督检查。

生产经营单位发生安全生产事故，经调查确定为责任事故的，除了应当查明事故单位的责任并依法予以追究外，还应当查明对安全生产的有关事项负有审查批准和监督职责的行政部门的责任，对有失职、渎职行为的，依法追究法律责任。

任何单位和个人不得阻挠和干涉对事故的依法调查处理。

县级以上地方各级人民政府安全生产监督管理部门应当定期统计分析本行政区域内发

生安全生产事故的情况，并定期向社会公布。

事故的调查处理通常按照下列步骤进行：

1. 迅速抢救伤员并保护好事故现场

事故发生后，事故发生单位应当立即采取有效措施，首先抢救伤员和排除险情，制止事故蔓延扩大，稳定施工人员情绪。现场人员也不要惊慌失措，要有组织、听指挥。同时，为了事故调查分析的需要，要严格保护好事故现场以及相关证据，任何单位和个人不得破坏事故现场、毁灭相关证据。确因抢救伤员、疏导交通、排除险情等原因，而需要移动现场物件时，应当做出标志，绘制现场简图并做出书面记录，妥善保存现场重要痕迹、物证，有条件的可以拍照或录像。

事故现场是提供有关物证的主要场所，是调查事故原因不可缺少的客观条件。因此，要求现场各种物件的位置、颜色、形状及其物理化学性质等尽可能地保持事故结束时的原来状态，必须采取一切必要的和可能的措施严加保护，防止人为或自然因素的破坏。

清理事故现场，应在调查组确认无可取证，并充分记录后，经有关部门同意后，方能进行。任何人不得借口恢复生产，擅自清理现场，掩盖事故真相。

2. 组织事故调查组

特别重大事故由国务院或者国务院授权有关部门组织事故调查组进行调查。重大事故、较大事故、一般事故分别由事故发生地省级人民政府、设区的市级人民政府、县级人民政府负责调查。后者可以直接组织事故调查组进行调查，也可以授权或者委托有关部门组织事故调查组进行调查。未造成人员伤亡的一般事故，县级人民政府也可以委托事故发生单位组织事故调查组进行调查。

事故调查组的组成应遵循精简、效能的原则。根据事故的具体情况，由有关人民政府、安监管理部门会同监察机关、公安机关以及工会组成事故调查组进行调查，并应当邀请人民检察院派人参加。也可邀请有关专家和技术人员参与调查。

事故调查组组长由负责事故调查的人民政府指定，负责主持事故调查组的工作。调查组成员应当具有事故调查所需要的知识和专长，并与所调查的事故没有直接利害关系。在事故调查工作中应当诚信公正、恪尽职守，遵守事故调查组的纪律，保守事故调查的秘密。未经事故调查组组长允许，调查组成员不得擅自发布有关事故的信息。

事故调查中需要进行技术鉴定的，调查组应当委托具有国家规定资质的单位进行技术鉴定。必要时，事故调查组可以直接组织专家进行技术鉴定。技术鉴定所需时间不计入事故调查期限。

事故调查组的职责：

（1）查明事故发生的经过、原因、人员伤亡情况及直接经济损失；

（2）认定事故的性质和事故责任；

（3）提出对事故责任者的处理建议；

（4）总结事故教训，提出防范和整改措施；

（5）提交事故调查报告。

调查组有权向有关单位和个人了解与事故有关的情况，并要求其提供相关文件、资料，有关单位和个人不得拒绝。

事故发生单位的负责人和有关人员在事故调查期间不得擅离职守，并应当随时接受事故调查组的询问，如实提供有关情况。

事故调查中发现涉嫌犯罪的，事故调查组应当及时将有关材料或者其复印件移交司法机关处理。

3. 现场勘察

事故发生后，调查组必须迅速到现场进行勘察。现场勘察是技术性很强的工作，涉及广泛的科技知识和实践经验，对事故现场的勘察必须做到及时、全面、细致、客观。

4. 分析事故原因，明确责任者

通过全面充分的调查，查明事故经过，弄清造成事故的各种因素，包括人、物、生产管理和技术管理等方面的问题，经过认真、客观、全面、细致、准确地分析，确定事故的性质和责任。

事故调查分析的目的，是通过认真分析事故原因，从中接受教训，采取相应措施，防止类似事故重复发生，这也是事故调查分析的宗旨。

根据事故调查所确认的事实，通过原因的分析，确定事故中的直接责任者和领导责任者。

事故的性质通常分为三类：

（1）责任事故，就是由于人的过失造成的事故。

（2）非责任事故，即由于人们不能预见或不可抗拒的自然条件变化所造成的事故，或是在技术改造、发明创造、科学试验活动中，由于科学技术条件的限制而发生的无法预料的事故。但是，对于能够预见并可采取措施加以避免的伤亡事故，或没有经过认真研究解决技术问题而造成的事故，不能包括在内。

（3）破坏性事故，即为达到既定的目的而故意造成的事故。对已确定为破坏性事故的，应由公安机关和企业保卫部门认真追查破案，依法处理。

5. 提交事故调查报告

调查组应着重把事故的经过、原因、责任分析和处理意见以及本次事故教训和改进工作的建议等写成文字报告，附上有关证据材料，经调查组全体人员签字后报批。如调查组内部意见有分歧，应在弄清事实的基础上，对照政策法规反复研究，统一认识。对于个别成员仍持有不同意见的，允许保留，并在签字时写明自己的意见。对此可上报上级有关部门处理直至报请同级人民政府裁决，但不得超过事故处理工作的时限。

事故调查组应当自事故发生之日起 60 日内提交事故调查报告；特殊情况下，经负责事故调查的人民政府批准，提交事故调查报告的期限可以适当延长，但延长的期限最长不超过 60 日。

事故调查报告应当包括下列内容：

（1）事故发生单位概况；

（2）事故发生经过和事故救援情况；

（3）事故造成的人员伤亡和直接经济损失；

（4）事故发生的原因和事故性质；

（5）事故责任的认定以及对事故责任者的处理建议；

（6）事故防范和整改措施。

（7）事故的处理结案。

事故调查报告报送负责事故调查的人民政府后，事故调查工作即告结束。

重大事故、较大事故、一般事故，负责事故调查的人民政府应当自收到事故调查报告之日起 15 日内做出批复；特别重大事故，30 日内做出批复，特殊情况下，批复时间可以适当延长，但延长的时间最长不超过 30 日。

有关机关应当按照人民政府的批复，依照法律、行政法规规定的权限和程序，对事故发生单位和有关人员进行行政处罚，对负有事故责任的国家工作人员进行处分。事故发生单位应当按照批复，对本单位负有事故责任的人员进行处理。负有事故责任的人员涉嫌犯罪的，依法追究刑事责任。

生产经营单位的主要负责人未履行《安全生产法》规定的安全生产管理职责的，责令限期改正；逾期未改正的，处 2 万元以上 5 万元以下的罚款，责令生产经营单位停产停业整顿。导致生产安全事故的，给予撤职处分；构成犯罪的，依照刑法有关规定追究刑事责任。

生产经营单位的主要负责人受刑事处罚或者撤职处分的，自刑罚执行完毕或者受处分之日起，五年内不得担任任何生产经营单位的主要负责人；对重大、特别重大生产安全事故负有责任的，终身不得担任本行业生产经营单位的主要负责人。

生产经营单位的主要负责人未履行本法规定的安全生产管理职责，导致生产安全事故的，由安全生产监督管理部门依照下列规定处以罚款：

（1）发生一般事故的，处上一年年收入 30％的罚款；

（2）发生较大事故的，处上一年年收入 40％的罚款；

（3）发生重大事故的，处上一年年收入 60％的罚款；

（4）发生特别重大事故的，处上一年年收入 80％的罚款。

生产经营单位的主要负责人在本单位发生生产安全事故时，不立即组织抢救或者在事故调查处理期间擅离职守或者逃匿的，给予降级、撤职的处分，并由安全生产监督管理部门处上一年年收入 60％～100％的罚款；对逃匿的处 15 日以下拘留；构成犯罪的，依照刑法有关规定追究刑事责任。

生产经营单位的主要负责人对生产安全事故隐瞒不报、谎报或者迟报的，依照法律规定处罚。

生产经营单位的安全生产管理人员未履行本法规定的安全生产管理职责的，责令限期改正；导致发生生产安全事故的，暂停或者撤销其与安全生产有关的资格；构成犯罪的，依照刑法有关规定追究刑事责任。

发生生产安全事故，对负有责任的生产经营单位除要求其依法承担相应的赔偿等责任外，由安全生产监督管理部门依照下列规定处以罚款：

（1）发生一般事故的，处 20 万元以上 50 万元以下的罚款；

（2）发生较大事故的，处 50 万元以上 100 万元以下的罚款；

（3）发生重大事故的，处 100 万元以上 500 万元以下的罚款；

（4）发生特别重大事故的，处 500 万元以上 1000 万元以下的罚款；情节特别严重的，处 1000 万元以上 2000 万元以下的罚款。

事故发生单位应当认真吸取事故教训，落实防范和整改措施，防止事故再次发生。防范和整改措施的落实情况应当接受工会和职工的监督。

安全生产监督管理部门和负有安全生产监督管理职责的有关部门应当对事故发生单位落实防范和整改措施的情况进行监督检查。

事故处理的情况由负责事故调查的人民政府或者其授权的有关部门、机构向社会公布，依法应当保密的除外。

事故处理结案后，应将事故资料归档保存，其中有：

（1）职工伤亡事故登记表；

（2）职工死亡、重伤事故调查报告书及批复；

（3）现场调查记录、图纸、照片；

（4）技术鉴定和试验报告；

（5）物证、人证材料；

（6）直接和间接经济损失材料；

（7）事故责任者的自述资料；

（8）医疗部门对伤亡人员的诊断书；

（9）发生事故时的工艺条件、操作情况和设计资料；

（10）处分决定和受处分人员的检查材料；

（11）有关事故的通报、简报及文件；

（12）注明参加调查组的人员、姓名、职务、单位。

6　施工现场管理与文明施工

　　本章要点：施工现场是施工单位的窗口，施工现场的管理与文明施工是安全生产的重要组成部分。本章重点介绍了施工现场的平面布置与划分，施工现场的围挡、封闭管理、场容场貌、生活设施、现场防火安全以及治安综合质量和保健急救等现场管理以及施工现场环境保护等内容。

　　施工现场的管理与文明施工是安全生产的重要组成部分。安全生产是树立以人为本的管理理念，保护社会弱势群体的重要体现；文明施工是现代化施工的一个重要标志，是施工企业一项基础性的管理工作，坚持文明施工具有重要意义。安全生产与文明施工是相辅相成的，建筑施工安全生产不但要保证职工的生命财产安全，同时要加强现场管理，保证施工井然有序，对提高投资效益和保证工程质量也具有深远意义。

6.1　施工现场的平面布置与划分

　　施工现场是指进行工业和民用项目的房屋建筑、土木工程、设备安装、管线敷设等施工活动，经批准占用的施工场地。施工场地工作繁忙，要保证作业人员的安全健康，同时保证外来人员和周边无关人员的安全，必须制定相应的规章制度。

　　施工现场的平面布置图是施工组织设计的重要组成部分，必须科学合理地规划，绘制出施工现场平面布置图，在施工实施阶段按照施工总平面图要求设置道路、组织排水、搭建临时设施、堆放物料和设置机械设备等。

6.1.1　施工总平面图编制的依据

　　（1）工程所在地区的原始资料，包括建设、勘察、设计单位提供的资料；

　　（2）原有和拟建建筑工程的位置和尺寸；

　　（3）施工方案、施工进度和资源需要计划；

　　（4）全部施工设施建造方案；

　　（5）建设单位可提供的房屋和其他设施。

6.1.2　施工平面布置原则

　　（1）满足施工要求，场内道路畅通，运输方便，各种材料能按计划分期分批进场，充分利用场地；

　　（2）材料尽量靠近使用地点，减少二次搬运；

　　（3）现场布置紧凑，减少施工用地；

　　（4）在保证施工顺利进行的条件下，尽可能减少临时设施搭设，尽可能利用施工现场附近的原有建筑物作为施工临时设施；

　　（5）临时设施的布置，应便于工人生产和生活，办公用房靠近施工现场，福利设施应在生活区范围之内；

　　（6）平面图布置应符合安全、消防、环境保护的要求。

6.1.3　施工总平面图的内容

　　（1）拟建建筑的位置，平面轮廓；

　　（2）施工用机械设备的位置；

　　（3）塔式起重机轨道、运输路线及回转半径；

　　（4）施工运输道路、临时供水、排水管线、消防设施；

　　（5）临时供电线路及变配电设施位置；

　　（6）施工临时设施位置；

　　（7）物料堆放位置与绿化区域位置；

　　（8）围墙与入口位置。

6.1.4　施工现场功能区域划分要求

施工现场按照功能可划分为施工作业区、辅助作业区、材料堆放区和办公生活区。施工现场的办公、生活区应当与作业区分开设置，并保持安全距离。办公、生活区应当设置于在建建筑物坠落半径之外，与作业区之间设置防护措施，进行明显的划分隔离，以免人员误入危险区域；办公生活区如果设置在在建建筑物坠落半径之内时，必须采取可靠的防砸措施。功能区规划时还应考虑交通、水电、消防和卫生、环保等因素。

这里的生活区是指建设工程作业人员集中居住、生活的场所，包括施工现场以内和施工现场以外独立设置的生活区。施工现场以外独立设置的生活区是指施工现场内无条件建立生活区，在施工现场以外搭设的用于作业人员居住生活的临时用房或者集中居住的生活基地。

6.2　施工现场场容卫生管理

6.2.1　围挡

设置围挡的目的是为了防止周边无关人员误入施工现场而造成不必要的伤害，同时也为了防止在施工过程中，给周边造成无限制的环境影响；对于建筑物围挡来说，还能保护作业人员的施工安全和防止异物从高空坠落下去而伤害地面人员。因此，必须实施封闭管理。而设置围挡是实施封闭管理的重要措施。围挡一般包括：现场围挡、建筑物围挡两类。

1. 现场围挡

施工现场的施工区域应与办公、生活区划分清晰，并应采取相应的隔离措施。

（1）施工现场的围挡必须采用封闭围挡，围挡的高度按当地行政区域的划分，市区主要路段的工地周围设置的围挡高度不低于 2.5m；一般路段的工地周围设置的围挡高度不低于 1.8m。

（2）建筑施工现场新建围挡墙必须使用符合规定要求的彩色喷塑压型钢板。禁止使用布、竹笆、安全网等易变形材料，做到坚固、平稳、整洁、美观。

（3）围挡墙内外保持整洁，禁止依靠围挡墙堆放物料、器具等。禁止用围挡墙做挡土、挡水墙或做宣传牌（含广告牌）、机械设备等的支撑体。

（4）围挡墙应采用彩绘等形式进行美化、亮化，并反映企业文化特点。

（5）施工单位应会同建设、监理单位对围挡墙进行验收，验收合格后方可使用，并建立巡查制度和验收、巡查档案。恶劣天气条件下必须进行重点检查。

2. 建筑物围挡

（1）施工中的建筑物应当使用符合国家标准要求的密目式安全网实施封闭围挡。

（2）应进行检验，检验不合格的不得使用。

（3）密目安全网应用棕绳或尼龙绳绑扎在脚手架内侧，不得使用金属丝等不符合要求的材料绑扎。

（4）脚手架杆件必须涂黄色漆，防护栏、安全门、挡脚板必须涂红白相间警示色。

6.2.2　封闭管理

（1）施工现场出入大门口的形式，各企业各地区可按自己的特点进行设计。出入口应标有企业名称或企业标识。主要出入口明显处应设置工程概况牌，大门内应有施工现场总平面图和安全生产、消防保卫、环境保护、文明施工等制度牌。

（2）为加强现场管理，施工工地应有固定的出入口。出入口应设置大门便于管理。

（3）大门处应设门卫室，实行人员出入登记和门卫人员交接班制度。

（4）为加强对出入现场人员的管理，规定进入施工现场的人员都应佩戴工作卡以示证明，工作卡应佩戴整齐。严禁无关人员进入施工现场。

6.2.3　场容场貌

1. 施工现场标牌

施工现场必须设置明显的标牌，标明工程项目名称、建设单位、设计单位、施工单位、项目经理和施工现场总代表人的姓名、开竣工日期、施工许可证批准文号等内容。

（1）施工现场的进口处应有整齐明显的"七牌两图"。

1）七牌：

① 施工标志牌；

② 安全生产措施牌；

③ 环境保护、文明施工牌；

④ 入场须知牌；

⑤ 消防保卫牌；

⑥ 管理人员名单及监督电话牌；

⑦ 建筑工人维权须知牌。

2）两图：

① 施工现场总平面图；

② 工程立体效果图。

七牌内容没有作具体规定，可结合本地区、本企业及本工程特点进行调整。

（2）施工标志牌规格高 1.5m，宽 1.8m，其他不小于 1.2m×0.8m，架体材质为不锈钢，直径不小于 0.06m，各类标牌应设置牢固、美观，并进行亮化。

（3）为进一步对职工做好安全宣传工作，要求施工现场在明显处，应有必要的安全内容的标语。

（4）施工现场应该设置读报栏、黑板报等宣传园地，丰富学习内容，表扬好人好事，批评不戴安全帽、不系安全带等违反安全生产管理规定的违章行为，公布生产安全事故处理决定。

2. 安全警示标志

在施工现场必须设置相应的警示标识，提示作业人员认真遵守各项规章制度。

（1）施工现场应使用人性化安全警示用语牌。

（2）警示用语牌应在施工现场的作业区、加工区、生活区等醒目位置设置。

（3）警示用语牌要统一规范，满足数量和警示要求。

（4）安全标志应针对作业危险部位悬挂，并绘制安全标志平面布置图，不得将安全标志不分部位、集中悬挂。安全标志应符合相关规定的要求。

施工单位负责施工现场标牌、警示标识的保护和实施落实工作。

3. 施工场地及其清洁生产

（1）施工现场生活区、作业区应按照平面布置图设置，并有明显划分。

（2）施工现场大门处应设置车辆冲刷设施，保持出场车辆清洁。

（3）施工现场道路、加工区和生活区地面应进行硬化。道路应采用混凝土硬化，并满足车辆行驶和抗压要求；生活区、加工区可采用砖铺等其他方式硬化。

（4）施工场地应有循环干道，且保持经常畅通，不堆放构件、材料，道路应平整坚实，无大面积积水。

（5）施工现场应设置良好的排水系统，保持排水畅通，地面无积水；合理设置沉淀池，严禁污水未经处理直接排入城市管网和河流。

（6）施工现场的管道不能有跑、冒、滴、漏或大面积积水现象。

（7）施工现场应该禁止吸烟，防止发生危险，应该按照工程情况设置固定的吸烟室或吸烟处，吸烟室应远离危险区并设必要的灭火器材。

（8）工地应尽量做到绿化，尤其在市区主要路段的工地首先应该做到。

（9）建筑垃圾应集中、分类堆放，及时清运；生活垃圾应采用封闭式容器，日产日清。垃圾清运应委托有资格的运输单位，不得乱卸乱倒。不得在施工现场熔融沥青、焚烧垃圾等有毒有害物质。

（10）施工现场易产生扬尘污染的作业区应进行封闭作业。堆放、装卸、运输等易产生扬尘污染的物料应采取遮盖、封闭、洒水等措施。风速四级以上天气应停止易产生扬尘的作业，严禁从建筑物内向外抛扬垃圾。

（11）在车辆、行人通行的地方施工，应当设置沟井坎穴覆盖物和施工标志。

（12）施工现场应在边角等处每隔 15m 设"灭鼠屋"，并设专人负责管理投放药品；温暖季节应设置"捕蝇笼"。

4. 材料堆放必须分类存放、定量定位

（1）施工现场工具、构件、材料的堆放必须按照总平面图规定的位置放置。

（2）各种材料、构件堆放必须按品种、分规格堆放，并设置明显标牌。

（3）各种物料堆放必须整齐，砖成丁，砂、石等材料成方，大型工具应一头见齐，钢筋、构件、钢模板应堆放整齐用方木垫起。

（4）水泥、钢筋等建筑材料应按生产厂家、品种、强度和生产日期分类存放稳定牢固、整齐有序，并设置材料状态标识牌。水泥存放应设专用库房，并有防潮、防雨措施。

（5）作业区及建筑物楼层内，应随完工随清理。除去现浇筑混凝土的施工层外，下部各楼层凡达到强度的随拆模随及时清理运走，不能马上运走的必须码放整齐。

（6）各楼层内清理的垃圾不得长期堆放在楼层内，应及时运走，施工现场的垃圾也应分类集中堆放。

（7）易燃易爆物品不能混放，除现场有集中存放处外，班组使用的零散的各种易燃易爆物品，必须按有关规定存放。

6.2.4 现场生活设施

(1) 施工现场应当设置各类必要的作业人员生活设施并符合卫生、通风、照明等要求。职工的膳食、饮水供应等必须符合卫生要求。

施工作业区与生活区必须严格分开不能混用。在建工程内不得兼作宿舍,因为在施工区内住宿会带来各种危险,如落物伤人、触电或房内洞口、临边防护不严而造成事故。如两班作业时,施工噪声还会影响工人的休息。

(2) 施工作业区与办公区及生活区应有明显划分,有隔离和安全防护措施,防止发生事故。

(3) 寒冷地区冬季住宿应有保暖措施和防煤气中毒的措施。炉火应统一设置,有专人管理并有岗位责任。

(4) 炎热季节宿舍应有消暑和防蚊虫叮咬措施,保证施工人员有充足睡眠。

(5) 宿舍内床铺及各种生活用品放置整齐,室内应限定人数,有安全通道,宿舍门向外开,被褥叠放整齐、干净,室内无异味。

(6) 宿舍外周围环境卫生好,不乱泼乱倒,应设污物桶、污水池,房屋周围道路平整,室内照明灯具低于 2.4m 时,采用 36V 安全电压,不准在 36V 电线上晾衣服。

6.2.5 现场防火

(1) 施工现场必须严格依照《中华人民共和国消防法》的规定。在施工现场建立和执行消防管理制度,并记录落实效果。

(2) 按照不同作业条件,合理配备灭火器材。如电气设备附近应设置干粉类不导电的灭火器材;对于设置的泡沫灭火器应有换药日期和防晒措施。

(3) 生活区、仓库、配电室(箱)、木制作区等易燃易爆场所必须配置相应的消防器材。灭火器材设置的位置和数量等均应符合有关消防规定。

(4) 当建筑施工高度超过 30m 时,为解决单纯依靠消防器材灭火效果不足的问题,要求配备有足够的消防水源和自救的用水量,立管直径在 2 寸以上,有足够扬程的高压水泵保证水压和每层设有消防水源接口。

(5) 施工现场应建立动火审批制度。凡有明火作业的必须经主管部门审批(审批时应写明要求和注意事项),作业时,应按规定设监护人员,作业后,必须确认无火源危险时方可离开。

(6) 严禁在施工现场内燃用明火取暖。

(7) 施工现场临时用房应选址合理,并应符合安全、消防要求和国家有关规定。

6.2.6 治安综合治理

(1) 施工现场应建立治安保卫制度和责任分工,并有专人负责进行检查落实情况。

(2) 施工人员宜统一着装,并戴胸卡,管理人员、特殊作业人员、其他人员的安全帽应有颜色区别。安全员应穿橘黄色服装、戴黄色安全帽,并佩戴明显标志。

(3) 施工现场应建立治安保卫制度,及时办理暂住登记,非工作人员不得擅自在施工现场留宿。

（4）施工现场应建立流动人口计划生育管理制度，开工前应按规定签订计划生育协议。

（5）施工现场应建立防疫应急预案，定期对工人进行卫生防病宣传教育，发现疫情及时向卫生行政主管部门和建设行政主管部门报告，并采取有效处置措施。

（6）对使用易产生噪声的机具应采取封闭作业，装卸材料应轻卸轻放；未经审批，晚10：00～早6：00，中、高考期间晚8：00～早6：00禁止施工。

6.2.7 生活设施

1. 一般规定

（1）新建临建设施必须使用符合规定要求的装配式彩钢活动房屋，活动房屋不得超过2层，并满足安全、卫生、保温、通风、照明等要求，温暖季节应安装纱门、纱窗。

（2）临建设施内用电应达到"三级配电两级保护"，未使用安全电压的灯具距地高度应不低于2.4m。

（3）施工单位应会同建设、监理单位对临建设施进行验收，验收合格后方可使用，并建立巡查制度和验收、巡查档案。恶劣天气条件下必须进行重点检查，确保临建设施稳固。

2. 职工宿舍

（1）宿舍应实行单人单床，每房间居住人数不得超过16人，严禁睡通铺。人均居住面积不得少于3m²，在建建筑物内严禁安排人员住宿、办公。

（2）宿舍内应设置封闭式餐具柜，个人物品应摆放整齐，保持卫生整洁。

（3）宿舍卫生制度、卫生值日表、宿舍负责人标牌应上墙。

3. 职工食堂

（1）食堂必须取得《卫生许可证》，距离厕所、垃圾点等污染源不得小于30m。炊事人员应按规定进行体检，取得《健康证》后方可上岗，工作时应穿戴工作服、工作帽；食品烹调和发放时应戴口罩。

（2）灶间、售饭间、食品储藏室应分隔设置，食堂内禁止人员住宿和放置施工料具、有毒有害物品等。生、熟炊具器皿应有明显标记，分别放置，经常消毒，保持洁净。温暖季节食品出售前应加盖防蝇罩。严禁购买、出售变质食品。

（3）食堂应设上、下水设施，排水、排气口应采用金属网封闭，通风、排气良好；砌筑式灶台应使用面砖材料饰面。

（4）食堂应使用油、气、电等清洁燃料，禁止使用散煤等污染性燃料。

（5）食堂、食品储藏室门口处应按规定设置"挡鼠板"，高度不低于0.6m。

4. 厕所

（1）施工现场应设置符合卫生要求的厕所，有条件的应设水冲式厕所，厕所应有专人负责管理。

（2）建筑物内和施工现场应保持卫生，不准随地大小便。高层建筑施工时，可隔几层设置移动式简易的厕所，以切实解决施工人员的实际问题。

（3）施工现场应设置封闭、水冲式厕所，蹲位应满足使用要求，蹲位之间设置隔墙，隔墙高度不低于1.2m；便池应采用面砖等材料饰面，饰面高度不低于1.5m。

（4）厕所应设专人管理，及时冲刷清理、喷洒药物消毒，无蚊蝇滋生。高层作业区应设置封闭式便桶。

5. 其他设施

（1）施工现场应设置淋浴室，墙面应使用面砖等材料饰面；淋浴喷头数量应满足使用要求，保证冷、热水供应，排水、通风良好；淋浴间与更衣间应隔离，并使用防水电器。

（2）施工现场应设置职工文化学习娱乐室，配备电视、报纸、杂志等学习娱乐用品。

（3）施工现场应设置卫生室，配备止血药、绷带及其他常用药品，配备担架等急救器材。现场应配备急救人员。

（4）施工现场应设置吸烟室、饮水室，严禁在施工区域内吸烟。饮水室应设置密封式保温桶，保温桶应加盖加锁，保持卫生、清洁。

（5）施工现场应设置宣传栏、读报栏、黑板报，达到牢固、美观、防雨要求，并进行亮化。宣传内容应及时更换。

6.2.8 保健、急救

（1）较大工地应设医务室，有专职医生值班。一般工地无条件设医务室的，应有保健药箱及一般常用药品，并有医生巡回医疗。

（2）为适应临时发生的意外伤害，现场应备有急救器材（如担架等）以便及时抢救，不扩大伤势。

（3）施工现场应有经培训合格的急救人员，懂得一般急救处理知识。

（4）为保障作业人员健康，应在流行病发季节及平时定期开展卫生防病的宣传教育。

6.2.9 社区服务

（1）工地施工不扰民，应针对施工工艺设置防尘和防噪声设施，做到不超标。

（2）按当地规定，在允许的施工时间之外必须施工时，应有主管部门批准手续，并做好周围工作。

（3）现场不得焚烧有毒、有害物质，应该按照有关规定进行处理。

（4）现场应建立不扰民措施。有责任人管理和检查，或与社区定期联系听取意见，对合理意见应处理及时，工作应有记载。

6.3 施工现场环境保护

环境保护是按照法律法规、各级主管部门和企业的要求，保护和改善作业现场的环境，控制现场的各种粉尘、废水、废气、固体废弃物、噪声、振动等对环境的污染和危害。环境保护也是文明施工的重要内容之一。

6.3.1 现场环境保护的意义

（1）保护和改善施工环境是保证人们身体健康和社会文明的需要。采取专项措施防止粉尘、噪声和水源污染，保护好作业现场及其周围的环境，是保证职工和相关人员身体健康、体现社会总体文明的一项利国利民的重要工作。

（2）保护和改善施工现场环境是消除对外部干扰、保证施工顺利进行的需要。随着人们的法制观念和自我保护意识的增强，尤其在城市中，施工扰民问题反映突出，应及时采取防治措施，减少对环境的污染和对市民的干扰，也是施工生产顺利进行的基本条件。

（3）保护和改善施工环境是现代化大生产的客观要求。现代化施工广泛应用新设备、新技术、新的生产工艺，对环境质量要求很高，如果粉尘、振动超标就可能损坏设备、影响功能发挥，使设备难以发挥作用。

（4）节约能源、保护人类生存环境、保证社会和企业可持续发展的需要。人类社会即将面临环境污染和能源危机的挑战。为了保护子孙后代赖以生存的环境条件，每个公民和企业都有责任和义务来保护环境。良好的环境和生存条件，也是企业发展的基础和动力。

6.3.2 基本规定

（1）工程的施工组织设计中应有防治扬尘、噪声、固体废物和废水等污染环境的有效措施，并在施工作业中认真组织实施。

（2）施工现场应建立环境保护管理体系，责任落实到人，并保证有效运行。

（3）对施工现场防治扬尘、噪声、水污染及环境保护管理工作进行检查。

（4）定期对职工进行环保法规知识培训考核。

6.3.3 施工现场环境保护管理网络

施工现场环境保护管理网络组织如图6-1所示。

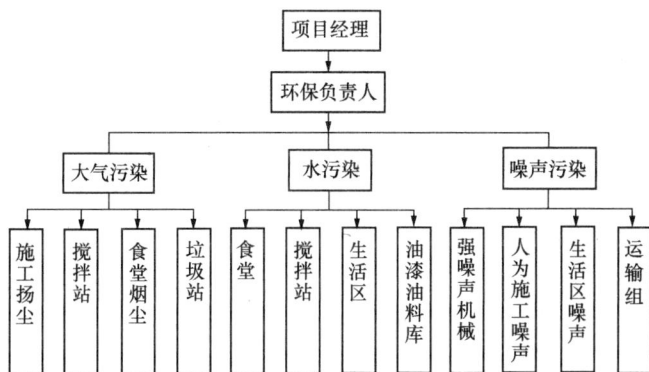

图 6-1 施工现场环境保护管理网络

6.3.4 施工现场防控大气污染基本要求

（1）施工现场主要道路必须进行硬化处理。施工现场应采取覆盖、固化、绿化、洒水等有效措施，做到不泥泞、不扬尘。施工现场的材料存放区、大模板存放区等场地必须平整夯实。

（2）遇有四级风以上天气不得进行土方回填、转运以及其他可能产生扬尘污染的施工。

199

（3）施工现场应有专人负责环保工作，配备相应的洒水设备，及时洒水，减少扬尘污染。

（4）建筑物内的施工垃圾清运必须采用封闭式专用垃圾道或封闭式容器吊运，严禁凌空抛撒。施工现场应设密闭式垃圾站，施工垃圾、生活垃圾分类存放。施工垃圾清运时应提前适量洒水，并按规定及时清运消纳。

（5）水泥和其他易飞扬的细颗粒建筑材料应密闭存放，使用过程中应采取有效措施防止扬尘。施工现场土方应集中堆放，采取覆盖或固化等措施。

（6）从事土方、渣土和施工垃圾的运输，必须使用密闭式运输车辆。施工现场出入口处设置冲洗车辆的设施，出场时必须将车辆清理干净，不得将泥沙带出现场。

（7）市政道路施工铣刨作业时，应采用冲洗等措施，控制扬尘污染。灰土和无机料拌合，应采用预拌进场，碾压过程中要洒水降尘。

（8）规划市区内的施工现场，混凝土浇筑量超过 10m³ 以上的工程，应当使用预拌混凝土，施工现场设置搅拌机的机棚必须封闭，并配备有效的降尘防尘装置。

（9）施工现场使用的热水锅炉、炊事炉灶及冬施取暖锅炉等必须使用清洁燃料。施工机械、车辆尾气排放应符合环保要求。

（10）拆除旧有建筑时，应随时洒水，减少扬尘污染。渣土要在拆除施工完成之日起 3 日内清运完毕，并应遵守拆除工程的有关规定。

（11）暂时不开发的空地 100% 必须进行绿化。

6.3.5　施工现场防控水污染基本要求

水污染物主要来源于工业、农业和生活污染。包括各种工业废水向自然水体的排放，化肥、农药、食物废渣、食油、粪便、合成洗涤剂、杀虫剂、病原微生物等对水体的污染。施工现场废水和固体废物随水流流入水体部分，包括泥浆、水泥、油漆、各种油类、混凝土外加剂、重金属、酸碱盐、非金属无机毒物等。

施工过程防控水污染的措施有：

（1）禁止将有毒有害废弃物作土方回填。

（2）施工现场搅拌机前台、混凝土输送泵及运输车辆清洗处应当设置沉淀池，搅拌站废水、现制水磨石的污水、电石（碳化钙）的污水不得直接排入市政污水管网，必须经二次沉淀合格后再排放，最好将沉淀水用于洒水降尘或采取措施回收循环使用。

（3）现场存放油料，必须对库房进行防渗漏处理，如采用防渗混凝土地面、铺油毡等措施。储存和使用都要采取措施，防止油料泄跑、冒、滴、漏，污染土壤水体。

（4）施工现场设置的临时食堂，用餐人数在 100 人以上的，污水排放时应设置简易有效的隔油池，加强管理，专人负责定期清理，防止污染。

（5）工地临时厕所、化粪池应采取防渗漏措施。中心城市施工现场的临时厕所可采用水冲式厕所，并有防蝇、灭蛆措施，防止污染水体和环境。

（6）化学用品、外加剂等要妥善保管，库内存放，防止污染环境。

6.3.6　施工现场防控施工噪声污染

噪声是影响与危害非常广泛的环境污染问题。噪声环境可以干扰人的睡眠与工作、影响人的心理状态与情绪，造成人的听力损失，甚至引起许多疾病。此外，噪声对人们的对话干扰也是相当大的。施工现场环境污染问题主要是噪声污染。

（1）施工现场应遵照《建筑施工场界环境噪声排放标准》GB 12523 制定降噪措施。在城市市区范围内，建筑施工过程中使用的设备，可能产生噪声污染的，施工单位应按有关规定向工程所在地的环保部门申报。

（2）施工现场的电锯、电刨、搅拌机、固定式混凝土输送泵、大型空气压缩机等强噪声设备应搭设封闭式机棚，并尽可能设置在远离居民区的一侧，以减少噪声污染。

（3）因生产工艺上要求必须连续作业或者特殊需要，确需在 20 时至次日 6 时期间进行施工的，建设单位和施工单位应当在施工前到工程所在地的区、县建设行政主管部门提出申请，经批准后方可进行夜间施工。

建设单位应当会同施工单位做好周边居民的安抚工作，并公布施工期限。

（4）进行夜间施工作业的，应采取措施，最大限度减少施工噪声，可采用隔声布、低噪声振动棒等方法。

（5）对人为的施工噪声应有管理制度和降噪措施，并进行严格控制。承担夜间材料运输的车辆，进入施工现场严禁鸣笛，装卸材料应做到轻拿轻放，最大限度地减少噪声扰民。

（6）施工现场应进行噪声值监测，监测方法执行《建筑施工场界环境噪声排放标准》GB 12523，噪声值不应超过国家或地方噪声排放标准。

（7）建筑施工过程中场界环境噪声不得超过表 6-1 中规定的排放限值。夜间噪声最大声级超过限制的幅度不得高于 15dB（A）。

建筑施工场界环境噪声排放限值 [dB（A）]　　　　表 6-1

昼间	夜间
70	55

参 考 文 献

[1] 北京海德中安技术研究院. 建筑企业安全生产标准化实施指南. 北京：中国建筑工业出版社，2007.

[2] 建筑与市政工程施工现场专业人员职业标准教材编审委员会. 安全员岗位知识与专业技能. 北京：中国建筑工业出版社，2013.

[3] 北京市建设教育协会. 建筑施工现场安全生产管理手册. 北京：中国建材工业出版社，2012.

[4] 罗凯. 建筑工程施工项目专职安全员指导手册. 北京：中国建筑工业出版社，2008.

[5] 刘新. 建设工程安全专项施工方案编制实务. 北京：中国建筑工业出版社，2015.

[6] 住房和城乡建设部工程质量安全监管司. 建设工程安全生产管理. 北京：中国建筑工业出版社，2008.

[7] 中国安全生产协会注册安全工程师工作委员会，中国安全生产科学研究院. 安全生产管理知识. 北京：中国大百科全书出版社，2015.

[8] 张晓艳. 安全员岗位实务知识. 北京：中国建筑工业出版社，2012.